高等院校信息技术规划教材

Oracle Database 12c 基础教程

周法国　编著

清华大学出版社
北京

内容简介

Oracle数据库是数据库领域使用最广泛、占有市场份额最大的数据库管理系统。本书以Oracle Database 12c发行版1(版本号为12.1.0.2.0)为基础，全面细致地介绍了Oracle Database 12c的安装及配置，使用数据库管理系统进行数据管理的各种SQL操作，使用PL/SQL进行数据库程序开发所需要的基本知识和技术。

本书内容丰富、结构合理、思路清晰、语言精练，以Oracle自带的人力资源管理(HR)模式为案例详细介绍了Oracle数据库的管理与开发技术。

本书既可以作为高等学校计算机科学与技术及相关专业的教学用书，也可以作为各种数据库培训班的培训教材，还可以供使用Oracle数据库进行应用程序开发的人员参考。

图书在版编目(CIP)数据

Oracle Database 12c基础教程/周法国编著. —北京：清华大学出版社，2019 (2022.8重印)
(高等院校信息技术规划教材)
ISBN 978-7-302-51956-0

Ⅰ. ①O… Ⅱ. ①周… Ⅲ. ①关系数据库系统－高等学校－教材 Ⅳ. ①TP311.138

中国版本图书馆CIP数据核字(2018)第296102号

责任编辑：白立军 常建丽
封面设计：常雪影
责任校对：焦丽丽
责任印制：杨 艳

出版发行：清华大学出版社
网 址：http://www.tup.com.cn，http://www.wqbook.com
地 址：北京清华大学学研大厦A座 **邮 编**：100084
社 总 机：010-83470000 **邮 购**：010-62786544
投稿与读者服务：010-62776969，c-service@tup.tsinghua.edu.cn
质量反馈：010-62772015，zhiliang@tup.tsinghua.edu.cn
课件下载：http://www.tup.com.cn，010-83470236
印 刷 者：北京富博印刷有限公司
装 订 者：北京市密云县京文制本装订厂
经 销：全国新华书店
开 本：185mm×260mm **印 张**：17.5 **字 数**：403千字
版 次：2019年4月第1版 **印 次**：2022年8月第5次印刷
定 价：49.00元

产品编号：068442-01

前言 Foreword

无论是计算机专业人员，还是非专业人员，都不可避免地要与数据库打交道。Oracle 数据库是数据库领域使用最广泛、占有市场份额最大的数据库管理系统。Oracle 体系结构的灵活与复杂性，导致很多读者认为学习 Oracle 是一件非常困难的事情。为了让人们更容易地学习 Oracle，本书以初学者为对象，以 Oracle 数据库 12c 发行版 1(版本号为 12.1.0.2.0)为基础，用简洁的语言与实例讲解 Oracle 数据库系统。

Oracle 数据库系统是 Oracle 公司推出的跨平台的具有灵活体系结构的数据库管理软件。Oracle 可以在 Linux、Windows、Solaris 等系统上运行，并且具有一致的操作方式。目前市面上很多优秀的 Oracle 书籍都是以某个特定的技术点为基点，或侧重于开发，或侧重于管理，造成 Oracle 学习人员不能全局领略 Oracle 的组成。本书以初学者为对象，使用最简单、易懂的语言，力求让读者轻松学习 Oracle。

本书先从 Oracle 的基础知识开始，全面细致地介绍了 Oracle Database 12c 的安装及配置、Oracle 的体系结构，然后详细阐述使用数据库管理系统进行数据管理的各种 SQL 操作和使用 PL/SQL 进行数据库程序开发所需要的基本知识和技术，最后讲解 Oracle 的安全与管理知识。

全书共 8 章，内容包括 Oracle 数据库概述、Windows 平台上 Oracle 12c 的安装与配置、Oracle 12c 体系结构、Oracle Database 12c 应用开发工具、Oracle SQL 基础、Oracle PL/SQL 程序设计基础、Oracle 安全管理、Oracle 数据库管理。

在本书的编写过程中得到了清华大学出版社编辑的具体指导与大力帮助，另外，参考文献中涉及的专家学者为我们提供了学习的机会，在此一并致谢！

由于编者水平有限，书中难免有疏漏之处，敬请指正！

周法国

2018 年 5 月于北京

目录 Contents

第1章 chapter 1

Oracle 数据库概述

Oracle Database 12c 具有良好的体系结构、强大的数据处理能力、丰富的功能和许多新特性，并根据不同用户的需要，设置了不同的版本。本章将对 Oracle 的产品组成以及新特性进行详细阐述，同时介绍一些 Oracle 数据库的基本术语。

1.1 Oracle 数据库的发展史

Oracle 公司的前身是 1977 年 6 月，由 Larry Ellison、Bob Miner 和 Ed Oates 在硅谷共同创办的一家名为软件开发实验室(Software Development Laboratories，SDL)的计算机公司。随后，Oates 看到了 E. F. Codd(埃德加·考特)1970 年 6 月发表在 *Communications of ACM* 上的著名论文——《大型共享数据库数据的关系模型》(*A Relational Model of Data for Large Shared Data Banks*)，并将这篇论文连同其他几篇相关的文章推荐给 Ellison 和 Miner，Ellison 和 Miner 预见到数据库软件的巨大潜力，于是 SDL 开始策划构建可商用的关系型数据库管理系统(Relational Database Management System，RDBMS)。

根据 Ellison 和 Miner 在前一家公司从事的一个由中央情报局投资的项目代码，他们把这个产品命名为 Oracle。因为他们相信，Oracle(字典里的解释有"神谕，预言"之意)是一切智慧的源泉。1979 年，SDL 更名为关系软件有限公司(Relational Software，Inc.，RSI)，毕竟"软件开发实验室"不太像一个大公司的名字。同年夏季，RSI 发布了可用于 DEC 公司的 PDP-11 计算机上的商用 Oracle 产品，这个数据库产品整合了比较完整的 SQL 实现，其中包括子查询、连接及其他特性。出于市场策略，公司宣称这是该产品的第 2 版，但却是实际上的第 1 版。

1983 年 3 月，RSI 发布了 Oracle 3。Miner 和 Scott 历尽艰辛用 C 语言重新写就这一版本。从现在起，Oracle 产品有了一个关键的特性——可移植性。同年，为了突出公司的核心产品，RSI 再次更名为 Oracle。Oracle 从此正式进入人们的视野。

1984 年 10 月，Oracle 发布了 Oracle 4 产品。产品的稳定性总算得到了增强，用 Miner 的话说，是达到了"工业强度"。

1985 年，Oracle 发布了 Oracle 5。这个版本算得上是 Oracle 数据库的稳定版本。这也是首批可以在 Client/Server 模式下运行的 RDBMS 产品，在技术趋势上，Oracle 数据库始终没有落后。

1986 年 3 月 12 日，Oracle 公司以每股 15 美元公开上市，当日以 20.75 美元收盘，公司市值 2.7 亿美元。

1988 年发布 Oracle 6。由于过去的版本在性能上屡受诟病，Miner 带领工程师对数据库核心进行了改写，引入了行级锁(row-level locking)这个重要的特性。也就是说，执行写入的事务处理只锁定受影响的行，而不是整个表。这个版本引入了还算不上完善的 PL/SQL(Procedural Language Extension to SQL)。Oracle 6 中还引入了联机热备份功能，使数据库能够在使用过程中创建联机的备份，这极大地增强了数据库的可用性。该版本没有经过很好的测试就进行了发布，引来广大用户的怨声，导致用户对 Oracle 的大肆抨击，同时也引来对手的落井下石，该状况一直延续到 Oracle 7 的发布。

1992 年 6 月，经过大量细致的测试以及听取了用户多方面的建议后，Oracle 7 闪亮登场，该版本增加了许多新的性能特性：分布式事务处理功能、增强的管理功能、用于应用程序开发的新工具以及安全性方法。Oracle 7 是 Oracle 真正的出色产品，取得了巨大的成功，Oracle 借助这一版本的成功，击退了咄咄逼人的 Sybase。

1997 年 6 月发布 Oracle 8。Oracle 8 支持面向对象的开发及新的多媒体应用，这个版本也为支持 Internet、网络计算等奠定了基础。同时，这一版本开始具有同时处理大量用户和海量数据的特性。

1998 年 9 月，Oracle 公司正式发布 Oracle 8i。i 代表 Internet，这一版本中添加了大量为支持 Internet 而设计的特性。这一版本为数据库用户提供了全方位的 Java 支持。Oracle 8i 成为第一个完全整合了本地 Java 运行时环境的数据库，用 Java 就可以编写 Oracle 的存储过程。

在 2001 年 6 月的 Oracle Open World 大会中，Oracle 发布了 Oracle 9i。在 Oracle 9i 的诸多新特性中，最重要的是 Real Application Clusters(RAC)。

2003 年 9 月 8 日，在旧金山举办的 Oracle World 大会上，Ellison 宣布下一代数据库产品为 Oracle 10g。Oracle Application Server 10g(Oracle 应用服务器 10g)也将作为 Oracle 公司下一代应用基础架构软件集成套件。g 代表 grid，表示网格。这一版最大的特性就是加入了网格计算的功能。

2007 年 11 月正式发布 Oracle 11g，功能大大加强。Oracle 11g 是 Oracle 公司 30 年来发布的最重要的数据库版本，根据用户的需求实现了信息生命周期管理(Information Lifecycle Management)等多项创新，大幅提高了系统的性能和安全性。

2013 年 7 月，Oracle 公司发布新一代数据库 Oracle 12c，和前几代数据库相比，Oracle 12c 命名上的 c 明确了这是一款针对云计算(Cloud)设计的数据库。

2014 年 8 月，Oracle 公司发布了最新版本 Oracle Database 12c 12.1.0.2，包含了数据库内存选件(Oracle Database In-Memory)以及最新的 Oracle 大数据 SQL 功能。

1.2 Oracle数据库产品

Oracle Database 12c 引入一种新的多租户架构，可轻松快速地整合多个数据库并将它们作为一个云服务加以管理。Oracle Database 12c 还包括内存中的数据处理功能，可提供突破性的分析性能。其他数据库创新则将效率、性能、安全性和可用性提升至新的水平。为满足用户的业务需求和预算要求，Oracle Database 12c 提供了 3 种版本：企业版、标准版和标准版 1。

1.2.1 企业版

全球首屈一指的数据库最新版本——Oracle Database 12c 现已推出，可在各种平台上使用。Oracle Database 12c 企业版包含 500 多个新特性，其中包括一种新的架构，可简化数据库整合到云的过程，客户无须更改其应用即可将多个数据库作为一个数据库进行管理。

Oracle Database 12c 企业版具有如下特点。

(1) Oracle Database 12c 企业版将对正在部署私有数据库云的客户和正在寻求以安全、隔离的多租户模型发挥 Oracle 数据库强大功能的 SaaS 供应商有极大帮助。

(2) Oracle Database 12c 提供综合功能管理要求最严苛的事务处理、大数据和数据仓库负载。

(3) 客户可以选择各种 Oracle 数据库企业版选件满足业务用户对性能、安全性、大数据、云和可用性服务级别的期望。

Oracle Database 12c 企业版具有如下优势。

(1) 使用新的多租户架构，无须更改现有应用即可在云上实现更高级别的整合。

(2) 自动数据优化特性可高效地管理更多数据、降低存储成本和提升数据库性能。

(3) 深度防御的数据库安全性可应对不断变化的威胁和符合越来越严格的数据隐私法规。

(4) 通过防止发生服务器故障、站点故障、人为错误以及减少计划内停机时间和提升应用连续性，获得最高可用性。

(5) 可扩展的业务事件顺序发现和增强的数据库中大数据分析功能。

(6) 与 Oracle Enterprise Manager Cloud Control 12c 无缝集成，使管理员能够轻松管理整个数据库的生命周期。

1.2.2 标准版

Oracle Database 12c 标准版是面向中型企业的一个经济实惠、功能全面的数据管理解决方案。该版本中包含一个可插拔数据库用于插入云端，还包含 Oracle Real Application Clusters 用于实现企业级可用性，并且可随业务的增长而轻松扩展。

Oracle Database 12c 标准版具有如下特点。

(1) 支持使用一个可插拔数据库实现入门级云计算和整合。

(2) 跨平台恢复。

(3) 内置的 Oracle 真正应用集群支持更高水平的系统正常运行时间。

(4) 简化的安装和配置。

(5) 适用于所有类型的数据和所有应用。

(6) 向上兼容 Oracle Database 12c 企业版,从而保护初期投资。

Oracle Database 12c 标准版具有如下优势。

(1) 每个用户为 350 美元(最少 5 个用户),可以只购买目前需要的功能,然后使用 Oracle 真正应用集成进行扩展,从而节省成本。

(2) 提高服务质量,实现企业级性能、安全性和可用性。

(3) 可运行于 Microsoft Windows、Linux、Oracle Solaris 和其他 UNIX 操作系统。

(4) 通过自动化的自我管理功能轻松管理。

(5) 借助 Oracle Application Express、Oracle SQL Developer 和 Oracle 面向 Windows 的数据访问组件简化应用开发。

1.2.3 标准版 1

优化的 Oracle Database 12c 标准版 1 可部署在小型企业、各类业务部门和分散的分支机构环境中。该版本可在单个服务器上运行,最多支持两个插槽。Oracle Database 12c 标准版 1 可以在包括 Windows、Linux 和 UNIX 在内的所有 Oracle 支持的操作系统上使用。

Oracle Database 12c 标准版 1 具有如下特点。

(1) 快速安装和配置,具有内置的自动化管理。

(2) 适用于所有类型的数据和所有应用。

(3) 公认的性能、可靠性、安全性和可扩展性。

(4) 使用通用代码库,可无缝升级到 Oracle Database 12c 标准版或 Oracle Database 12c 企业版。

Oracle Database 12c 标准版 1 具有如下优势。

(1) 以极低的每用户 180 美元起步(最少 5 个用户)。

(2) 以企业级性能、安全性、可用性和可扩展性支持所有业务应用。

(3) 可运行于 Microsoft Windows、Linux、Oracle Solaris 和其他 UNIX 操作系统。

(4) 通过自动化的自我管理功能轻松管理。

(5) 借助 Oracle Application Express、Oracle SQL Developer 和 Oracle 面向 Windows 的数据访问组件简化应用开发。

1.3 Oracle基本术语

数据库、数据库系统以及数据库管理系统及其相关概念与术语在数据库系统概论中都有详细介绍，在此不赘述。除了数据库技术相关概念外，Oracle数据库还有一些特有的术语，下面对此进行一一阐述。

1.3.1 数据块

在Oracle数据库中，最精细的数据存储粒度是数据块(data block)。一个数据块相当于磁盘上一段连续的物理存储空间。数据块分配的默认容量由初始化参数DB_BLOCK_SIZE决定。除了这个参数，管理员还可以额外设定5个非标准的数据块容量参数。Oracle数据库在数据块中分配、利用存储空间。Oracle对数据库数据文件(data file)中的存储空间进行管理的单位就是数据块。

1.3.2 数据扩展

数据扩展(extent)是由一组连续的数据块(data block)构成、比数据块更高一层的数据库逻辑存储结构，用于存储信息。段(segment)由一个或多个数据扩展构成。当一个段中有空间已经用完，Oracle会为这个段分配新的数据扩展。

1.3.3 数据段

段由一组数据扩展构成，其中存储了表空间(table space)内各种逻辑存储结构的数据。

当一个段内已有的数据扩展装满之后，Oracle动态地分配新空间。换句话说，段内已有的数据扩展装满之后，Oracle会为这个段分配新的数据扩展。因为数据扩展是随需分配的，因此一个段内的数据扩展物理上未必是连续的。

1.3.4 表空间

数据库由一个或多个被称为表空间的逻辑存储单位构成。表空间内的逻辑存储单位为段，段又可以继续划分为数据扩展。数据扩展由一组连续的数据块构成。

每一个Oracle数据库都包含名为SYSTEM和SYSAUX的系统表空间，它们在数据库创建时由Oracle自动创建。只要数据库处于开启(open)状态，SYSTEM表空间就一定是联机(online)的；SYSAUX表空间是SYSTEM表空间的一个辅助性表空间。Oracle中的很多组件都使用SYSAUX表空间作为默认的数据存储位置。

表空间可以处于联机状态(可访问)或脱机状态(不可访问)。表空间通常处于联机状态，用户可以访问其中的信息。有时可以把某个表空间切换到脱机状态，使与脱机表空间对应的数据库部分失效，而数据库其余部分仍可以正常工作。这个功能使许多管理任务更容易执行。

1.3.5 数据文件

数据文件是 Oracle 数据库用来存储实际数据的,所以数据文件是存储数据的物理概念。一个 Oracle 数据库可以拥有一个或多个物理的数据文件。数据文件包含了全部 Oracle 数据库数据,逻辑数据库结构的数据也存储在数据文件中。

Oracle 数据库中的每个表空间都是由一个或多个物理数据文件构成的。一个数据文件只能由一个数据库的一个表空间使用。

Oracle 为表空间创建数据文件时,分配的磁盘空间总和为用户指定的存储容量加管理开销所需的文件头空间。当数据文件被创建后,Oracle 所在的操作系统负责清除文件的数据及授权信息,并将它分配给 Oracle 使用。如果文件很大,这个过程将会消耗较长的时间。Oracle 数据库中的第一个表空间总是 SYSTEM 表空间,因此 Oracle 在创建数据库时总是将第一个数据文件分配给 SYSTEM 表空间。

1.3.6 控制文件

数据库控制文件(control file)是一个二进制文件,供数据库启动及正常工作时使用。在数据库运行过程中,控制文件会频繁地被 Oracle 修改,因此数据库处于开启状态时控制文件必须可写。如果控制文件因故不能访问,数据库也将无法正常工作。

每个控制文件都只能供一个 Oracle 数据库使用。

1.3.7 数据字典

数据字典是 Oracle 数据库的重要组成部分,用来存放 Oracle 数据库所有的信息,其用途是描述数据,它由一系列拥有数据库元数据(metadata)信息的数据字典表和用户可以读取的数据字典视图组成,存放在 SYSTEM 表空间中。数据字典的内容主要包括:

(1) 数据库中所有模式对象的信息,如表、视图、簇及索引等。

(2) 分配多少空间,当前使用了多少空间等。

(3) 列的默认值。

(4) 约束信息的完整性。

(5) Oracle 用户的名字。

(6) 用户及角色被授予的权限。

(7) 用户访问或使用的审计信息。

(8) 其他数据库信息。

Oracle 中的数据字典有静态和动态之分。静态数据字典主要由表和视图组成,静态数据字典中的表是不能直接被访问的,而视图是可以直接访问的;动态数据字典包含了一些潜在的由系统管理员(如 SYS)维护的表和视图,由于这些表和视图在数据库运行时会不断进行更新,故称为动态数据字典(或者动态性能视图),这些视图提供了关于内存和磁盘的运行情况,所以用户只能对其进行只读访问,而不能修改。

1.4 Oracle 12c 新特性

根据Oracle公司披露的信息,Oracle 12c增加了500多项新功能,其新特性主要涵盖6个方面:云端数据库整合的全新多租户架构(multi-tenant architecture)、数据自动优化、深度安全防护、面向数据库云的最大可用性、高效的数据库管理以及简化大数据分析。这些特性可以在高速度、高可扩展、高可靠性和高安全性的数据库平台上为客户提供一个全新的多租户架构,用户数据库向云端迁移后可提升企业应用的质量和应用性能,还能将数百个数据库作为一个数据库进行管理,帮助企业在迈向云的过程中提高整体运营的灵活性和有效性。

Oracle公司披露,Oracle 12c已经在该公司的SPARC处理器和Intel Xeon处理器上进行了优化,它是经过2500多人的多年研发,以及超过1200万个小时测试的结果,同时也是Oracle客户和合作伙伴大量测试项目的成果。此外,Oracle Database 12c还与Oracle SPARC T5服务器实现了相互集成。作为Oracle公有云服务的基础,Oracle 12c可为客户部署私有数据库云提供更多益处,SaaS供应商在安全的多租户模型中获取Oracle Database的更高的价值。

1. 云端数据库整合的全新多租户架构

作为Oracle 12c的一项新功能,Oracle多租户技术可以在多租户架构中插入任何一个数据库,就像在应用中插入任何一个标准的Oracle数据库一样,对现有应用的运行不会产生任何影响。Oracle 12c可以保留分散数据库的自有功能,能够应对客户在私有云模式内进行数据库整合。通过在数据库层而不是在应用层支持多租户,Oracle多租户技术可以使所有独立软件开发商(ISV)的应用在为SaaS准备的Oracle数据库上顺利运行。Oracle多租户技术实现了多个数据库的合一管理,提高了服务器资源利用,节省了数据库升级、备份、恢复等所需要的时间和工作。多租户架构提供了几乎即时的配置和数据库复制,使该架构成为数据库测试和开发云的理想平台。Oracle多租户技术可与所有Oracle数据库功能协同工作,包括真正应用集群、分区、数据防护、压缩、自动存储管理、真正应用测试、透明数据加密、数据库Vault等。

2. 数据自动优化

为帮助客户有效管理更多数据、降低存储成本以及提高数据库性能,Oracle 12c添加了最新的数据自动优化功能,试图监测数据库读写功能,使数据库管理员可轻松识别存储在表和分区中数据的活跃程度,判断其是热数据(非常活跃),还是温暖数据(只读)或冷数据(很少读)。利用智能压缩和存储分层功能,数据库管理员可基于数据的活跃性和使用时间轻松定义服务器管理策略,实现自动压缩和分层OLTP、数据仓库和归档数据。

3. 深度安全防护

相比以往的Oracle数据库版本,Oracle 12c推出了更多的安全性创新功能,可帮助客户应对不断升级的安全威胁和严格的数据隐私合规要求。新的校订功能使企业无须改变大部分应用即可保护敏感数据，例如，显示在应用中的信用卡号码。敏感数据基于预定义策略和客户方信息在运行时即可校对。Oracle 12c 还包括最新的运行时间优先分析功能，使企业能够确定实际使用的权限和角色，帮助企业撤销不必要的权限，同时充分执行必须权限，且确保企业运营不受影响。

4. 面向数据库云的最大可用性

Oracle 12c 加入了数项高可用性功能，并增强了现有技术，以实现对企业数据的不间断访问。全球数据服务为全球分布式数据库配置提供了负载平衡和故障切换功能。数据防护远程同步不仅限于延迟，并延伸到任何距离的零数据丢失备用保护。应用连续完善了 Oracle 真正应用集群，并通过自动重启失败处理功能覆盖最终用户的应用失败。

5. 高效的数据库管理

Oracle EM 12c 云控制的无缝集成，使管理员能够轻松实施和管理新的 Oracle Database 12c 功能，包括新的多租户架构和数据校订。通过同时测试和扩展真正任务负载，Oracle 真正应用测试的全面测试功能可帮助客户验证升级与策略整合。

6. 简化大数据分析

Oracle Database 12c 通过 SQL 模式匹配增强了面向大数据的数据库内 MapReduce 功能。这些功能实现了商业事件序列的直接和可扩展呈现，如金融交易、网络日志和点击流日志。借助最新的数据库预测算法，以及开源的 R 语言与 Oracle Database 12c 的高度集成，数据专家可更好地分析企业信息和大数据。

1.5 小结

Oracle 是数据库领域最优秀的数据库系统之一。Oracle 数据库无论是在概念上，还是在功能上，都是其他数据库产品演变和发展的风向标。本章简单介绍了 Oracle 产品的发展史，介绍了 Oracle 数据库最新版本 Oracle 12c 的产品版本信息、Oracle 数据库相关术语以及 Oracle 12c 的新特性。

第2章 chapter 2

Windows 平台上 Oracle 12c 的安装与配置

在使用 Oracle 12c 数据库之前，需要先安装 Oracle 12c 数据库，并进行相应的配置。本章以 Windows 操作系统为平台，通过 Oracle 通用安装程序进行 Oracle Database 12c 的安装、配置与卸载等相关操作。

2.1 Oracle 通用安装程序 OUI

Oracle 通用安装（Oracle Universal Installer，OUI）程序是基于 Java 技术的图形界面安装工具，利用它可以完成在不同操作系统平台上的、不同类型的、不同版本的 Oracle 数据库软件的安装。无论是 UNIX、Linux，还是 Windows，都可以通过使用 Oracle Universal Installer，以标准化的方式完成安装任务。Oracle Installer 的体系结构经过重新设计后，可应对当前对软件包装、安装和分发的挑战。Oracle 通用安装程序基于一个功能强大的 Java 引擎，提供了可扩展的环境，能满足更复杂的内部需求以及客户需求。基于组件的安装定义可以创建不同层次的集成程序包，并在单个程序包中支持更复杂的安装逻辑。平台上特定的任务可便于在整个安装过程中封装，从而在任何平台上都能提供一致、稳定、通用的安装过程。Oracle 通用安装器具有以下特性。

1. 统一的跨平台解决方案

基于 Java 的 OUI 提供了所有支持 Java 平台的安装解决方案，具有与平台无关的共同安装流程和用户体验。这就使同一个 Oracle 产品在不同的平台上安装时显得一致，并遵从相同的路径。

2. 复杂组件和相关性定义

能根据用户选择的产品和安装类型自动检测组件间的相关性并执行相应的安装。由于在整个安装中都会进行一致性检查，因此可以定义更复杂的安装流程逻辑。

检测到的相关性类型可能是必需的，在这种情况下会自动安装相关产品；也可能是可选的，在这种情况下将会提交给用户进行选择。

程序包和套件安装、预定义的产品集合及其顺序，都可以由最少量的用户对话框确定，且不会要求提供重复的信息。

3. 基于 Web 的安装

OUI 可通过 HTTP 指向某个已定义了版本/安装区的 URL 并远程安装软件。发布介质不论是 CD-ROM，还是网络存储，都可以方便地放在 Web 服务器上，该安装程序能识别其产品安装定义，使安装会话与在本地执行的会话一致。该安装程序能够识别本地目标上已存在的相关产品，这对于远程安装更加重要。如果在本地目标上检测到的相关性产品版本号正确，Oracle Installer 就不会重新安装这些产品，这等于减少了安装期间的网络流量。

4. 使用应答文件支持无人照管安装

应答文件是变量设置集合，提供了需要用户回答的值。对特定组件的安装，OUI 可以从预先定义的应答文件中读取这些值。在典型的客户环境中，管理员系统希望定义用户需要提供的安装对话框录入项并保存到文件中备用。该文件可以提供全部或部分的安装应答。OUI 将该文件作为附加参数，可以创建更少的对话框安装会话，甚至是完全无交互的安装会话。

5. 支持多个 Oracle 根目录

OUI 在目标机上维护了所有 Oracle 根目录的明细，包括名称、产品和所安装的产品版本。OUI 也可以在现有的 Oracle 根目录、新的 Oracle 根目录或没有 Oracle 根目录(与任何 Oracle 根目录无关)的情况下安装新的产品。

6. 隐式卸载

使用 OUI 安装的卸载产品内置在引擎中。这个卸载操作就是安装操作的“撤销”。安装时，Installer 程序在特定日志文件中记录了它执行的所有操作。卸载时，OUI 以相反顺序执行所有这些操作。如果需要，OUI 也检测某个卸载操作是否是为某个特定的产品专门定义的，并做出相应的反应。

7. 安装流程无缝集成

通过 Oracle 提供的打包工具 Oracle Software Packager 及 OUI 安装可以透明地相互集成。安装程序能识别从发布介质导入另一个安装中的安装逻辑。

8. 方便的移植支持

当特定平台特定的安装任务(如操作、查询等)封装为库时，安装可以最方便地移植。运行时，安装程序检测其运行的操作系统并载入所定义的相应的库。

2.2 Oracle 12c 的安装

本部分将对 Oracle Database 12c 的安装需求以及安装过程进行详细叙述。

2.2.1 Oracle 12c 的系统需求

任何一款软件的安装与使用都离不开计算机软硬件环境的支持。Oracle Database 12c 也是这样,Oracle Database 12c 在 64 位 Windows 环境下对硬件配置与软件配置的需求分别见表 2.1 和表 2.2。

表 2.1 Oracle Database 12c 在 64 位 Windows 环境下对硬件配置的需求

硬件需求	说明
物理内存(RAM)	最小为 1GB,推荐 2GB 或更大的内存,最好为 4GB 以上
虚拟内存	物理内存的两倍
硬盘(NTFS 格式)	企业版安装时:总计 6.0GB(含 Oracle 主目录和数据文件)
	标准版安装时:总计 5.5GB(含 Oracle 主目录和数据文件)
	标准版 1 安装时:总计 5.5GB(含 Oracle 主目录和数据文件)
	个人版安装时:总计 4.85GB(含 Oracle 主目录和数据文件)
TEMP 临时空间	200MB
视频适配器	256 色以上
处理器主频	1GHz 以上

表 2.2 Oracle Database 12c 在 64 位 Windows 环境下对软件配置的需求

软件需求	说明
操作系统	64 位 Windows 操作系统 注:Oracle 12c 不支持 32 位 Windows 操作系统
网络协议	TCP/IP、支持带 SSL 的 TCP/IP 及命名管理 Named Pipes
浏览器	Microsoft IE 6.0 以上版本

如果你的计算机满足上述条件,那么就可以进行 Oracle Database 12c 的安装了。

2.2.2 Oracle 12c 数据库服务器的安装流程

Oracle 12c 可以在 UNIX、Linux 以及 Windows 平台上运行,虽然每一种操作系统都有其各自的特点与优势,但用户最终会从应用习惯以及数据的安全性等方面综合考虑对操作系统进行选择。本书以 Windows 操作系统为平台,介绍 Oracle 12c 的安装。在安装 Oracle 12c 之前,需要先确定操作系统是 32 位的,还是 64 位的,不同操作系统的字长将影响 Oracle 安装程序的选择。Oracle 12c 不再支持 32 位的 Windows 操作系统,可以安装到所有 64 位版本的 Windows 操作系统上,这里以 64 位操作系统 Windows 7 为例进行安装,针对高级安装进行介绍。

第 1 步,首先以管理员(Administrator)身份登录到要安装 Oracle 12c 的计算机,以便对计算机的文件夹具有完全的访问权限,并能执行任意需要的修改。

第 2 步,检查 Oracle 12c 安装文件,如果不存在,可以从 Oracle 公司的官方网站

www.oracle.com 进行下载，Oracle Database 12c 企业版的下载链接为 http://www.oracle.com/technetwork/database/enterprise-edition/downloads/index.html；下载后解压缩。

第 3 步，在安装文件目录中打开 database 文件夹，双击 setup.exe，启动 Oracle 通用安装(OUI)检查监视器的配置，如图 2.1 所示，出现“正在收集系统详细资料”对话框，如图 2.2 所示，接着弹出“配置安全更新”窗口，如图 2.3 所示。

图 2.1 OUI 检查监视器

图 2.2 正在收集系统详细资料

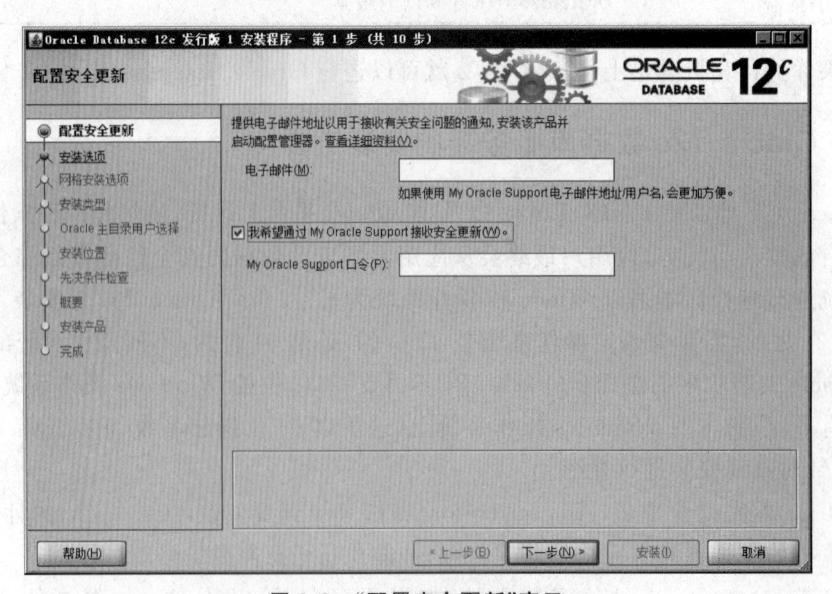

图 2.3 “配置安全更新”窗口

第4步，配置安全更新，提供电子邮件地址，以接收安装的安全信息。如果拒绝启用安全更新，仍可使用所有授权的Oracle功能。要选择不接收安全通知，请将此屏幕中的所有字段留空，然后单击“下一步”按钮继续，打开“选择安装选项”窗口，如图2.4所示。

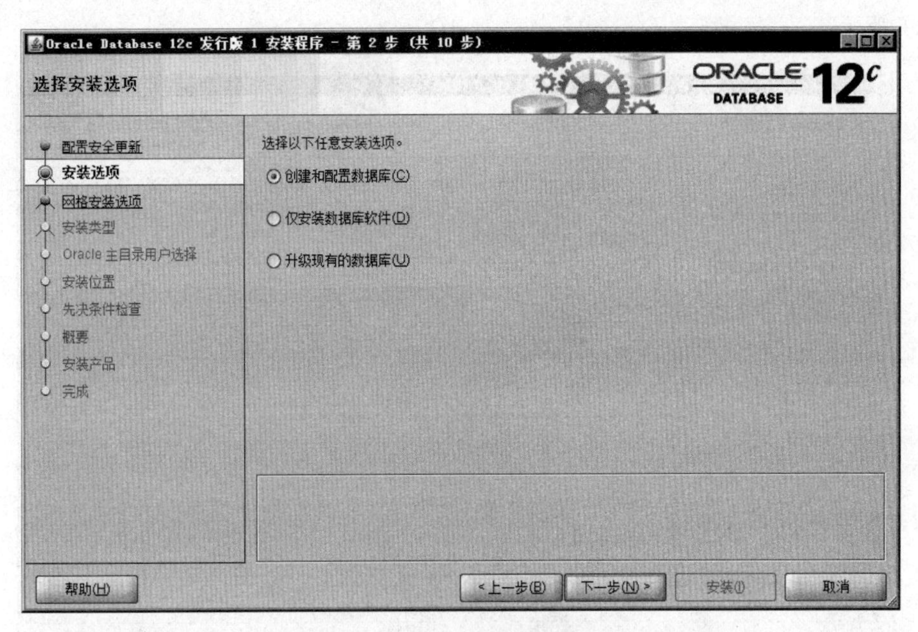

图2.4 “选择安装选项”窗口

第5步，在图2.4中选中“创建和配置数据库”单选按钮，单击“下一步”按钮，打开“系统类”窗口，如图2.5所示。

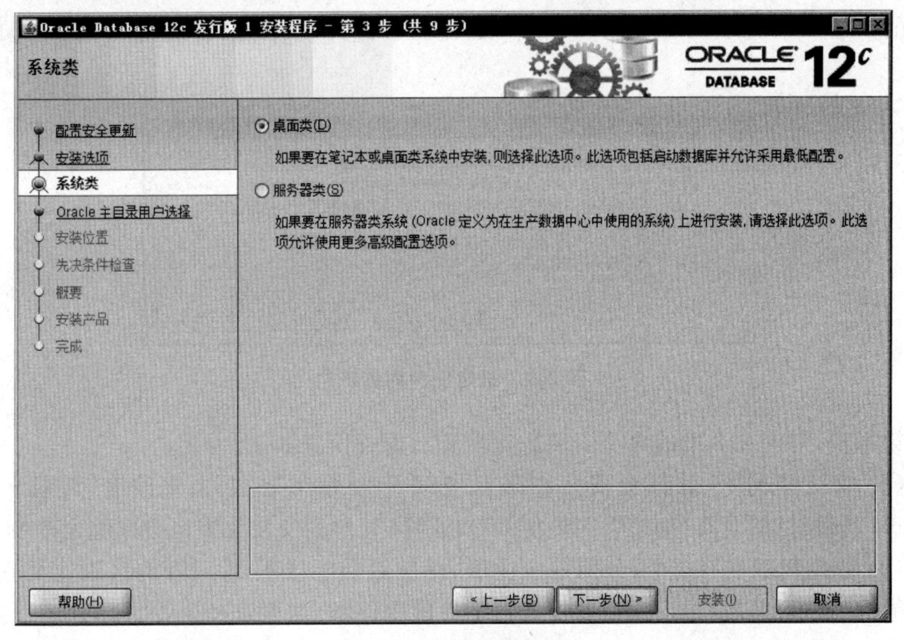

图2.5 “系统类”窗口

第 6 步，在图 2.5 中选择安装的类别。选择“桌面类”，主要在笔记本电脑或台式系统中进行安装；选择“服务器类”，可以进行高级安装，同时允许使用更多高级选项。这里选中“桌面类”单选按钮，单击“下一步”按钮，打开“指定 Oracle 主目录用户”窗口，如图 2.6 所示。

图 2.6 “指定 Oracle 主目录用户”窗口

第 7 步，在图 2.6 中选中“使用现有 Windows 用户”单选按钮，单击“下一步”按钮，在弹出的如图 2.7 所示的对话框中单击“是”按钮，打开“典型安装配置”窗口，如图 2.8 所示。

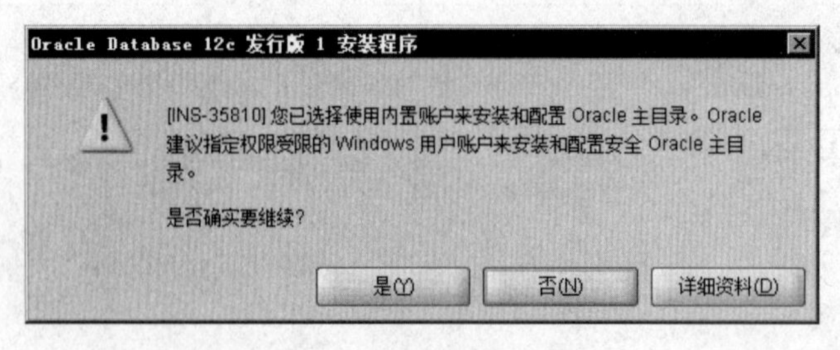

图 2.7 确定使用内置账户

第 8 步，对图 2.8 中的典型安装进行配置。配置信息如下。

(1) 默认情况下，软件会安装在磁盘空间最大的盘上，如果想改变，建议只改动“Oracle 基目录”的盘符(如把“C”改为“D”)，这样，其他的安装位置也会跟随之改变。

(2) 数据库版本有 3 个，分别是企业版、标准版和标准版 1，三者的区别主要在数据库功能上，考虑到以后的应用以及服务器的性能等问题，这里选择企业版。

(3) 字符集选择默认的国际标准编码。

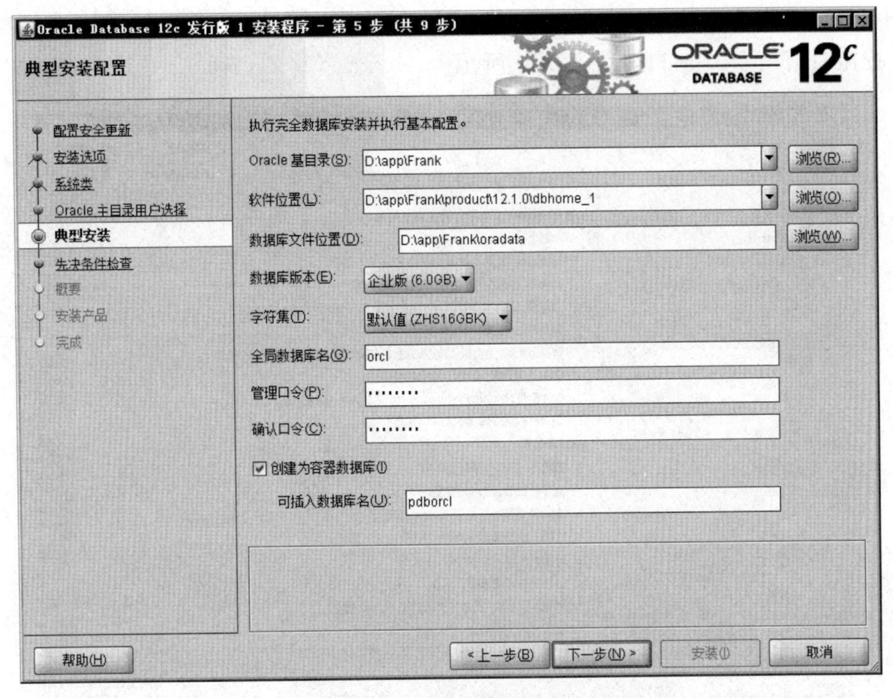

图 2.8 “典型安装配置”窗口

(4) 全局数据库名可以改,也可以不改,建议不改。

(5) 管理口令和确认口令是一对相同的登录密码,须记住。

(6) 剩余的选项建议不更改,单击“下一步”按钮,打开“执行先决条件检查”窗口,如图 2.9 所示。

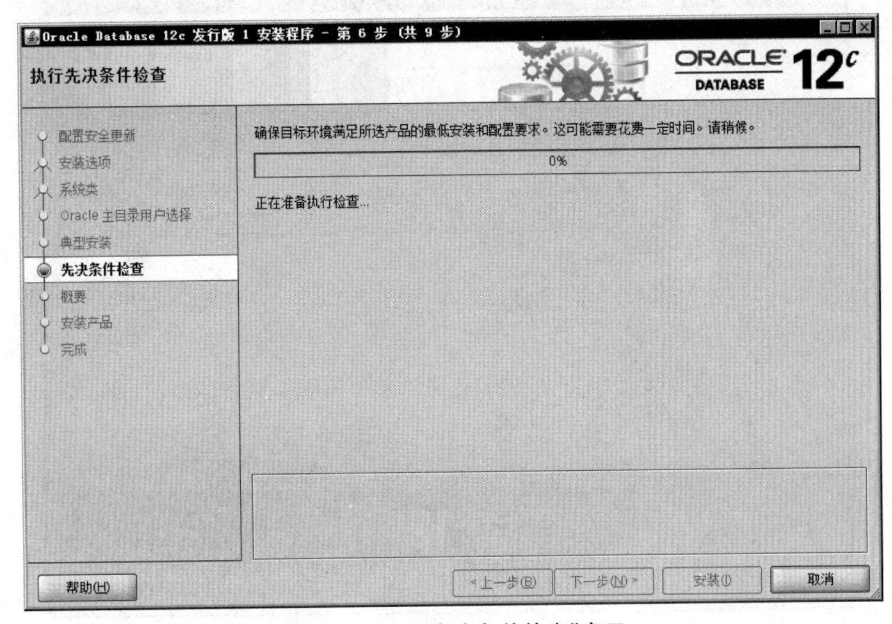

图 2.9 “执行先决条件检查”窗口

第 9 步，在图 2.9 中，软件会自行检查，用户不需要执行任何操作，检查后，单击“下一步”按钮打开“概要”窗口，如图 2.10 所示。

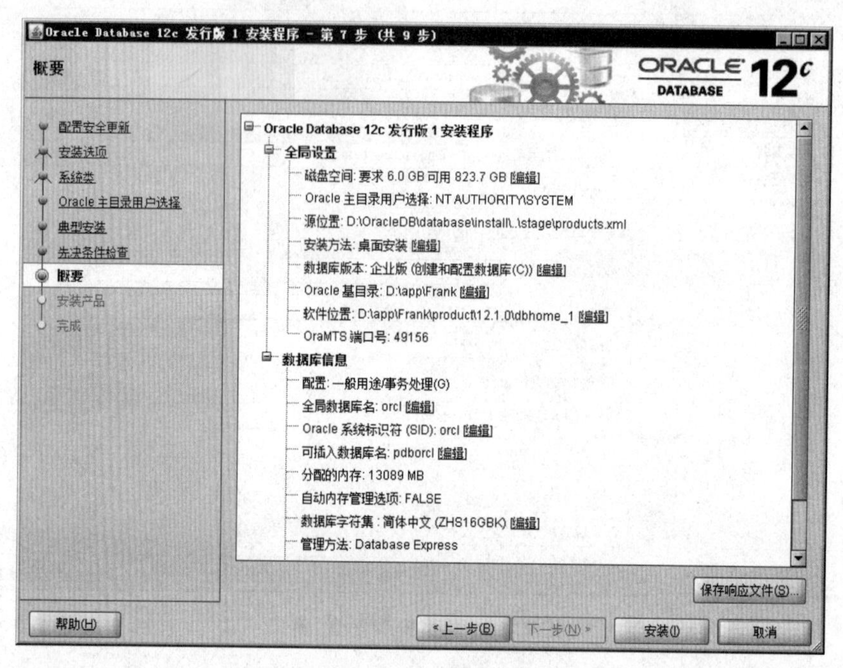

图 2.10 “概要”窗口

第 10 步，在图 2.10 中可以查看用户之前安装选项的配置，如无须修改，单击“安装”按钮，弹出“安装产品”窗口，如图 2.11 所示。

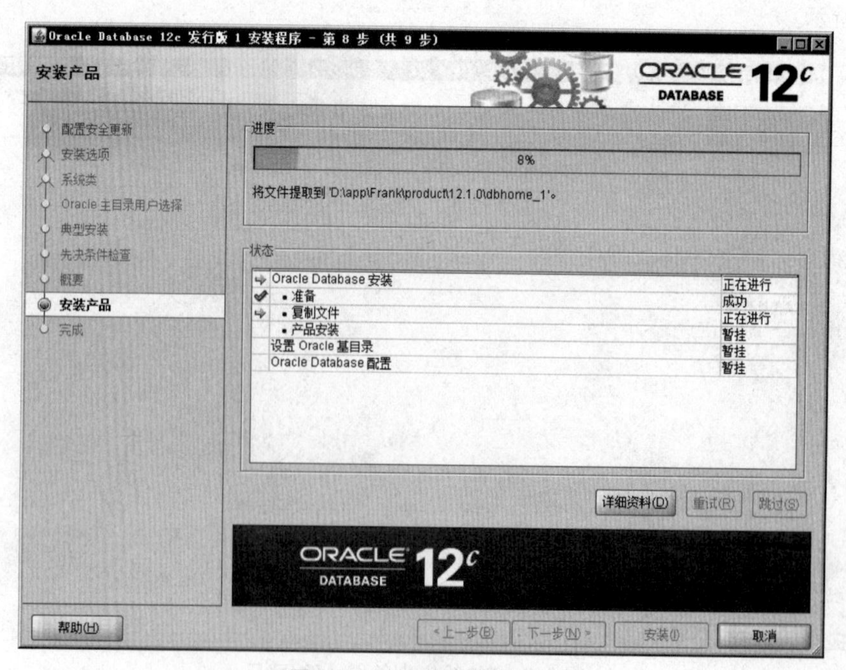

图 2.11 “安装产品”窗口

安装一段时间后，需要进行 Oracle 数据库配置，会弹出 Database Configuration Assistant（数据库配置助手）对话框，并进行数据库的安装与配置，如图 2.12 所示。

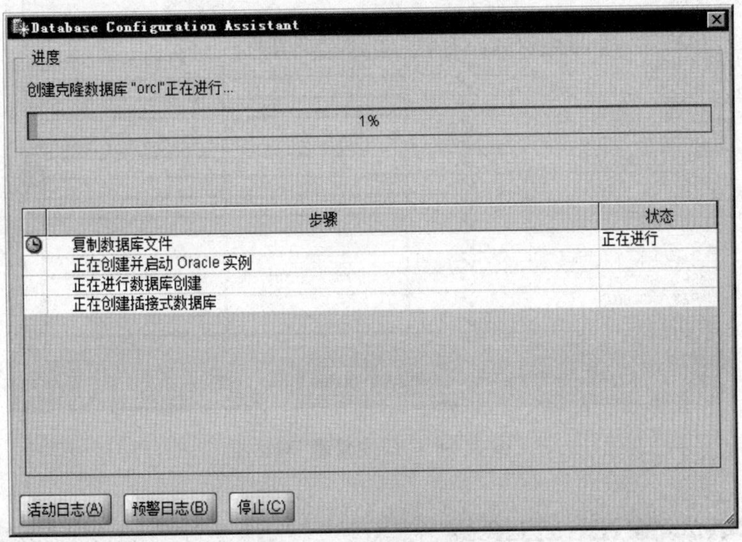

图 2.12　Database Configuration Assistant 对话框

配置完成后，弹出如图 2.13 所示的对话框，以进行口令管理。

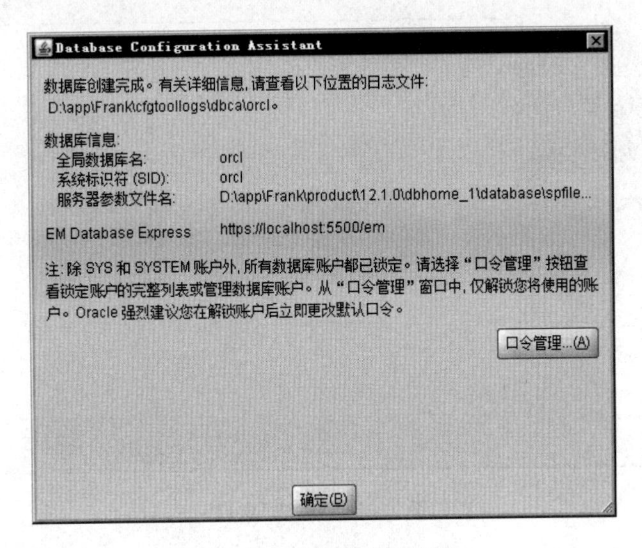

图 2.13　数据库配置完成

在上述窗口中单击“口令管理”，弹出如图 2.14 所示的“口令管理”对话框。

对用户进行口令管理，同时可以解锁及锁定指定的用户，操作完成后单击“确定”按钮，返回到图 2.14，然后单击“确定”按钮，弹出“完成”窗口，如图 2.15 所示。

单击“关闭”按钮，至此安装程序顺利结束。

口令管理

锁定/解除锁定数据库用户账户和/或更改默认口令:

用户名	是否锁定账户?	新口令	确认口令
SYS		·········	·········
SYSTEM		·········	·········
OUTLN	✔		
LBACSYS	✔		
OLAPSYS	✔		
SI_INFORMTN_SCHEMA	✔		
DVSYS	✔		
ORDPLUGINS	✔		
XDB	✔		
ANONYMOUS	✔		
CTXSYS	✔		
ORDDATA	✔		
GSMADMIN_INTERNAL	✔		
APPQOSSYS	✔		
APEX_040200	✔		
WMSYS	✔		
DBSNMP	✔		

确定(A) 取消(B)

图 2.14 “口令管理”对话框

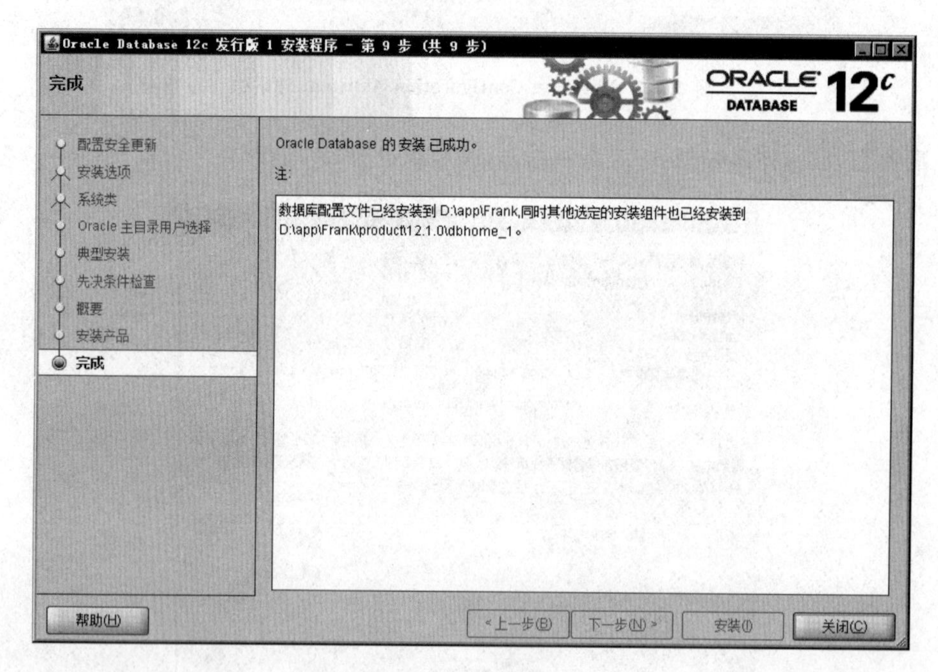

图 2.15 “完成”窗口

2.2.3 Oracle 12c 客户端工具的安装

检查 Oracle Database 12c 客户端软件安装文件,如果不存在,可以从 Oracle 公司的官方网站 www.oracle.com 进行下载,下载链接同 Oracle Database 12c 企业版,下载后解压缩。

打开解压缩后的 client 文件夹,双击 setup.exe,启动 Oracle 通用安装程序 OUI 窗口检查监视器的配置，进行系统详细资料的收集，然后弹出“选择安装类型”窗口，如图2.16所示。

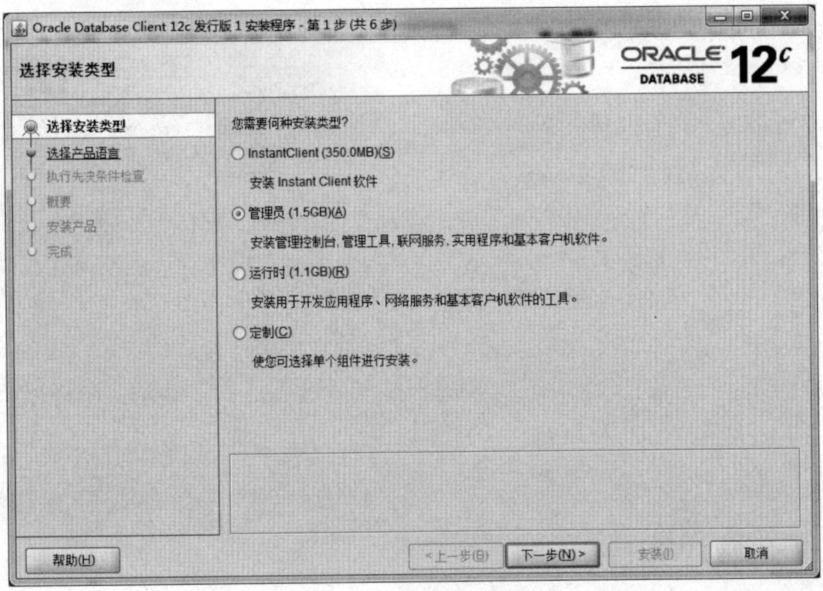

图2.16 “选择安装类型”窗口

在图2.16中，选中Oracle Database 12c客户端的安装类型，为了更好地、全方位地学习Oracle Database 12c，这里选中“管理员”单选按钮进行安装，单击“下一步”按钮，打开“选择产品语言”窗口，如图2.17所示。

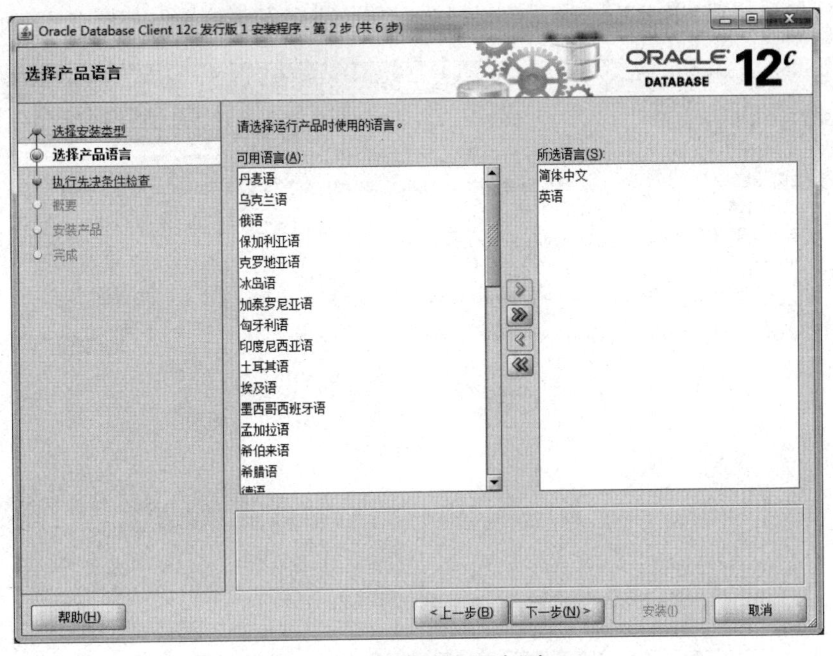

图2.17 “选择产品语言”窗口

这里已经选择了简体中文和英文，如果需要，用户也可以选择其他语言，然后单击“下一步”按钮继续，打开“指定 Oracle 主目录用户”窗口，如图 2.18 所示。

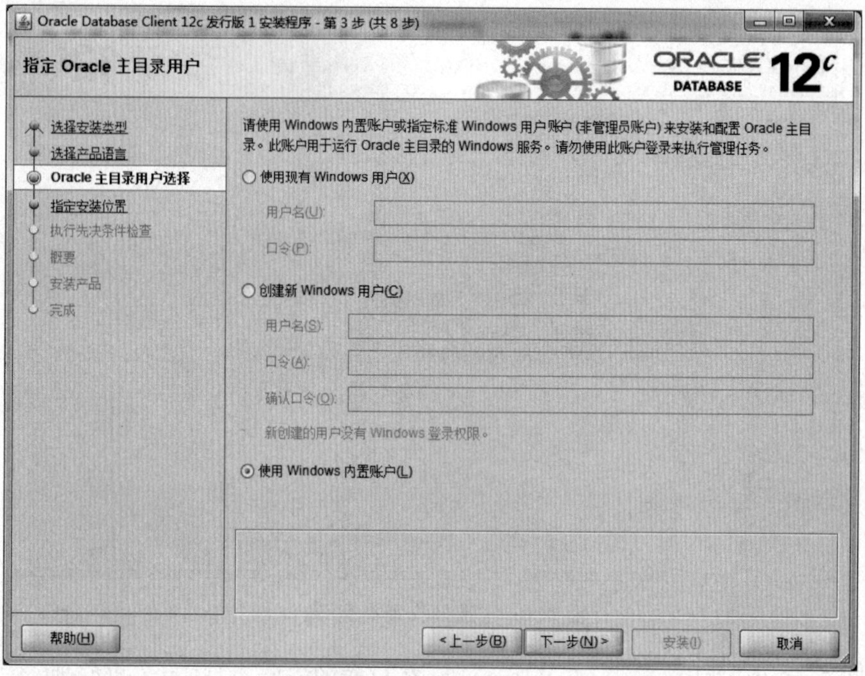

图 2.18 “指定 Oracle 主目录用户”窗口

在图 2.18 中，选择安装和配置 Oracle 主目录的 Windows 用户，这里选中“使用 Windows 内置账户”单选按钮，单击“下一步”按钮继续，打开“指定安装位置”，如图 2.19 所示。

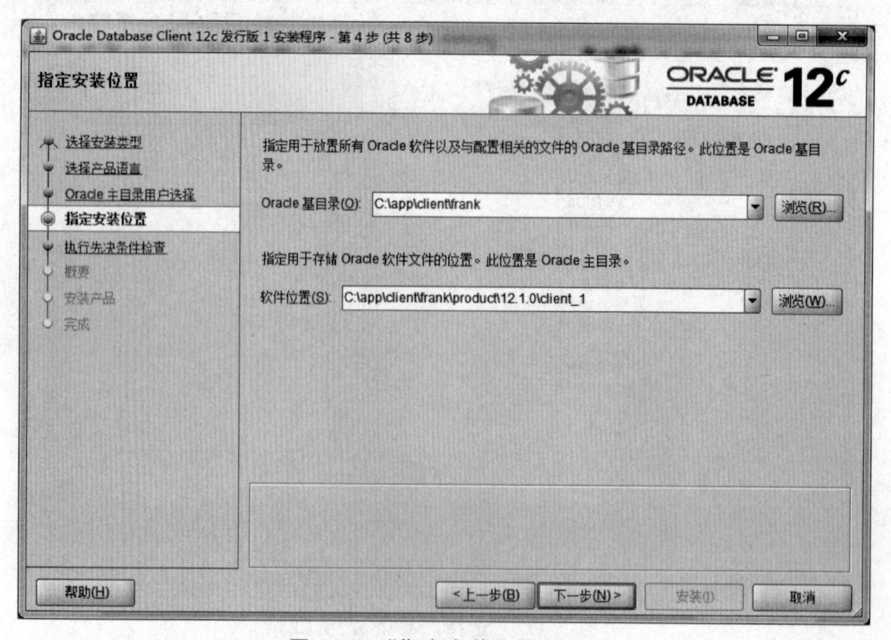

图 2.19 “指定安装位置”窗口

默认情况下，软件会安装在安装程序所在的磁盘上，如果想改动，建议只改动“Oracle基目录”的盘符(如把“C”改为“D”)，这样，其他的安装位置也会跟随着改变，单击“下一步”按钮继续，打开“执行先决条件检查”窗口，如图 2.20 所示。

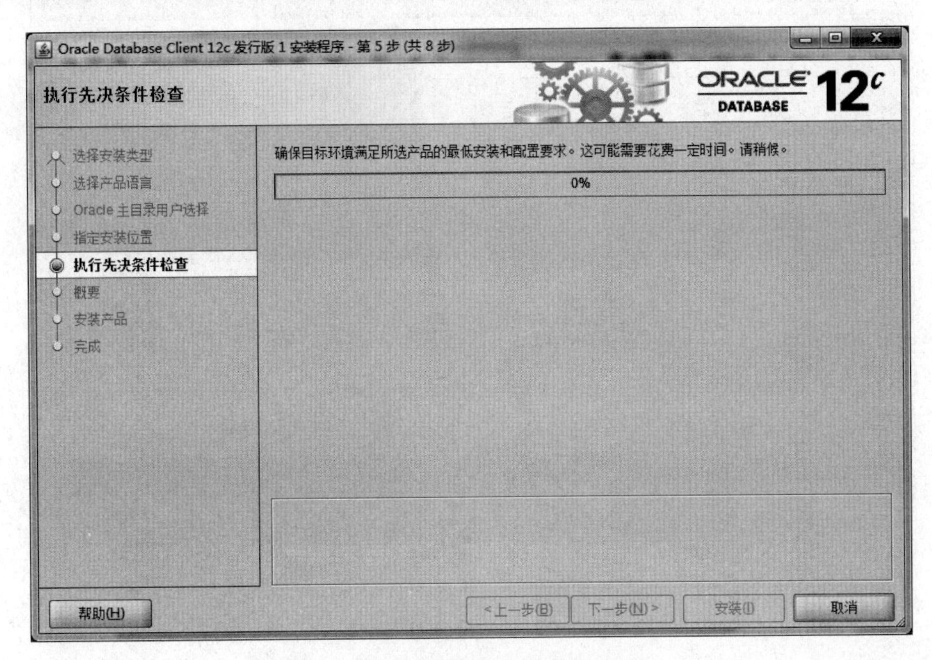

图 2.20 “执行先决条件检查”窗口

在图 2.20 中，软件会自行检查，不需要执行任何操作，然后单击“下一步”按钮，打开“概要”窗口，如图 2.21 所示。

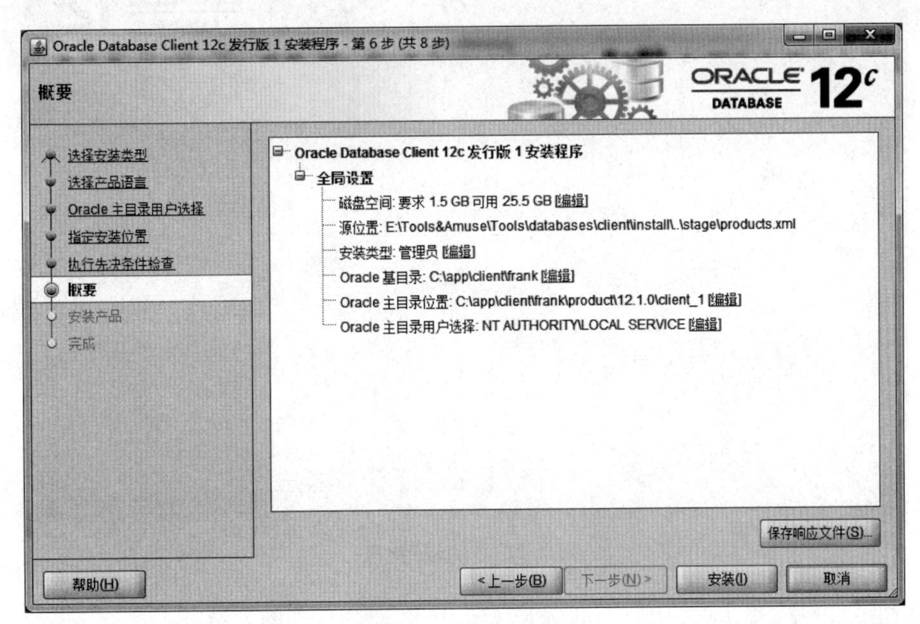

图 2.21 “概要”窗口

在图 2.21 中可以查看用户之前安装选项的配置，如无须修改，单击“安装”按钮，打开“安装产品”窗口，如图 2.22 所示。

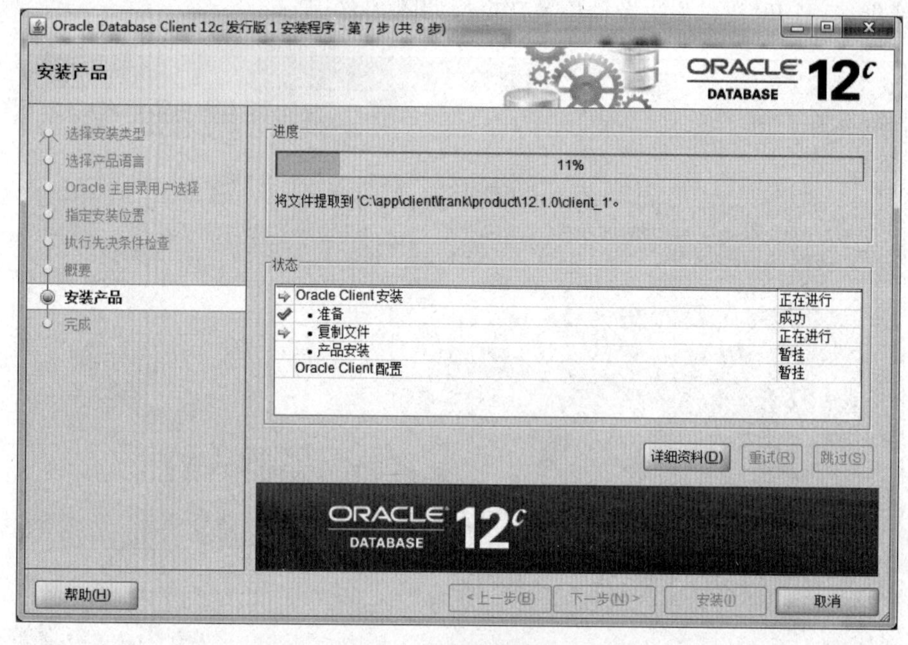

图 2.22 “安装产品”窗口

完成产品安装后，弹出“完成”窗口，如图 2.23 所示。

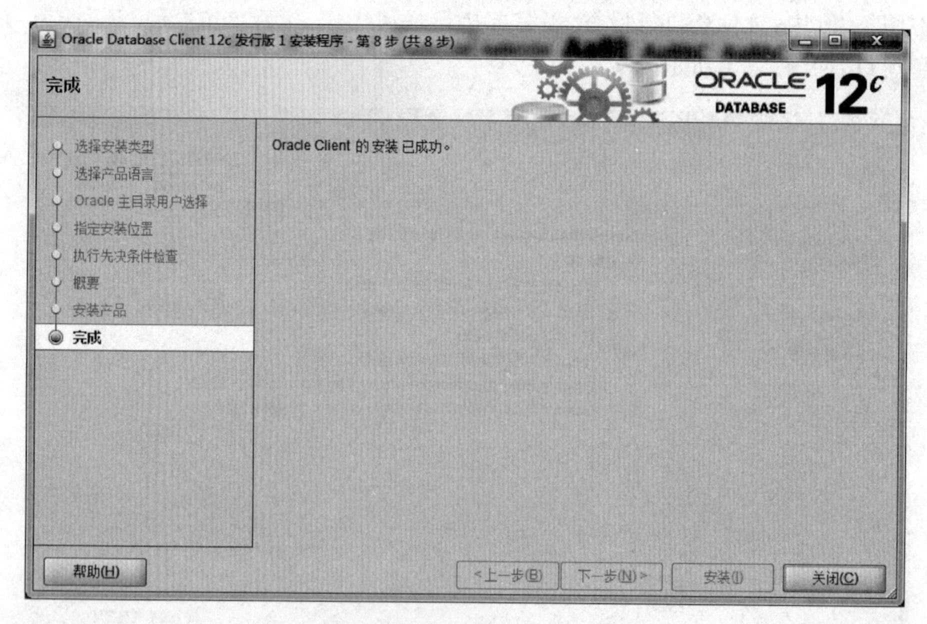

图 2.23 “完成”窗口

在图 2.23 中，单击“关闭”按钮，完成 Oracle 客户端软件的安装。

2.3 Oracle Database 12c 的卸载

Oracle Database 12c 的卸载比较简单，可以使用 OUI 进行 Oracle 数据库的卸载，按提示操作完成 Oracle Database 12c 的卸载。也可以在安装目录 X:\...\deinstall 下找到 deinstall. bat 文件并双击，开始执行数据库的卸载。这里对第二种卸载程序的方法进行简单介绍，卸载程序首先会进行检查卸载所需要的文件等信息，首先弹出如图 2.24 所示的“卸载文件检查”窗口，接着弹出如图 2.25 所示的窗口开始卸载数据库。

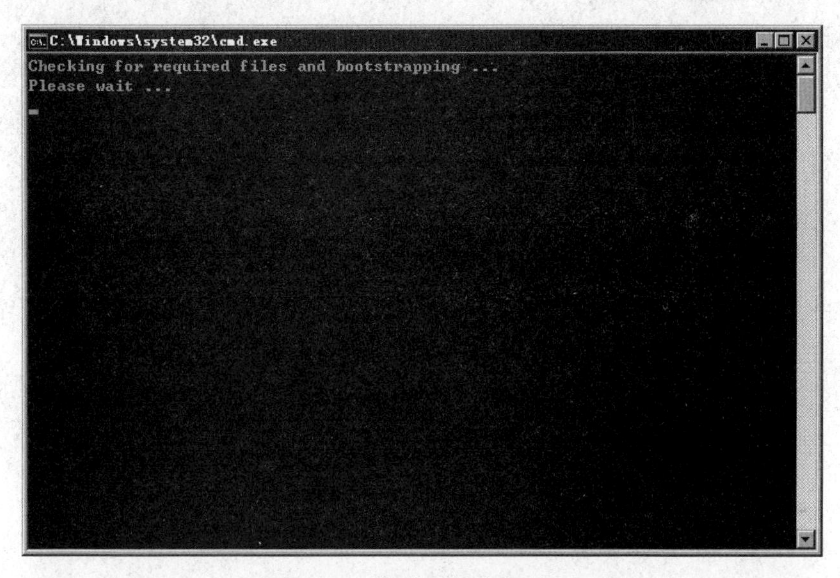

图 2.24 “卸载文件检查”窗口

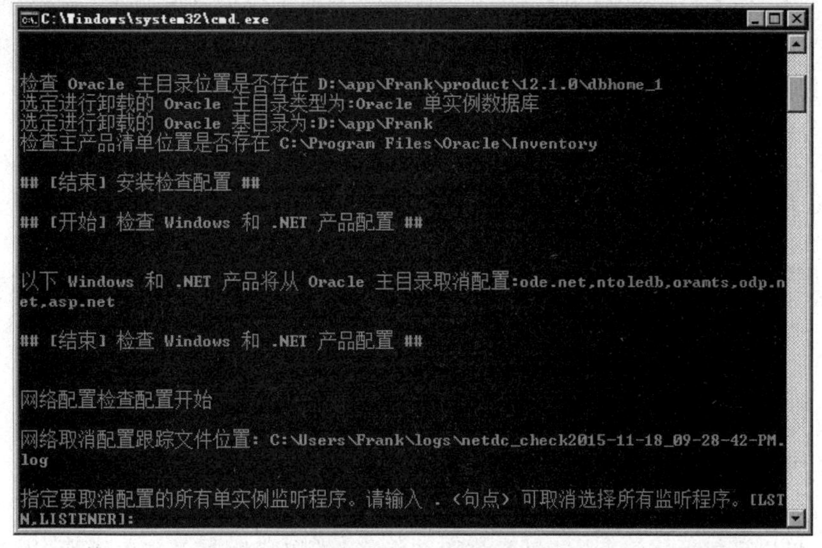

图 2.25 Oracle Database 12c 的卸载过程

在图 2.25 所示的命令行窗口中，按提示依次进行操作即可。

然后在命令行运行 regedit 命令，打开注册表窗口。删除注册表中与 Oracle 相关的内容，具体操作如下。

(1) 删除 HKEY_LOCAL_MACHINE/SOFTWARE/ORACLE 目录。

(2) 删除 HKEY_LOCAL_MACHINE/SYSTEM/CurrentControlSet/Services 中所有以 Oracle 或 OraWeb 为开头的键。

(3) 删除 HKEY_LOCAL_MACHINE/SYSTEM/CurrentControlSet/Services/Eventlog/Application 中所有以 Oracle 开头的键。

(4) 删除 HKEY_CLASSES_ROOT 目录下所有以 Ora、Oracle、Orcl 或 EnumOra 为前缀的键。

(5) 删除 HKEY_CURRENT_USER/Software/Microsoft/Windows/CurrentVersion/Explorer/MenuOrder/Start Menu/Programs 中所有以 Oracle 开头的键。

(6) 删除 HKEY_LOCAL_MACHINE/SOFTWARE/ODBC/ODBCINST.INI 中除 Microsoft ODBC for Oracle 注册表键以外的所有含有 Oracle 的键。

上述注册表项有些可能在卸载 Oracle 产品的时候已经被删除。然后，删除环境变量中的 PATH 和 CLASSPATH 中包含 Oracle 的值，再删除“开始”→“程序”中所有 Oracle 的组和图标，接着删除所有和 Oracle 相关的目录，最后重启计算机，完成 Oracle Database 12c 的卸载。

2.4 Oracle 12c 的配置

这里主要介绍 Oracle Database 12c 发行版 1 数据库服务器软件和客户端软件安装完成后，采用 DBCA 数据库配置助手进行数据库的创建、重新配置以及数据库的删除等操作以及使用 NETCA 进行 Oracle 数据库网络的配置和使用 Net Manager 进行 Oracle 网络管理等相关内容。

2.4.1 Oracle 数据库配置助手

数据库配置助手(Database Configuration Assistant，DBCA)是 Oracle 数据库用于创建实例的，在 Windows 的命令行窗口下，需要使用 DBCA 命令进行实例的创建，在没有创建实例的前提下不能进行数据库的创建操作。

单击 Windows 开始菜单→“所有程序”→Oracle→“配置和移植工具”→Database Configuration Assistant 选项，如图 2.26 所示。

然后打开“数据库操作”窗口，如图 2.27 所示。

这里，可以进行创建数据库、配置数据库选件、删除数据库等相关操作，做好配置选项后，按提示操作即可，这里不再赘述。

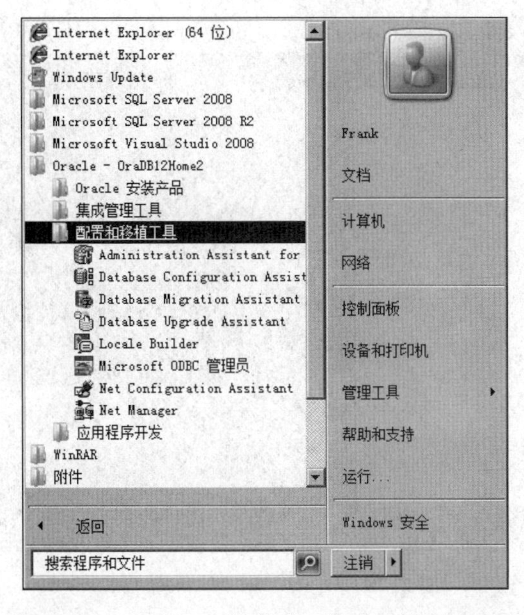

图 2.26 Windows 开始菜单下的 Oracle 安装目录

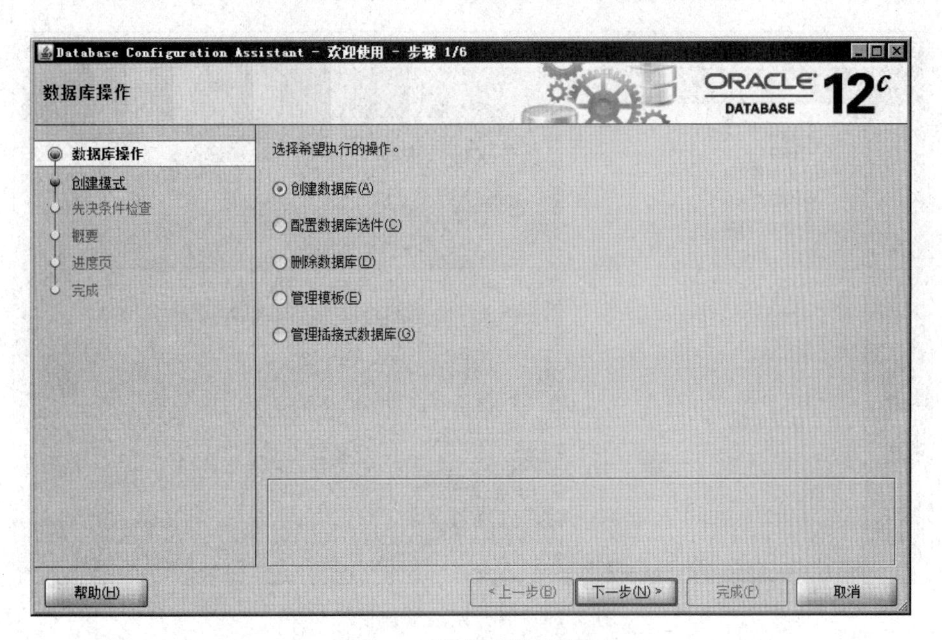

图 2.27 “数据库操作”窗口

2.4.2 Oracle 网络管理

单击 Windows 开始菜单→“所有程序”→Oracle→“配置和移植工具”→Net Manager 选项，打开如图 2.28 所示的 Oracle Net Manager 窗口，客户端软件必须进行 Net Manager 配置后才能进行数据库的连接以及执行数据库相关的其他操作。

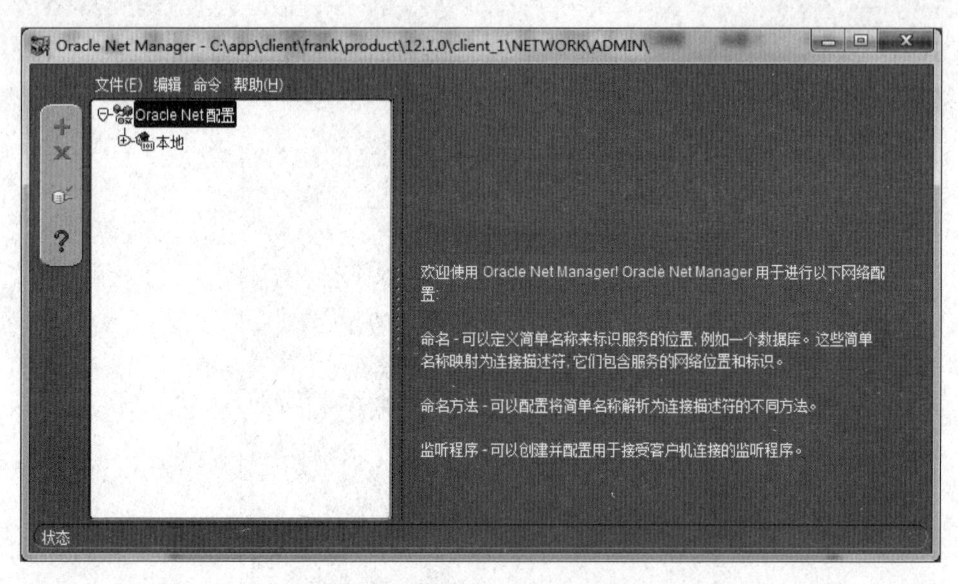

图 2.28 Oracle Net Manager 窗口

在图 2.28 中单击“本地”前面的加号，展开网络管理目录，如图 2.29 所示。

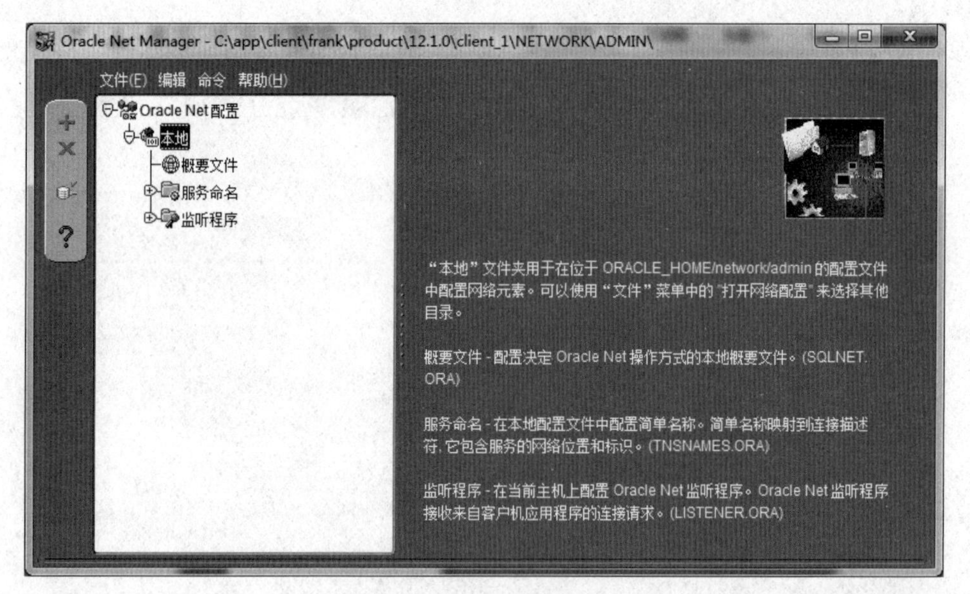

图 2.29 展开网络管理目录

其中，第一项“概要文件”不用管，主要是进行服务命名管理和监听程序管理。在此先进行服务命名管理，单击“服务命名”选项，弹出如图 2.30 所示的“服务命名”管理窗口。

单击“服务命名”前面的“＋”，展开“服务命名”，如果为空，即网络命名不存在，可以在工具栏上单击“＋”或选择“编辑”菜单下的“创建”命令，弹出如图 2.31 所示的“网络服务名向导”对话框。

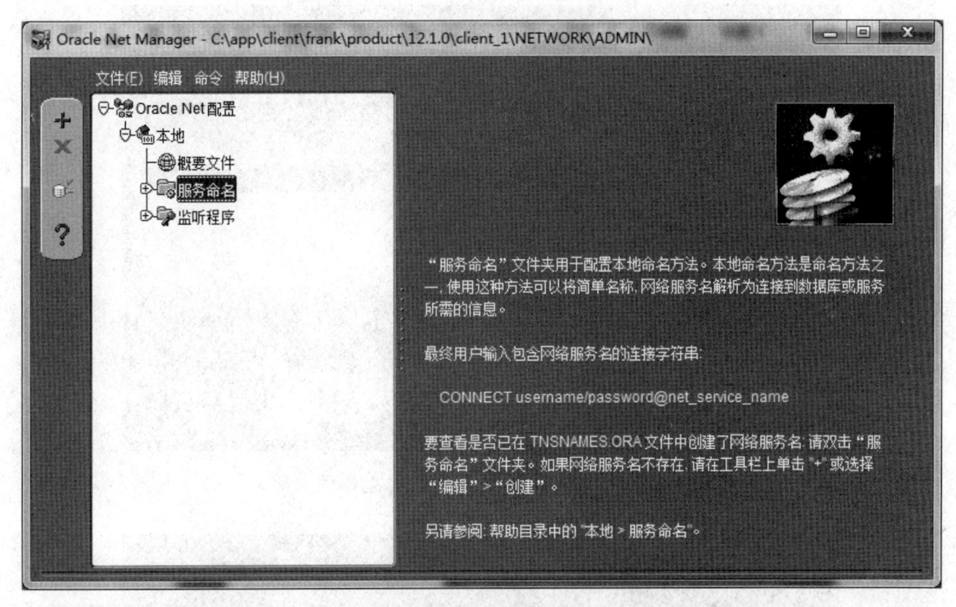

图 2.30 “服务命名”管理窗口

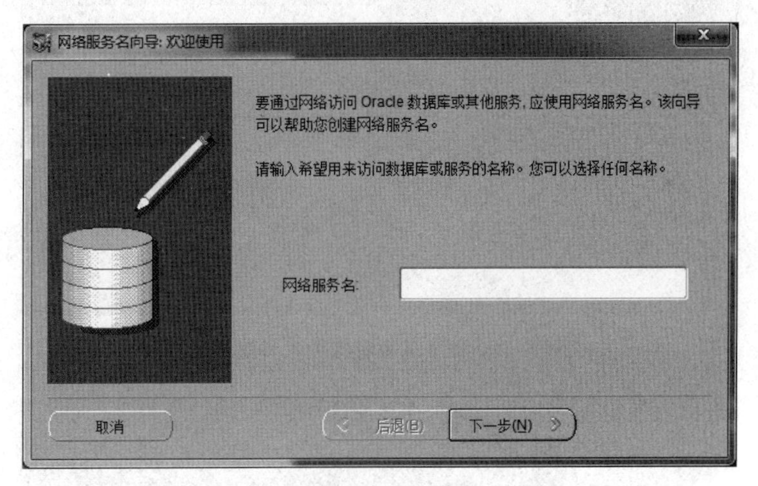

图 2.31 “网络服务名向导”对话框

在图 2.31 所示的文本框中输入网络服务名，输入后，以后连接数据库就可以采用这个名字了，这里输入的名字为 MYORA，单击“下一步”按钮，打开“向导第 2 页：协议”窗口，如图 2.32 所示。

在图 2.32 中选择 TCP/IP(Internet 协议)选项，单击“下一步”按钮，打开如图 2.33 所示的“向导第 3 页：协议设置”窗口。

在图 2.33 中输入数据库计算机的主机名或 IP 地址，以及 Oracle 数据库的 TCP/IP 端口号(默认为 1521)，单击“下一步”按钮，打开“网络服务名向导，第 4 页：服务”，如图 2.34 所示。

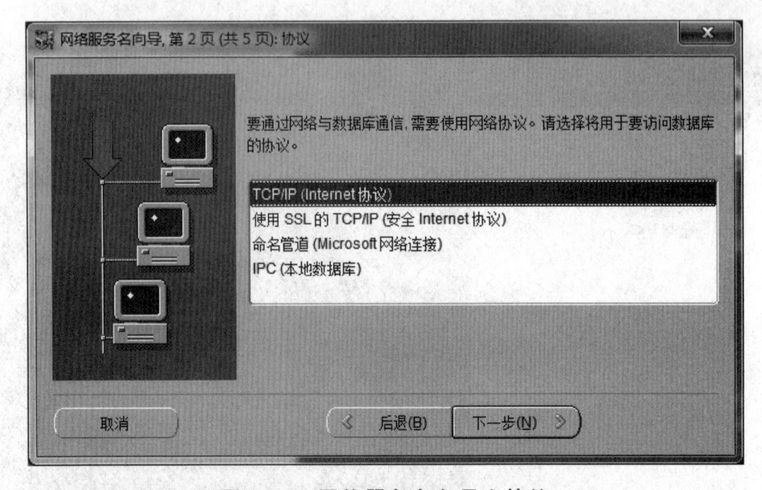

图 2.32 网络服务名向导之协议

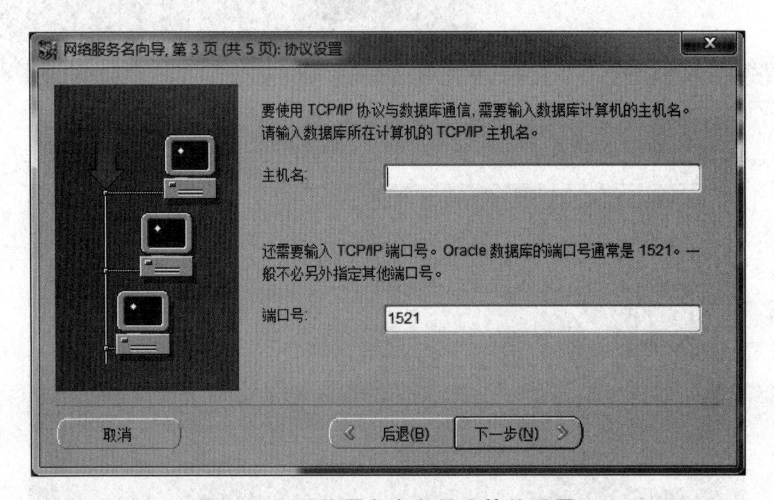

图 2.33 网络服务名向导之协议设置

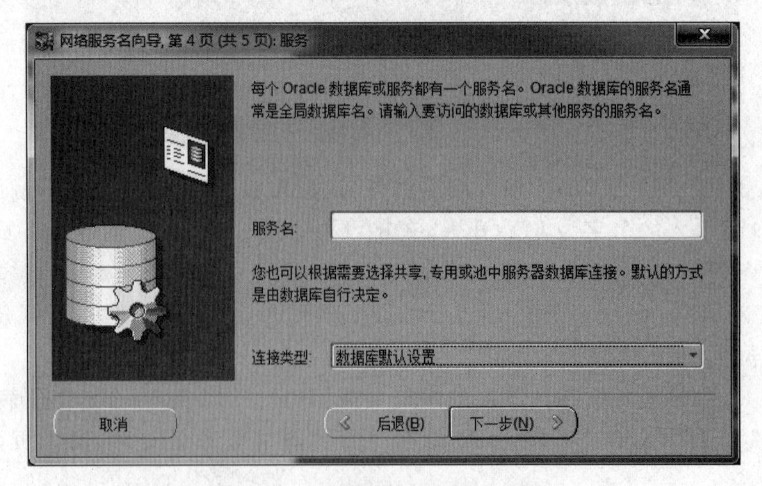

图 2.34 网络服务名向导之服务

在图 2.34 中输入服务名，该名称为 Oracle Database 提供的服务名，一般是全局数据库名。在这里输入 PDB 数据库的服务名，以便进行示例数据库的连接。单击“下一步”按钮，打开“网络服务名向导，第 5 页：测试”，如图 2.35 所示。

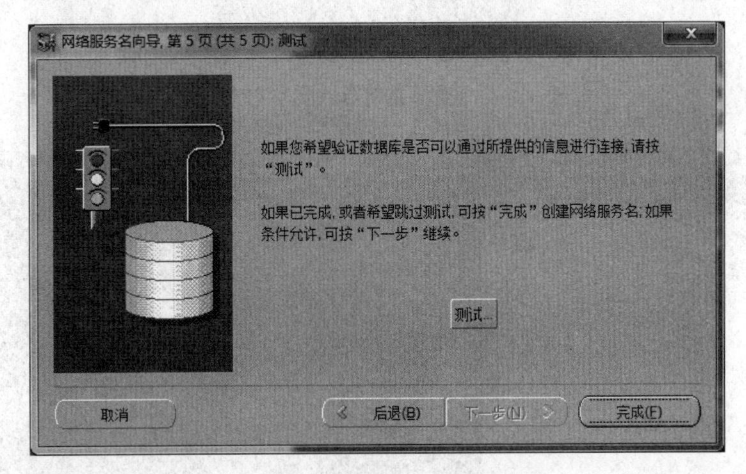

图 2.35　网络服务名向导之测试

在图 2.35 中，单击“测试”按钮，看数据库连接是否成功，如果不测试，单击“完成”按钮完成网络服务名称的配置。返回到如图 2.29 所示的 Oracle 网络管理窗口，然后进行监听程序的管理，单击监听程序，出现如图 2.36 所示的“监听程序”窗口。

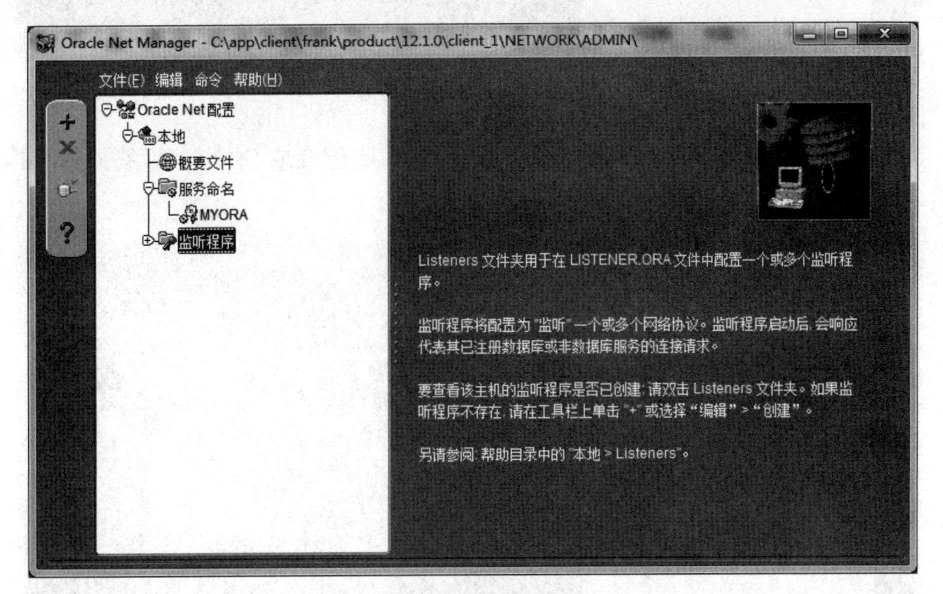

图 2.36　“监听程序”窗口

在图 2.36 中，单击窗口左上角的加号，弹出如图 2.37 所示的“选择监听程序名称”对话框。

在图 2.37 所示的文本框中输入监听程序的名称 LISTENER 即可，单击“确定”按钮，打开如图 2.38 所示的添加监听位置窗口。

图 2.37 “选择监听程序名称”对话框

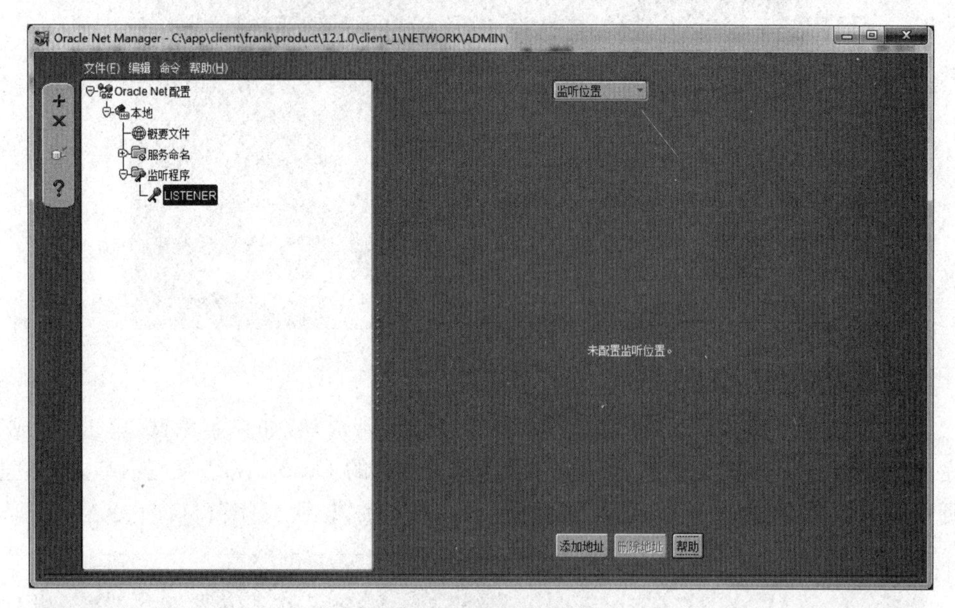

图 2.38 添加监听位置

在图 2.38 中,单击下面的“添加地址”按钮,窗口右侧变成“地址 1”标签页,如图 2.39 所示。

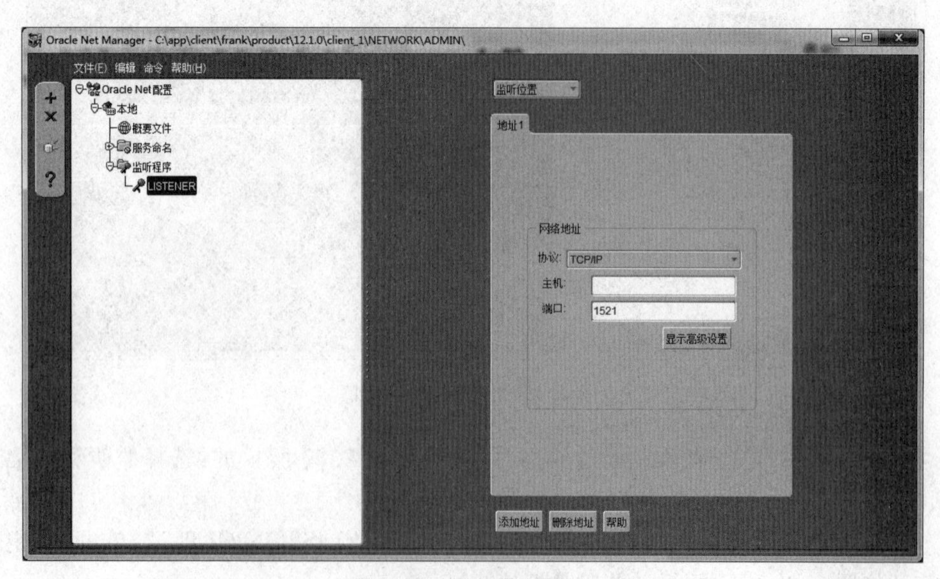

图 2.39 添加监听地址

在图 2.39 中，选择协议为 TCP/IP，输入主机 IP 地址以及监听端口（默认为 1521），然后打开“文件”菜单，选择“保存网络配置”命令，将上述的网络配置保存下来，并使之生效，操作如图 2.40 所示。

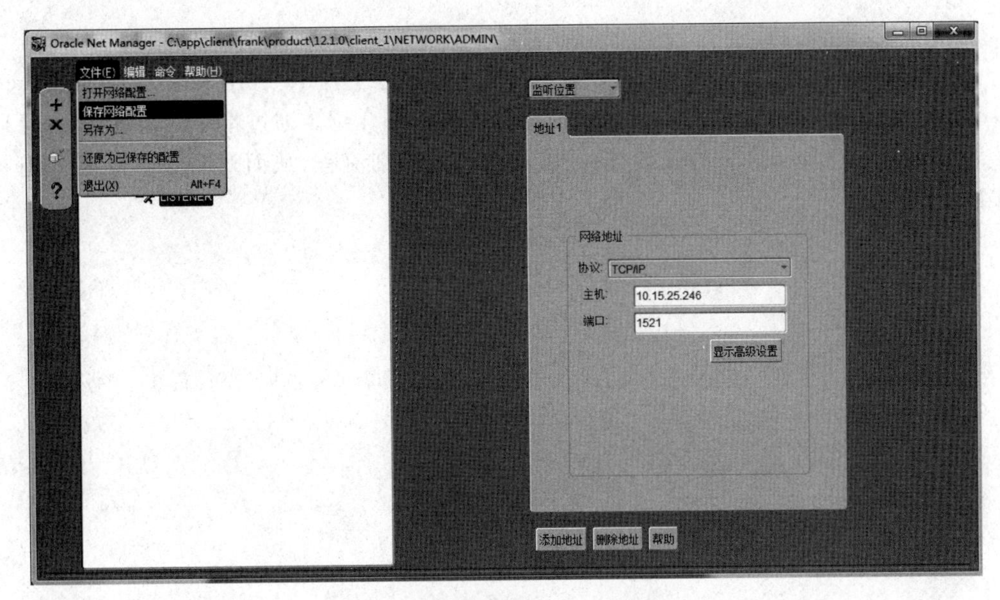

图 2.40　“保存网络配置”窗口

2.4.3　Oracle 网络配置助手

NETCA 是 Oracle Net Configuration Assistant 的简称，主要进行的配置包括监听程序配置、命名方法配置、本地网络服务名配置、目录使用配置。简单来说，就是可以配置一个监听程序和服务名，从而可以使 Oracle Client 连接至数据库进行相关操作，单击图 2.26 中的 Net Configuration Assistant 选项，进入 Oracle 网络配置助手对话框，如图 2.41 所示。

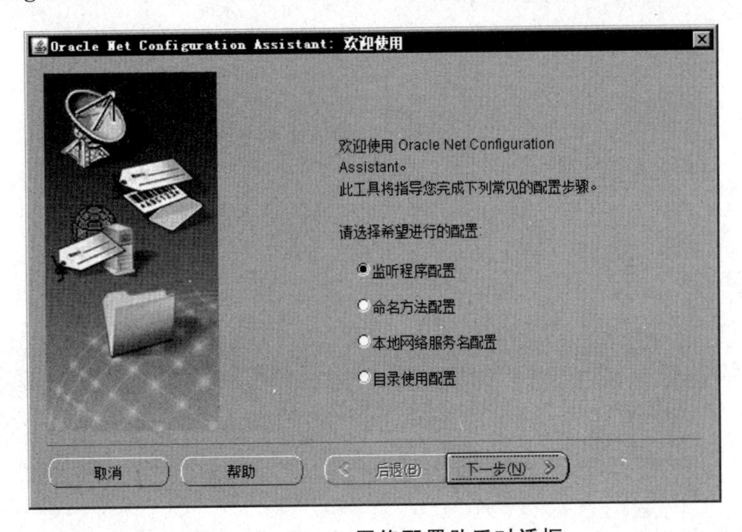

图 2.41　Oracle 网络配置助手对话框

在图 2.41 中选择希望进行的配置，类似于 Net Manager，按提示操作即可。

2.5 小　　结

本章以 64 位操作系统 Windows 7 为平台，通过 Oracle 通用安装程序对 Oracle Database 12c 的安装、配置与卸载等相关内容进行详细介绍。通过本章的学习，读者可以了解 Oracle Database 12c 的安装、配置以及卸载的详细流程，从而对 Oracle 数据库有初步的了解。

第3章 chapter 3

Oracle 12c 体系结构

作为一款技术领先的数据库旗舰产品，Oracle 系统具有可扩充性、可靠性和可管理性。Oracle 的体系结构是指 Oracle 系统的主要组成部分、这些部分之间的关系以及它们的工作方式。了解 Oracle 12c 的目的就是为了在不同的应用环境中高效地利用 Oracle 系统的各种资源。Oracle 数据库是当前最流行的数据库，其最新一代发布的 Oracle 12c 版本号为 12.1.0.2，具有完全创新的多租户架构，引入了列式内存存储功能以及对 JSON 文档的支持。Oracle 12c 是第一家针对云设计的数据库，可以帮助客户更有效地利用资源、同时不断提高用户的服务水平并降低成本。

3.1 概　　述

数据库服务器是信息管理的核心与关键。一般情况下，一个数据库服务器可以在多用户环境中可靠地管理大量的数据，以便不同的用户可以同时访问相同的数据。数据库服务器还可以防止未经授权的访问，并为故障恢复提供有效的解决方案。

Oracle 系统的体系结构是指构成 Oracle 系统的主要组成部分、这些组成部分之间的关系，以及这些组成部分的工作方式。熟悉和了解 Oracle 系统体系结构的目的就是为了可以在各种不同的应用环境中高效地利用 Oracle 系统的各种资源。

一个 Oracle 数据库服务器由一个数据库和至少一个数据库实例组成，由于数据库和实例是紧密相连的，所以很多时候使用 Oracle 数据库表示实例和数据库，但严格意义上的 Oracle 数据库包含如下两方面内容。

1. 数据库

数据库是磁盘上存储数据的一组文件的集合，这些文件可以独立于数据库实例存在。Oracle 数据库是基于多租户架构的。

2. 数据库实例

数据库实例是管理数据库文件的内存结构的集合。一个数据库实例由一个称为系统全局区(SGA)的共享内存区和一组后台进程组成。数据库实例可以独立于数据库文件存在。

Oracle 数据库的体系结构如图 3.1 所示。

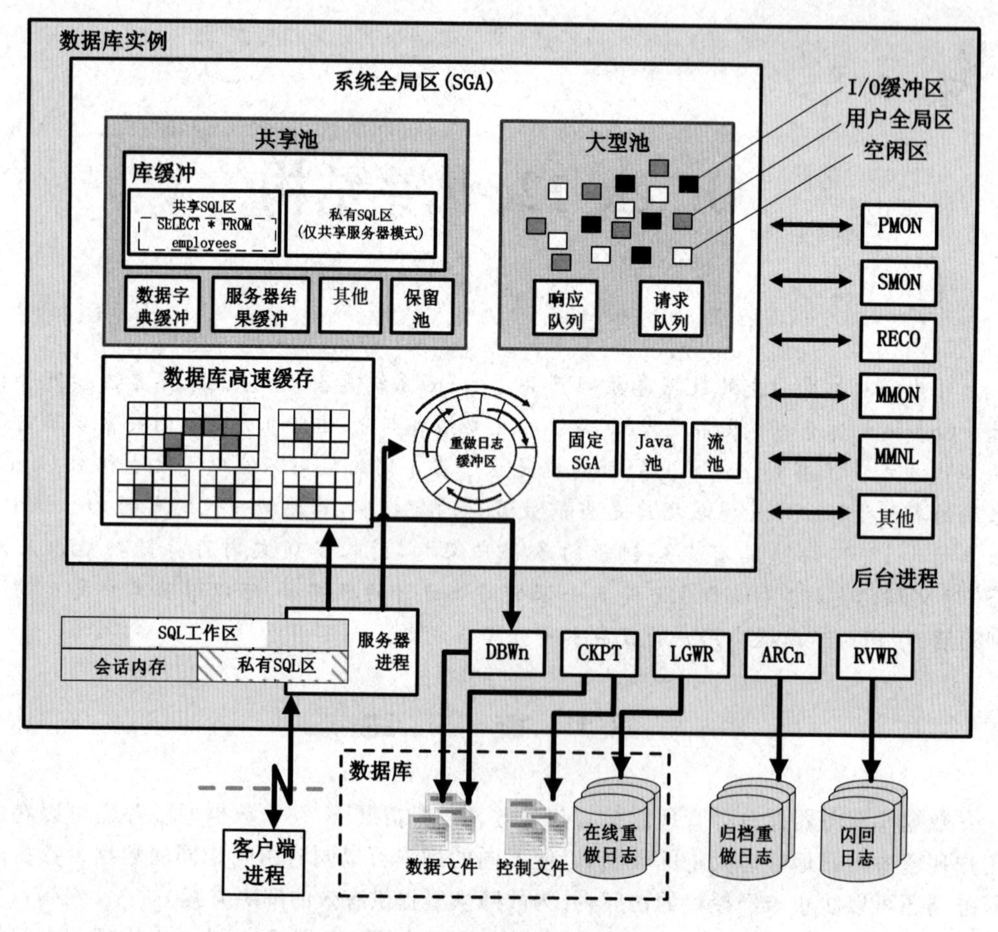

图 3.1　Oracle 数据库的体系结构

3.2　Oracle Database 12c 的多租户架构

多租户架构(multi-tenant architecture)使得 Oracle 数据库可以作为一个包含 0 个、1 个或者多个用户创建的可插拔式数据库(Pluggable Database,PDB)的多租户容器数据库(Container Database,CDB)。PDB 是一个模式、模式对象和非模式对象的便携式集合,以一个非 CDB 形式展现给 Oracle Net 客户端。Oracle Database 12c 之前的数据库都是非 CDB。

3.2.1　CDB 中的容器

容器(container)可以是一个 PDB 或者 root 容器(也称为 root)。root 容器是一个模式、模式对象和非模式对象的集合。所有的 PDB 都属于 root。

每个 CDB 都包含以下容器。

1. 恰好一个 root

root 包含 Oracle 提供的元数据和公用用户，例如 Oracle 提供的 PL/SQL 包的源代码。公用用户是每个容器中都可以使用的数据库用户。root 容器的名称为 CDB $ ROOT。

2. 正好一个种子 PDB

种子 PDB 是系统提供的一个模板，可用于 CDB 创建新的 PDB。种子 PDB 的名称为 PDB $ SEED。用户不能添加或者修改 PDB $ SEED 中的对象。

3. 零个或者多个用户创建的 PDB

PDB 由用户创建，包含支持特定特性的数据和代码。一个 PDB 可以支持一个特定应用，如人力资源或者销售。创建 CDB 时不会创建 PDB，可以基于业务需求添加 PDB。

图 3.2 显示了一个拥有 4 个容器的 CDB：root、种子 PDB 以及 2 个 PDB。每个 PDB 都拥有自己专有的应用，并且由它自己的 PDB 管理员进行管理。一个公用用户在 CDB 中使用单个身份认证。在下例中，公用用户 SYS 可以管理 root 和每个 PDB。在物理层，该 CDB 拥有一个数据库实例和数据库文件，与非 CDB 一样。

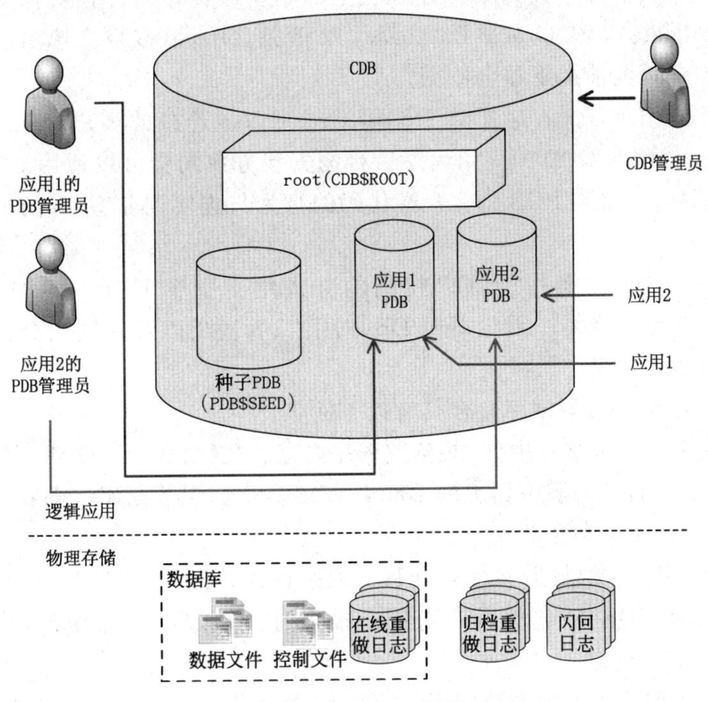

图 3.2 具有 4 个容器的 CDB

用户可以在CDB和非CDB中使用相同的工具，如数据库开发工具SQL ＊Plus和SQL Developer、Oracle企业管理器（云控制平台）以及Oracle数据库配置助手（Oracle Database Configuration Assistant，DBCA）。

3.2.2 多租户体系结构的优势

大型企业可能使用成百上千个数据库。通常，这些数据库运行在不同物理服务器的不同平台上。由于硬件技术的改进，尤其是CPU数量的增加，服务器能够处理更多的工作负载。数据库可能只使用了服务器硬件容量的一小部分。这种方式既浪费硬件，又浪费人力资源。

例如，100台服务器，每台服务器上安装了一个数据库，每个数据库仅使用了10%的硬件资源和管理员10%的时间。DBA团队必须单独管理每个数据库的SGA（系统全局区）、数据库文件、账户、安全等，同时系统管理员必须维护100台不同的计算机。

对于管理问题的典型解决方案是在每台服务器上安装多个数据库，但是问题在于多个数据库实例并不共享后台进程、系统和进程内存或者Oracle元数据。另一种方法是将数据逻辑分隔到不同的模式或者虚拟私有数据库中，而它的问题在于虚拟实体难于管理、保护和传输。

1. 数据库整合优势

将数据从多个数据库整合到单个计算机上的单个数据库的过程被称为数据库整合（database consolidate）。从Oracle Database 12c开始，Oracle多租户选项能够在不需要改变已有模式或应用的前提下整合数据。

保证PDB/非CDB兼容，这样对于使用Oracle Net连接的客户端来说，PDB与非CDB表现一致。使用非CDB的应用程序后台的安装方案同样可以适用PDB，并且产生的结果相同。同样，连接到PDB的客户端代码的行为与连接到非CDB的客户端代码的行为相同。

针对整个非CDB的操作能够以相同的方式用于整个CDB。例如，Oracle Data Guard和数据库备份与恢复。因此，非CDB的用户、管理员以及开发人员在数据库被整合后将会拥有相同的体验。

使用多租户结构进行数据库整合具有以下优势。

(1) 降低成本。通过整合硬件，共享数据库内存和文件，减少了硬件、存储、可用性以及劳动力成本。例如，一台服务器上的100个PDB共享一个数据库实例和一组数据库文件，因此需要更少的硬件和相关人员。

(2) 更容易、更快捷的数据和代码迁移。通过设计，可以快速地将一个PDB插入一个CDB，将PDB从CDB拔出，然后将该PDB插入另一个CDB。插入和拔出的实现技术与可传输表空间技术类似。

(3) 更容易管理和监控物理数据库。CDB管理员可以专注于一个物理数据库（一组文件和一组数据库实例），而不是分别关注数十个或数百个非CDB。备份策略和灾难恢复更加简单。

(4) 数据和代码的分离。虽然整合成了一个物理数据库，但是 PDB 仍然模拟非 CDB 的行为特性。例如，如果用户错误导致关键数据丢失，PDB 管理员可以使用 Oracle Flashback 或者时间点恢复找回丢失的数据，同时不会影响到其他 PDB。

(5) 安全的管理职责分离。公用用户可以连接到拥有权限的任何容器，而本地用户仅限于连接到特定的 PDB。CDB 管理员可以使用一个公用用户账户管理 CDB，PDB 管理员可以使用一个本地账户管理单个 PDB。因为权限只能用于授予的容器之内，所以在一个 PDB 上的本地用户没有在同一个 CDB 的其他 PDB 上的权限。

(6) 易于性能优化。单个数据库比多个数据库更容易进行性能指标收集，1 个 SGA 比 100 个 SGA 更容易调整大小。

(7) 支持 Oracle 数据库资源管理器。在多租户环境中，一个令人关心的问题是同一台计算机上的多个 PDB 之间的系统资源竞争，另一个是为了更一致、可预测性能的资源使用限制。为了解决这类资源竞争、使用以及监控问题，可以使用 Oracle 数据库资源管理器。

2. 可管理性优势

除了数据库整合之外，多租户体系结构还拥有其他优点。这些优点源于将 PDB 相关的数据和数据字典元数据存储在 PDB 内部，而不是统一存储在一个地方。这种方式使得 PDB 作为一个独立的单元更易于管理，即使只有一个 PDB 时也是如此。

数据字典分离可以带来以下优势：

(1) 更易于迁移数据和代码。例如，可以从 CDB 中拔出一个 PDB，然后将它插入一个更高版本的 CDB 中，而不是升级 CDB。

(2) 更易于测试应用。可以在一个测试 PDB 中开发应用，发布时将其插入产品 CDB。

3.3 Oracle 数据库进程

进程是操作系统中的一个概念，广义上来讲，进程是一个具有一定独立功能的程序关于某个数据集合的一次运行活动，它是操作系统动态执行的基本单元。狭义上，进程就是正在运行的程序的实例。

一个 Oracle 数据库实例包括 3 种类型的进程：用户进程(user process，client process)、服务器进程(server process)和后台进程(background process)。服务器进程和后台进程统称为 Oracle 进程。一般情况下，Oracle 进程和用户进程运行在不同的计算机上。

3.3.1 用户进程

用户进程也称作客户端进程，可以看作是一些试图连接数据库服务器的软件，如客户工具(Oracle SQL *Plus，Oracle SQL Developer，Oracle Net Manager，Oracle

Enterprise Manager Cloud Control 等)。用户进程可以使用 Oracle 网络服务(Oracle Net Services)与数据库进行通信。Oracle 网络服务是一组通过网络连接协议提供连接的足迹,对于应用开发人员和数据库管理员来说,Oracle 网络服务屏蔽了不同硬件平台上设置不同网络的复杂性。

在 Oracle 系统中,不用编辑服务器上的注册表,使用一些简单的配置文件就可以管理 Oracle 网络服务。例如,Oracle 系统提供了 Oracle 网络管理器(Oracle Net Manager)和 Oracle 网络配置助手(Oracle Net Configuration Assistant,NetCA)等工具设置用户的 Oracle 网络配置。

3.3.2 服务器进程

服务器进程用于处理连接到该数据库实例的用户进程的请求,用户进程一直都会通过一个服务器进程与数据库进行通信,当 Oracle 网络服务接收到用户进程的连接请求后,就会将用户进程路由到一个服务器进程。服务器进程负责在用户进程和 Oracle 实例之间调度请求和响应。当用户进程提交某请求后,服务器进程负责执行该请求,即将数据从磁盘读入缓存,获取请求结果,然后向用户进程返回结果。即使响应出现了某些错误,服务器进程也会把错误信息发给用户进程,以便用户进程进行合适的处理。

可以根据服务器的体系结构,在用户进程和服务器进程之间维护这种连接,以便不需要重新建立连接就可以管理随后的请求。在 Oracle 系统中有两种不同的体系结构,即专用服务器(dedicated server)模式和共享服务器(shared server)模式,这两种连接模式都可以连接用户进程和服务器进程。

在专用服务器连接模式下,每个用户进程都关联一个且仅一个服务器进程。专用服务器为用户进程和服务器进程之间提供了一种一对一的映射关系,如连接到某数据库实例的 20 个用户进程就相应地关联着 20 个服务器进程。每一个用户进程仅在与其关联的服务器进程之间进行通信,而每一个服务器进程在其会话存在期间专门为与其关联的用户进程提供专用服务。服务器进程在它的系统全局区(SGA)中存储特定的进程信息和用户全局区(UGA)。

在共享服务器连接模式下,多个用户进程通过网络连接到一个调度程序,而不是连接到一个服务器进程,该调度程序负责在用户进程与服务器进程之间进行路由。例如,20 个用户进程连接到 1 个调度程序,通过该调度程序,所有用户进程共享同一个或多个服务器进程。当用户进程请求与共享服务器连接时,Oracle 网络服务就会将会话请求路由到调度程序,而不是直接路由到服务器进程中。然后,调度程序就会将请求发送到请求队列中,这时第一个空闲的共享服务器就会获得请求。共享服务器生成的结果则放回到响应队列中,受到调度程序的监控,并将结果返回给请求的用户。和专用服务器一样,每一个共享服务器都有自己独立的程序全局区(PGA),但一个会话的用户全局区(UGA)并不存储在该 PGA 中,而是存储在系统全局区(SGA)中。这样,每个共享服务器就都可以访问该会话数据了。

对于用户进程来说,使用哪一种连接方式是没有区别的。这两种连接模式的区别在于它们使用内存的方式不同。

3.3.3 Oracle 监听器

Oracle 监听器(listener)是一个运行于 Oracle 数据库服务器上的进程,其主要任务是监听来自客户应用的连接请求。

客户负责在初始化连接请求中向监听器发送服务名称。该服务名称是一个标识符,它可以唯一地标识客户试图连接的数据库实例。监听器可以接受请求,判断请求是否合法,然后将连接路由到适当的服务器进程中。当然,Oracle 监听器不仅能够监听数据库实例,还可以监听其他服务,如 HTTP 服务器和 IIOP 服务器。

在 Oracle 8.0 及以前的版本中,监听器必须静态地配置。也就是说,监听器配置文件必须包含监听器需要连接的数据库信息。从 Oracle 8i 开始,以后所有的 Oracle 数据库版本都可以对监听器进行动态配置。也就是说,可以通过进程监控器(Process Monitor,PMON)完成,动态配置的含义就是数据库可以告诉监听器,服务器上的哪些服务是可用的。

用户可以使用 listener.ora 文件手工配置监听器,该文件中的 LISTENER 参数是一个命名的监听器,它可以使用 TCP/IP 监听数据库服务器主机上的 1521 端口,也可以建立多个监听器监听多个端口。SID_LIST_LISTENER 参数标识了正在连接监听器的客户可以使用的服务。

3.3.4 后台进程

后台进程是供多进程 Oracle 数据库使用的附加进程,无论用户是否连接数据库,这些进程都会作为数据库的一部分运行,每一个后台进程都有自己独立的职责,但也需要与其他进程协同工作。如果这些后台进程崩溃了,数据库也就随之崩溃了。后台进程主要执行操作数据库所需要的维护任务以及最大限度地提高数据库的性能。

Oracle 数据库在数据库实例启动时自动运行后台进程。一个数据库实例可以有很多后台进程,并不是所有的后台进程都一直存在并运行于数据库配置中。有些后台进程是强制运行的,有些是可选运行的,还有一些后台进程是从属进程。

1. 强制运行的后台进程

在所有典型的数据库配置中都有一些强制运行的后台进程,这些进程在数据库实例启动时,以最小配置的初始化参数文件默认自动运行。强制运行的后台进程主要有:

1) 进程监视器

进程监视器(Process Monitor,PMON)用于监视其他后台进程,并能在服务器或调度程序非正常终止时执行进程的恢复操作。PMON 负责清理数据库高速缓存以及释放用户进程使用的资源。例如,PMON 重置活动事务表的状态,释放不再需要的锁,以及从活动进程表中删除进程 ID 等。

2）监听注册器

监听注册器(Listener Registration，LREG)用来注册数据库实例信息以及与 Oracle 网络监听器关联的调度程序相关的信息，是 Oracle Database 12c 新增加的功能。在数据库实例启动时，LREG 确定监听器是否正在运行，如果监听器正在运行，则 LREG 将为它传递相关参数，否则，LREG 定期检查监听器的状态。

3）系统监视器

系统监视器(System Monitor，SMON)主要负责系统级的清理工作，其主要职责包括以下 4 项。

(1) 在数据库实例启动时，如果失败，就执行实例的恢复。

(2) 在实例恢复期间，由于读文件或表空间脱机出错时，执行未提交失误的回滚操作。

(3) 清理临时段，释放存储空间。

(4) 在字典管理的表空间中合并相邻的空闲数据区。

4）数据库写入器

数据库写入器(Database Writer，DBW)把缓存中的内容写到数据文件中。DBW 进程把在数据库高速缓存中修改过的数据写到磁盘中。一般情况下，在大多数系统中，一个数据库写进程(DBW0)就够了，你依然可以额外配置更多的数据库写进程——从 DBW1 到 DBW9，从 DBWa 到 DBWz，以及从 DBW36 到 DBW99，这样，在需要修改的数据量非常庞大时，可以提高写入数据的效率。但需要注意的是，这些额外的数据库写进程在单处理器的系统中无效。

5）日志写入器

日志写入器(Log Writer，LGWR)用来管理联机重做日志缓冲区。LGWR 将日志缓存中的一部分数据写入到联机重做日志文件中。通过与脏缓存数据离散写入磁盘的任务进行分离(LGWR 是顺序写的)提高整个数据库的性能。

6）检查点

检查点(Checkpoint，CKPT)进程会把检查点信息更新到控制文件和数据文件头中，并发信号给数据库写进程 DWB 将数据库写入磁盘。检查点信息包括检查点的位置、系统改变号(System Change Number，SCN)、待恢复的联机重做文件的位置等，但 CKPT 并不将数据块写入数据文件中，也不会将重做日志数据库写入联机重做日志文件中。

7）可管理性监视器

可管理性监视器(Manageability Monitor，MMON)执行和自动工作负载库(Automatic Workload Repository，AWR)相关的很多任务。例如，当某个度量值超过了给定的阈值，制作一个快照捕捉最近通过 SQL 修改的对象的统计值。

可管理性监视器简化进程(Manageability Monitor Lite，MMNL)将系统全局区(SGA)中的活动会话历史(Active Session History，ASH)缓存中的统计信息写入磁盘，MMNL 在 ASH 缓存满的时候执行写入到磁盘的操作。

8）恢复器

在分布式数据库中，恢复器(Recoverer，RECO)会自动处理分布式事务的错误信息，一个节点的 RECO 进程会自动连接到其他相关的可疑分布式数据库。当 RECO 重建数据库之间的连接时，它会自动解决所有可疑的事务，并把所有数据库中未决事务表中关联的行都删除。

2. 可选后台进程

可选后台进程是没有被定义为强制运行的后台进程。大多数的可选后台进程都有特定的任务或功能。例如，支持 Oracle 流高级队列(Advanced Queuing，AQ)和 Oracle 自动存储管理(Automatic Storage Management，ASM)的后台进程，在 AQ 和 ASM 功能启动时，这些可选后台进程就会运行。

常见的可选后台进程主要有以下几种。

1) 存档器

存档器(Archive，ARCn)进程在发生重做日志切换时，负责将连接重做日志文件复制到离线存储的存档位置。这些存档进程同样可以收集事务重做数据，然后把它们传输到备用数据库(standby database)。只有在数据库处于存档模式(archivelog mode)，且自动存档处于开启状态时，这些存档进程才存在。

2) 作业队列协调器

作业队列协调器(CJQ0 & Jnnn)用来运行、协调和管理用户的作业，该进程通常在批处理模式下运行。一个作业就是用户自定义的有计划的运行任务(执行一次或多次)。例如，用户可以使用作业队列预设一个在后台长时间运行的更新。给定一个开始日期和确定的时间间隔，作业队列协调器会在下一个时间间隔过后尝试运行这个作业。

Oracle 数据库动态管理作业队列进程，因此，当有需要的时候，可以启用更多的作业队列进程。当进程空闲时，数据库会释放它们使用的资源。

3) 闪回数据存档器

闪回数据存档器(Flashback Data Archive，FBDA)将被追踪表的历史行数据存档到闪回数据存档文件，当追踪表上包含 DML 语句的事务提交时，该进程会把被操作过的行数据的前镜像数据存储到闪回数据存档文件，同时还存储当前所有行的元数据。

4) 空间管理协调器

空间管理协调器(Space Management Coordinator，SMCO)用来配合各种空间管理相关任务的执行，如主动的空间分配和回收，SMCO 通过动态生成从属进程实现该任务。

3. 从属后台进程

从属进程是为其他进程工作的后台进程。下面介绍两种 Oracle 数据库中用到的从属进程。

1) I/O 从属进程

I/O 从属进程用于为不支持异步 I/O 的系统或设备模拟异步 I/O。异步 I/O 对传输没有时间要求，其他进程在传输完成之前就可以开始。例如，磁带设备(相当慢)就不支持异步 I/O。通过使用 I/O 从属进程，可以让磁带机模仿通常只为磁盘驱动器提供的功能，就好像支持真正的异步 I/O 一样。

假设有这样一个应用，在不支持异步 I/O 的操作系统上写入 1000 个数据块，每次写都是顺序发生，等待上一个块写完成后才会继续写下一个块。在异步 I/O 的磁盘中，该应用可以在等待来自操作系统响应的同时，批量执行块的写入和其他需要执行的工作。

为了模拟异步 I/O，一个进程监管这几个从属进程，调用进程给每个从属进程分配工作，这些从属进程会等待每个写操作完成，并在完成后报告调用进程。在真正的异步 I/O 中，操作系统会等待 I/O 结束，然后报告给进程。而模拟异步 I/O，从属进程会等待，并在完成后报告给调用者。

I/O 从属进程在 Oracle 中有两个用途。DBWn 和 LGWR 可以利用 I/O 从属进程模拟异步 I/O。另外，恢复管理器（Recovery Manager，RMAN）写磁带设备时也可能利用 I/O 从属进程。

2）并行执行服务器进程

在并行执行（Parallel Execute，PX）或并行处理时，多个进程同时运行一个 SQL 语句，通过对多个进程间的工作进行划分，数据库可以更快速地运行该语句。串行执行一个 SQL 语句就是采用一个服务器进程按顺序执行该 SQL 语句所需的必要处理，而并行执行与此完全不同。

3.4 内存结构

当 Oracle 数据库实例开启时，Oracle 数据库分配一块内存区域，并启动后台进程，这块内存区域会保存如下信息。

（1）程序代码。

（2）每个连接的会话信息。

（3）程序执行期间需要的信息。

（4）进程间共享的、与通信相关的数据，如锁。

（5）缓存数据，如数据块、重做记录，它们在磁盘上同样存在。

和 Oracle 数据库相关的基础内存结构主要包括系统全局区（System Global Area，SGA）、程序全局区（Program Global Area，PGA）、用户全局区（User Global Area，UGA）和软件代码区（Software Code Area）。

3.4.1 系统全局区

系统全局区（SGA）是一组共享的内存结构，通常称为 SGA 组件，这里面包含了一个 Oracle 数据库实例的数据和控制信息。所有的服务器进程和后台进程共享 SGA。例如，存储在 SGA 中的数据包括被缓存的数据块，以及共享 SQL 区域。

3.4.2 程序全局区

程序全局区(PGA)是非共享内存区域,它包含的数据和控制信息只能被一个 Oracle 进程使用。PGA 在 Oracle 进程启动时分配。

每个服务器进程和后台进程都有自己的 PGA。所有这些 PGA 集合起来就是整个数据库实例的 PGA,也称作实例 PGA。数据库初始化参数设置了数据库实例 PGA 的大小,而不是针对每个进程单独设置 PGA 的大小。

3.4.3 用户全局区

用户全局区(UGA)是一个用户会话关联的内存区域。

3.4.4 软件代码区

软件代码区是内存的一部分,用来存储正在执行的或可以执行的软件代码。Oracle 数据库代码存储在软件代码区,它的位置通常和用户程序存在的位置不同——一个更独有或更受保护的位置。

3.5 文件系统

Oracle 数据库是由驻留在服务器的磁盘上的操作系统文件组成的。这些文件有控制文件、数据文件和重做日志文件。

与 Oracle 数据库有关,但从技术上说不属于 Oracle 数据库的附属文件包括密码文件(PWD. ORA)、参数文件(SPFILE. ORA)、存档重做日志文件。

3.5.1 控制文件

控制文件是一个很小的(通常是数据库中最小的)文件,大小一般在 1~5MB,为二进制文件。但它是数据库中的关键性文件,它对数据库的成功启动和正常运行都至关重要,因为它存储了在其他地方无法获得的关键信息,这些信息包括:

(1) 数据库的名称。

(2) 数据文件和重做日志文件的名称、位置、联机/脱机状态和大小。

(3) 发生磁盘故障或用户错误时,用于恢复数据库的信息(如日志序列号、检查点)。

在数据库的运行过程中,每当出现数据库检查点或修改数据库的结构之后,Oracle(只能有 Oracle 本身)就会修改控制文件的内容。DBA 可以通过 OEM 工具修改控制文件中的部分内容,但 DBA 和用户都不应该人为地修改控制文件中的内容,否则会破坏控制文件。

3.5.2 数据文件

数据文件是实际存储插入数据库中的实际数据的操作系统文件。数据以一种Oracle特有的格式被写入数据文件,其他程序无法读取数据文件中的数据。

数据文件的大小与它们所存储的数据量的大小直接相关。写入数据后会由于自动分配新区而增大,但删除数据却不会使其减少,只能使得其中有更多的空闲区。

除了SYSTEM表空间之外,任何表空间都可以从联机状态切换为脱机状态。当表空间进入脱机状态时,组成该表空间的数据文件也就进入脱机状态了。可以将表空间的某一个数据文件单独设置为脱机状态,以便进行数据库的备份或恢复,否则是不能备份的。

3.5.3 重做日志文件

当用户对数据库进行修改时,实际上是先修改内存中的数据,过一段时间后,再集中将内存中的修改结果成批写入上面的数据文件中。Oracle采取这样的做法,主要是出于性能上的考虑,因为针对数据操作而言,内存的速度比硬盘的速度要快成千上万倍。

Oracle利用“(联机)重做日志文件”随时保存修改结果,即Oracle随时将内存中的修改结果保存到“重做日志文件”中。“随时”表示在将修改结果写入数据文件之前,可能已经分几次写入“重做日志文件”。因此,即使发生故障导致数据库崩溃,Oracle也可以利用重做日志文件中的信息恢复丢失的数据。只要某项操作的重做信息没有丢失,就可以利用这些重做信息重现该操作。

Oracle以循环方式使用重做日志文件,所以每个数据库至少需要两个重做日志文件。当第一个重做日志文件被写满后,后台进程LGWR(日志写进程)开始写入第二个重做日志文件;当第二个重做日志文件被写满后,又开始写入第一个重做日志文件,以此类推。

3.5.4 其他文件

其他文件包括参数文件、口令文件、存档重做日志文件、预警和跟踪文件等。

3.6 小　结

Oracle Database 12c是一个庞大而复杂的系统。本章详细介绍了Oracle 12c的体系结构,描述了Oracle 12c的主要组成部分、它们之间的关系以及工作原理。尽管体系结构仅提供了Oracle数据库的一个功能框架,但是通过该体系结构,可以从根本上了解Oracle 12c数据库的概貌。

第4章 chapter 4

Oracle Database 12c 应用开发工具

SQL *Plus 和 SQL Developer 是被数据库管理员(DBA)和开发人员广泛使用的功能强大而且很直观的 Oracle 开发工具,也是两个通用的、在各种平台上几乎完全一致的开发工具。在 SQL *Plus 和 SQL Developer 下可以执行输入的 SQL 语句、包含 SQL 语句的文件以及 PL/SQL 块和程序,也可以与数据库进行对话。

4.1 SQL *Plus 使用指南

SQL *Plus 是 Oracle 数据库服务器最主要的接口,它提供了一个功能强大而且易于使用的查询、定义和控制数据的环境。SQL *Plus 提供了 Oracle SQL 和 PL/SQL 的完整实现,以及一组丰富的扩展功能。

SQL *Plus 是 Oracle 数据库的主要 SQL 语句、PL/SQL 程序开发与运行环境,Oracle 12c 中的 SQL *Plus 是以命令行方式启动和运行的,没有图形化的用户接口。利用 SQL *Plus 工具可实现如下操作。

(1) 连接数据库,对数据库进行管理。

(2) 启动/停止数据库实例。

(3) 对数据库表执行插入、修改、删除、查询等操作,执行 SQL 语句和 PL/SQL 块。

(4) 运行存储在数据库中的子程序或包。

(5) 对查询结果进行格式化、运算、保存、打印等操作。

(6) 显示任何一个表的字段定义。

(7) 与终端用户进行交互。

4.1.1 启动和退出 SQL *Plus

使用 SQL *Plus 工具前,必须先启动 SQL *Plus 连接 Oracle 数据库,主要有以下几种方式。

1. 从开始菜单启动

从开始菜单启动,步骤如下:选择“开始”→“所有程序”→Oracle-OraDb12c_home1→

“应用程序开发”→SQL Plus 命令，打开 SQL ＊Plus 主界面，如图 4.1 所示。

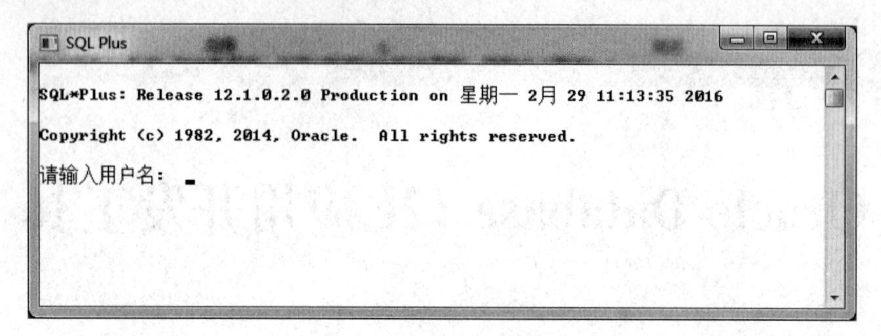

图 4.1　SQL ＊Plus 主界面

在图 4.1 中输入相应的用户名和登录密码，这是在安装 Oracle 时指定的。输入正确的用户名和密码后，按 Enter 键，SQL ＊Plus 将被连接到相应的数据库。例如，以数据库管理员 sys 用户登录，登录密码是安装时确定的密码，登录成功后如图 4.2 所示。

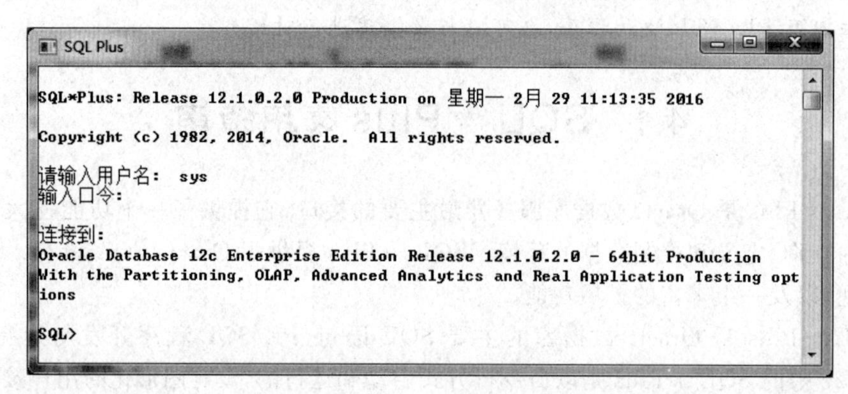

图 4.2　SQL ＊Plus 登录界面

2. 通过命令行窗口启动

通过命令行窗口启动 SQL ＊Plus，选择“开始”→“运行”命令，出现“运行”对话框，如图 4.3 所示。

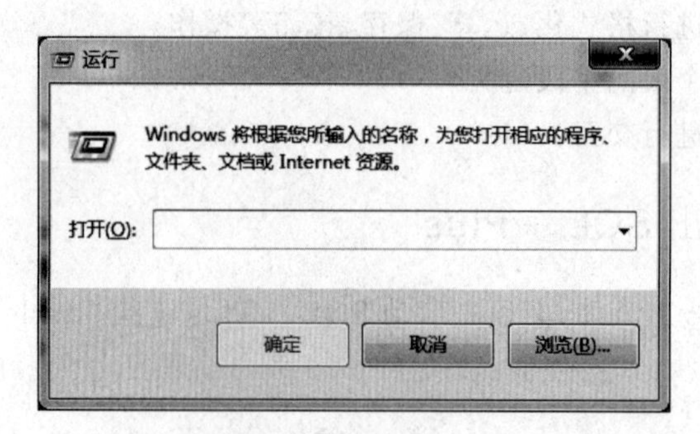

图 4.3　“运行”对话框

此时有两种方法供选择：一种方法是在“运行”对话框中输入 CMD 命令，单击“确定”按钮，打开命令提示窗口，在窗口中输入 sqlplus 命令，启动 SQL ＊Plus 工具，如图 4.4 所示。

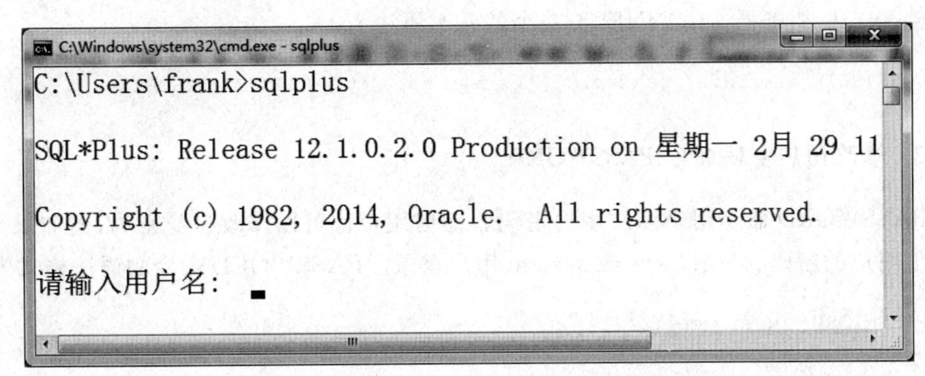

图 4.4　通过命令行窗口启动 SQL ＊Plus

另一种方法是在“运行”对话框中输入 sqlplus 命令，启动 SQL ＊Plus，弹出如图 4.1 所示的界面。

在通过执行 SQL ＊Plus 命令启动 SQL ＊Plus，连接数据库时，都可以通过如下命令格式连接数据库。

```
sqlplus username/password@[server_ip:port/]server_name [as sysoper|sysdba]
```

其中，username 是登录用户，password 是用户密码，sqlplus 可以连接本地命名的服务，也可以连接远程 Oracle 服务，只需在@后标识远程服务器的 IP 地址与数据库服务名之间以斜杠(/)分隔，assysoper|sysdba 是可选项，表示用户以 sysoper 或 sysdba 的身份登录数据库。sysoper 和 sysdba 是两个特权身份，具有最高的系统权限。sysdba 身份默认连接到 SYS 模式，而 sysoper 身份默认连接到 PUBLIC 模式。若以数据库管理员(DBA)用户登录，则需要在数据库服务名后面添加 as sysdba 选项。

如果 sqlplus 命令中省略 username 或 password，命令对话框就会提示输入相应的用户名和密码，如图 4.2 所示。

连接数据库成功后，出现 SQL>，然后就可以在提示符下输入和运行 SQL 语句、PL/SQL 块以及SQL ＊Plus 命令了。

退出 SQL ＊Plus 环境，只在 SQL>提示符下输入 QUIT 或 EXIT 命令即可。

启动 SQL ＊Plus 工具后，可以在 SQL>命令提示符下进行数据库的连接和断开数据库连接等操作。

1. 断开数据库连接命令 DISC[ONNECT]

DISC[ONNECT]命令用于断开已经存在的数据库连接，但并不会退出 SQL ＊Plus，语法格式为

```
DISC[ONNECT]
```

2. 连接数据库命令 CONN[ECT]

CONN[ECT]把当前事务提交到数据库，断开当前用户连接并用指定的用户名重新连接到 Oracle 服务器。CONNECT 命令的基本语法为

```
CONN[ECT][username[/password][@server_name] [AS SYSOPER|SYSDBA]]
```

3. 修改用户密码命令 PASSWORD

PASSWORD 命令用于修改用户密码。任何用户都可以修改自身密码，但如果要修改其他用户的密码，必须以 sys 或 system 用户登录。PASSWORD 命令的语法格式为

```
PASSW[ORD] [username]
```

4.1.2 SQL *Plus的编辑功能

SQL *Plus 缓冲区用来临时存放用户最近运行的 SQL 语句或 PL/SQL 块。通过在缓冲区中存储这些命令，用户能够重新调用、编辑和运行最近输入的 SQL 语句。

1. SQL 语句、PL/SQL 块与 SQL *Plus 命令的区别

在 SQL *Plus 中可以执行 SQL *Plus 命令、SQL 语句和 PL/SQL 块，这三者之间的区别如下。

(1) SQL *Plus 命令主要用来格式化查询结果、设置选择、编辑及存储 SQL 命令，以设置查询结果的显示格式，并且可以设置环境选项。

(2) SQL 语句是以数据库为操作对象的语言，主要包括数据查询语言(DQL)、数据操作语言(DML)、数据定义语言(DDL)、数据控制语言(DCL)以及事务控制语言(TCL)。当输入 SQL 语句后，SQL*Plus 将其保存在内部缓冲区中。SQL*Plus 命令输入完毕后可直接执行，当 SQL 语句输入完毕时，需要在末尾加上分号(;)，否则 SQL*Plus 不识别。也可以采用换行并输入斜线(/)的方式表示 SQL 语句完毕。

(3) PL/SQL 是 Oracle 数据库对 SQL 语句的扩展，在普通 SQL 语句的使用上增加了编程语言的特点，所以 PL/SQL 是把数据操作和查询语句组织在 PL/SQL 代码的过程性单元中，通过逻辑判断、循环等操作实现复杂的功能或者计算的程序语言。PL/SQL 块同样以数据为操作对象，使用 PL/SQL 块可编写过程、触发器和包等数据库永久对象。

2. SQL *Plus 的编辑命令

在 SQL *Plus 中执行的 SQL 语句或 PL/SQL 块会临时存放在 SQL 缓冲区中，直到新的语句将其覆盖。通过 SQL *Plus 的编辑命令，可以显示、修改和运行存放在缓冲区中的语句。

1) LIST 命令

LIST 命令用于列出 SQL *Plus 缓冲区中指定的一行或若干行内容，其基本语法格

式为

```
L[IST] [n|nm|n * |n LAST|* |* n|* LAST|LAST]
```

其中,n 和 m 表示行的序号,* 表示当前行,LAST 表示最末行,省略所有参数的 LIST 命令表示显示所有行内容。

2) n 命令

n 命令用于指定缓冲区的当前行。在 SQL *Plus 中执行 SQL 语句时,默认情况下是将最后一行命令作为当前行。如果要指定其他行为当前行,就需要用到 n 命令,其中 n 代表行号。

3) CHANGE 命令

CHANGE 命令用于修改缓冲区当前行中第一次出现的指定文本,其基本语法格式为

```
C[HANGE] / old [/ [new]]
```

其中,old 表示当前行需要替换的部分,new 是用来替换的内容。如果 old 在当前行里多次出现,只有第一个出现的 old 被替换掉了;如果 old 具有前缀"...",将匹配第一次出现的 old 以及 old 之前的所有文本;如果 old 具有后缀"...",将匹配第一次出现的 old 以及 old 之后这一行中的所有文本;如果 old 中间包含有一个"...",将匹配 old 的前面部分到 old 的后面部分之间的所有内容;如果省略 new,则表示删除 old 的内容。

4) APPEND 命令

APPEND 命令用于将文本添加到缓冲区中当前行的最后面,其基本语法格式为

```
A[PPEND] text
```

其中,text 为追加到缓冲区中的文本。

5) DEL 命令

DEL 命令用于删除 SQL *Plus 缓冲区中指定的一行或若干行内容,其用法和 LIST 类似,其基本语法格式为

```
DEL [n|n m|n * |n LAST|* |* n|* LAST|LAST]
```

其中,n 和 m 表示行的序号,* 表示当前行,LAST 表示最末行;省略所有参数的 DEL 命令表示删除当前行。

6) INPUT 命令

INPUT 命令在缓冲区中当前行后面新增一行,其基本语法格式为

```
I[NPUT] [text]
```

其中,text 为需要增加的内容,新增的内容 text 与 INPUT 之间要留一个空格;如果新添加的行以空格开头,则在命令和 text 间要多输入一个空格;如果要在当前行后面添加多个行,可只输入 INPUT。然后,INPUT 将提示输入每行的文本;要退出 INPUT 可输入一个空行或一个句点。

7）EDIT 命令

EDIT 命令调用操作系统的文本编辑器（Windows 操作系统默认的文本编辑器是记事本 notepad）编辑缓冲区中的内容或指定的文件，其基本语法格式为

```
ED[IT] [file_name[.ext]]
```

其中，file_name[.ext]表示要编辑的文件（通常是一个脚本）；如果省略了需要编辑的文件扩展名，SQL *Plus 将使用默认的文件扩展名(.sql)；只输入 EDIT，而不包括文件名可使用操作系统文本编辑器编辑 SQL 缓冲区中的内容。

8）RUN 命令和/命令

RUN 命令和/命令用来执行缓冲区中存储的内容（SQL 语句或 PL/SQL 块），其命令格式为

```
RUN 或/
```

二者的区别是：RUN 命令执行缓冲区内容时，会先列出缓冲区中的内容；而/命令直接运行缓冲区中的内容而不显示出来。

9）CLEAR BUFFER 命令

CL[EAR] BUFFER 命令用来清空缓冲区中的内容。

3. SQL *Plus 文件操作命令

如果 SQL 缓冲区中的内容需要经常执行，那么可以将这些内容保存到外部的 SQL 脚本文件中。这样，一方面可以减少键盘输入的麻烦，另一方面也可规避很多输入错误。下面介绍几种常用的处理 SQL 脚本的相关命令。

1）SAVE 命令

SAVE 命令把 SQL *Plus 缓冲区中的内容保存到操作系统的一个文件中（SQL 脚本），其基本语法格式为

```
SAV[E] file_name[.ext] [CRE[ATE]|REP[LACE]|APP[END]]
```

其中，file_name[.ext]用于指定保存的文件名称和类型，如果省略文件扩展名.ext，默认保存为 sql 脚本文件（扩展名为.sql）；[CREATE] 参数表示用指定的名字创建新的文件，这是默认行为；[REPLACE] 参数表示将保存的内容替换到已存在的文件中，如果该文件不存在，则创建该文件；[APPEND]参数表示将保存的内容添加到指定文件的末尾，若文件不存在，则创建该文件。

2）GET 命令

GET 命令正好和 SAVE 命令相反，将指定文件中的内容加载到 SQL 缓冲区中，其基本语法格式为

```
GET file_name[.ext] [LIST|NOLIST]
```

其中，file_name[.ext]为指定加载的文件，省略扩展名时表示是 sql 脚本文件；LIST 参数表示加载后显示加载的内容（此参数为默认值）；NOLIST 参数则禁止显示加载的

内容。

3）START 和@命令

START 和@命令用于运行 sql 脚本文件，其基本语法格式为

```
STA[RT] file_name[.ext]
```

或者

```
@file_name[.ext]
```

其中，file_name[.ext]为要执行的脚本文件名，省略扩展名默认为.sql。

4）@@命令

@@命令和@命令类似，也用于运行 sql 脚本文件，但@@命令除了在 SQL *Plus 里使用外，还可用在脚本文件里，用来调用与该脚本文件在同一目录下的其他脚本文件。

4. 注释

编写命令代码时一个好的习惯是在语句中添加注释，对该语句的相关内容作一个注解。在 SQL *Plus 中可以通过 3 种方式添加注释。

1）单行注释或行尾注释--

--符号可以实现在单行里添加注释，--后边的内容均为注释。

2）多行注释或行间注释 /* …… */

/* [注释内容] */ 符号可以实现添加多行注释语句，或注释行中的一部分。

3）REMARK 注释

REMARK 在脚本中添加一行注释。与前面两种注释符号不同的是，用 REMARK 命令添加注释必须是在单独的一行中，不能既有注释，又包含其他命令，其基本语法格式为。

```
REM[ARK] [text]
```

5. 交互式命令

前面介绍了如何通过 Windows 的文本编辑器编辑 SQL 脚本语句。有时为了使 SQL 脚本可以根据使用者不同的输入参数得到不同的结果，需要用到和使用者进行交互的命令。下面介绍 SQL *Plus 常用的交互命令。

1）替换变量 & 和 && 命令

要使 SQL 语句动态地获得相关参数，必须有相应的变量保存这些参数值。& 命令用于在 SQL *Plus 中引用这些变量。

基本用法为：

```
&变量名或 &&变量名
```

如果变量为数值型数据，就直接引用该变量；如果变量为字符型或日期型数据，则 & 变量名或 && 变量名必须用单引号括起来；如果变量没有事先定义，则在用 & 命令

引用该变量时，SQL ＊Plus会提示输入该变量的值。

&& 命令和 & 命令类似，区别在于 & 命令引用的变量只在当前语句中起作用，而 && 命令引用的变量会在当前 SQL ＊Plus环境中一直生效。

2）DEFINE命令

DEFINE命令用来定义用户变量并为它赋一个CHAR类型的值，或者列出一个变量或所有变量的值和类型。该变量在当前 SQL ＊Plus环境中有效，其基本语法格式为

```
DEF[INE] [variable] | [variable=text]
```

DEFINE命令定义的变量，不管其赋值的text内容是否带单引号，其类型都是CHAR类型；如果text的内容里有空格或要区分大小写，则定义时必须用单引号括起来；DEFINE后面带变量名可以显示变量的值；如果DEFINE命令不带任何变量，则显示出所有定义的变量，包括系统变量。

3）UNDEF[INE]命令

UNDEFINE命令用于删除一个或多个定义的变量，其基本语法格式为

```
UNDEF[INE] variable [,variable[,…]]
```

4）PROMPT命令

PROMPT命令在屏幕上显示指定的消息或者显示一个空行，其基本语法格式为

```
PRO[MPT] [text]
```

5）PAUSE命令

PAUSE命令用于暂停执行后面的语句，并可显示指定的提示文本，然后等待用户按下RETURN键后再继续执行后面的语句，其基本语法格式为

```
PAU[SE] [text]
```

通常，PROMPT和PAUSE命令多用在脚本文件里。

6）ACCEPT命令

ACCEPT命令用于定义相应的变量接收用户的屏幕输入。ACCEPT命令比DEFINE命令更加灵活，可以定义CHAR、NUMBER和DATA类型的变量，还可以指定输入提示、输入格式及隐藏输入内容等，其基本语法格式为

```
ACC[EPT] variable [NUM[BER]|CHAR|DATE] [PROMPT text|NOPR[OMPT]] [HIDE]
```

ACCEPT命令定义的变量若省略变量类型参数，则默认是CHAR类型；ACCEPT命令还可以和PROMPT提示命令结合使用；HIDE参数表示不显示输入的内容。

6. 使用绑定变量

在PL/SQL子程序中声明的变量不能在SQL ＊Plus中显示。通过在PL/SQL中使用绑定变量时则可从SQL ＊Plus访问这个绑定变量，从而实现在SQL ＊Plus中显示PL/SQL子程序使用的变量或者在多个子程序间使用相同的变量的目的。

绑定变量是在SQL ＊Plus中创建并可在PL/SQL或SQL中引用的变量。在

SQL *Plus 中创建的绑定变量可以像它在 PL/SQL 中声明的变量一样使用它，并且可从 SQL *Plus 访问。可使用绑定变量保存返回值或者调试 PL/SQL 子程序。

在 SQL *Plus 中可显示绑定变量的值，或者在由 SQL *Plus 执行的 PL/SQL 子程序中引用它们。

1）定义绑定变量

在 SQL *Plus 中用 VARIABLE 命令定义绑定变量，其基本语法格式为

```
VAR[IABLE]变量名 变量类型;
```

2）引用绑定变量

在 SQL 语句和 PL/SQL 程序块中要引用绑定变量，需要在变量名前面加一个冒号（:）。可以在 SQL *Plus 中使用 EXECUTE 命令给绑定变量赋值，其基本语法格式为

```
EXEC[UTE] :绑定变量名 := 值
```

也可以在 PL/SQL 程序块中给绑定变量赋值，其基本语法格式为

```
:绑定变量名 := 值;
```

3）显示绑定变量

可以使用 VARIABLE 命令显示定义的绑定变量信息，其基本语法格式为

```
VAR[IABLE] [绑定变量名]
```

显示绑定变量名及其类型信息；不带任何参数的 VARIABLE 命令将显示所有定义的绑定变量。

4）显示绑定变量的值

可以使用 PRINT 命令显示绑定变量的值，其基本语法格式为

```
PRINT [绑定变量名]
```

显示绑定变量及其值的信息；不带任何参数的 PRINT 命令将显示所有定义的绑定变量的值。

4.1.3 使用 SQL *Plus 格式化查询结果

用户可以通过 SQL *Plus 生成查询报表。SQL *Plus 中提供了很多用于格式化查询结果的命令，通过这些命令可以实现诸如重新设置列标题、重新定义值的显示格式和显示宽度为报表增加头标题和底标题等操作。下面介绍一些常用的格式化查询结果的命令。

1. 格式化列

SQL *Plus 里用 COLUMN 命令对查询结果的列部分进行格式化操作。COLUMN 命令的基本语法如下。

```
COL[UMN] [{ column|expr} [ option …]]
```

其中,column|expr 是查询结果里的列或者表达式,而[option …]选项是 COLUMN 命令最重要的部分,它包含很多对列的格式进行控制的参数。下面介绍几个常用的参数。

1) HEA[DING] text

HEA[DING]参数用于改变列标题显示的内容;如果列标题需要换行显示,则在需要换行的地方加|符号分隔。

2) FOR[MAT] format

FOR[MAT]参数用于设置列里数据的显示格式。

使用 FOR[MAT] A_n 可把某个数据类型的宽度改为 n;如果指定的宽度比列标题短,SQL *Plus 将列标题换行显示;对于数值列,可以用 FORMAT 参数指定其显示的形式。表 4.1 列出了最常用到的几种数字显示格式。

表 4.1 最常用到的几种数字显示格式

显示元素	示例	功能描述
9	9999	9 的个数表示数值的有效位数。如果实际数值位数小于有效位数,则前导零显示为空格
0	0999	0 位置处显示前导零
$	$9999	在数值前面添加美元符号
L	L9999	在数值前面添加本地货币符号,对中国来说是人民币符号¥
,(千分位)	9,999	在数值中添加逗号分隔符
S	S9999	对于正值,显示+号;对于负值,显示一号

3) ALI[AS] alias

ALI[AS]参数可为列指定一个别名,该别名可以在其他 COLUMN 命令中被引用。

4) CLE[AR]

CLE[AR]参数用于清除对指定列所做的格式设置。

5) JUS[TIFY] [format]

JUS[TIFY]参数用来对齐标题。如果没有使用 JUSTIFY 参数,NUMBER 列的标题默认是右对齐,其他列的标题默认是左对齐。

JUS[TIFY]参数设置的对齐方式有 3 种: L[EFT] (左对齐)、C[ENTER] (居中对齐)、R[IGHT] (右对齐)。

6) NOPRI[NT]|PRI[NT]

NOPRI[NT]参数用来控制列是否要在屏幕上显示出来(包括列标题和该列的数据)。PRI[NT]表示要显示和打印列,NOPRI[NT]则表示不显示和不打印列。

2. 定义页与报告的标题和脚注

SQL *Plus 查询结果的显示通常包括页标题、列标题、查询结果数据和脚注几个部分。SQL *Plus 提供了 TTITLE 和 BTITLE 命令,分别对页标题和脚注进行定义和设置。

1）TTITLE 命令

TTITLE 命令用于定义和设置页标题，其基本语法格式如下。

```
TTI[TLE] [printspec [text|variable] ...] [ON|OFF]
```

其中，text|variable 表示页标题显示的内容。text 是标题文本，variable 是包含标题文本的用户变量。

printspec 用来对 text 的格式进行设置，常用到的参数选项有 LE[FT]、CE[NTER]、R[IGHT]、COL n 和 S[KIP] [n]。LE[FT]、CE[NTER]、R[IGHT]分别表示页标题左对齐、居中对齐和右对齐；COL n 表示页标题缩进到当前第 n 列，这里的列指的是打印的位置，而不是表中的列；S[KIP] [n]表示页标题向下跳 n 行，省略 n 表示跳 1 行；0 表示回到当前行的开始处。

ON|OFF 参数表示开启或关闭页标题显示。定义页标题时，SQL *Plus 自动开启页标题显示功能；关闭页标题显示不会删除对其的定义。

不带任何参数的 TTITLE 命令将显示当前页标题的定义内容。

2）BTITLE 命令

BTITLE 命令用于定义和设置页注脚，其用法和 TTITLE 命令类似，基本语法如下。

```
BTI[TLE] [printspec [text|variable] … [ON|OFF]
```

3. 存储和打印结果

如果要把查询的结果保存到外存的文件里并打印，可以通过 SQL *Plus 里的 SPOOL 命令实现。

SQL *Plus 里的 SAVE 命令仅是将缓冲区中的 SQL 语句保存为单独的文件，而 SPOOL 命令则是将执行的结果也保存到文件中，其基本语法格式为

```
SPO[OL] [file_name[.ext]|OFF] [CRE[ATE]|REP[LACE]|APP[END]]
```

执行 SPOOL 命令时，先建立一个假脱机文件，并将随后 SQL *Plus 屏幕中的所有内容保存到该文件，最后使用 SPOOL OFF 命令关闭假脱机文件。file_name[. ext]是存放屏幕内容的文件，如果省略后缀，默认后缀是 LST；[CREATE]、[REPLACE]、[APPEND]参数的用法参考 SAVE 命令。

4.1.4 使用 SET 命令设置 SQL *Plus 环境

可以通过设置参数改变 SQL *Plus 的一些属性，如显示等，一般在 SQL>提示符下输入 set 命令改变参数的值。可以使用 show 命令查看参数的当前设置值，使用方法如下。

```
SHOW 参数名
```

1. SET PAGESIZE [n]

该命令用于设置每页的行数，范围为 1～50000，如果为 0，则表示不分页，不带 n，表

示为 0。否则，默认情况下，当查询结果的行数超过一页的行数时，就会分页显示，每页的开头会显示列标题信息。

2. SET NEWPAGE [n]

该命令与 PAGESIZE 结合使用，用来设置每一页顶行的空行数，范围为 0～999，不带 n，表示为 0；默认值为 1。

3. SET LINESIZE n

该命令用于设置每行能容纳的字符数，范围为 1～32767。查询时，通常一条记录会显示一行，如果一行显示不下，则会自动换行。用户输入数据时，当一行输入的值超过一行的最大值时，也会自动换行。

4. SET HEADING OFF|ON

该命令用于设置打开(ON)或关闭(OFF)查询结果页的头信息，如列标题。例如，想输出 SQL 语句存储到文件中时，就需要 SET HEADING OFF 命令。

5. SET FEEDBACK OFF|ON

如果设置为 ON，当执行 INSERT、UPDATE、PL/SQL 等操作时，会提示执行结果；如果设置为 OFF，则不显示执行结果。

6. SET TERMOUT OFF|ON

如果设置为 OFF，执行的信息就不会在屏幕上显示。需要说明的是，该选项只有在脚本中设置，执行脚本时才有效。

7. SET TRIMSPOOL OFF|ON

如果设置为 ON，查询结果输入到文件中时，查询结果后面的空格将被截掉。

8. SET SERVEROUTPUT OFF|ON

如果设置为 ON，在 PL/SQL 中使用 DBMS_OUTPUT 包输出调试信息时，SQL *Plus 中可以显示出来；否则不显示。默认为 OFF。

9. SET TIMING OFF|ON

如果设置为 ON，每执行一次 SQL 或 PL/SQL，都会显示该执行所需要的时间，通过该命令可以查看 SQL 语句的执行效率。

10. SET AUTOCOMMIT ON |OFF|n

在 SQL *Plus 中，执行 DML 语句后，需要 COMMIT 后或者执行了 DCL 或 DDL 语句后才会被提交。本命令可以设置让 SQL *Plus 自动提交。

其中,ON 表示每执行一次 SQL、PL/SQL,都自动提交一下,而 OFF 只是当 SQL * Plus退出时才自动提交一下。n 表示执行 n 条 SQL、PL/SQL 语句后就自动提交一下。

11. SET ECHO ON |OFF

如果设置为 ON,SQL * Plus 执行脚本时,都会将每一条执行的 SQL 语句输出,这样,如果执行出错,便于定位。默认为 OFF。

12. SET VERIFY ON|OFF

如果设置为 OFF,则可以关闭提示确认信息

4.2 Oracle SQL Developer 使用指南

Oracle SQL Developer 是 Oracle Database 12c 自带的一款免费的图形化数据库应用开发工具,是 Oracle 公司提供给开发者用来对 Oracle 数据库进行开发的一个好工具。利用 SQL Developer,可以浏览数据库对象、运行 SQL 语句和 SQL 脚本以及编辑和调试 PL/SQL 语句,还可以运行所提供的任何数量的报表以及创建和保存自己的报表。SQL Developer 可以提高工作效率,并简化数据库开发任务。

SQL Developer 可以运行在 Linux、Windows、Mac OS 等常见的操作系统上,功能非常强大。

4.2.1 启动 Oracle SQL Developer

依次选择"开始"→"所有程序"→Oracle-OraDb12c_home1→"应用程序开发"→SQL Developer 命令,打开 Oracle SQL Developer 主界面,如图 4.5 所示。

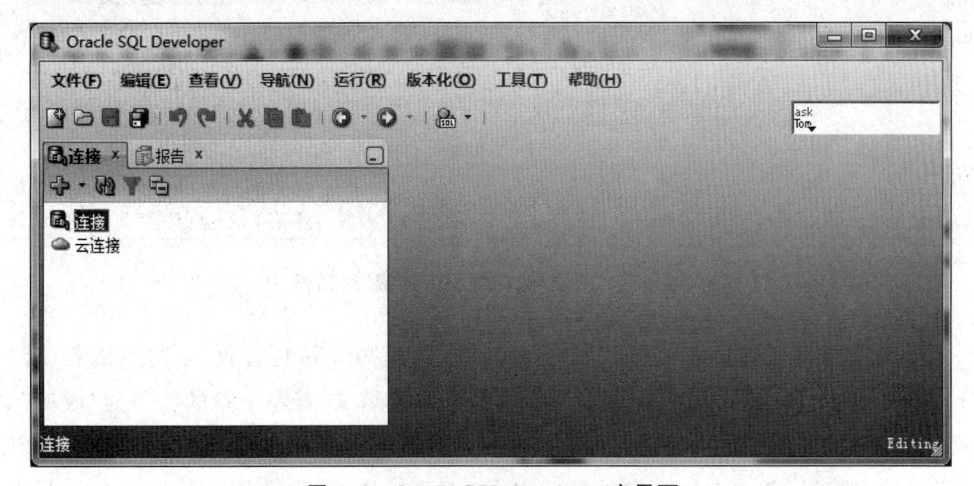

图 4.5 Oracle SQL Developer 主界面

使用 Oracle SQL Developer 管理数据库对象，首先要创建数据库连接。创建数据库连接的方式有以下几种。

1. 通过菜单创建数据库连接

选择“文件”→“新建”命令，弹出“新建”对话框，如图 4.6 所示。

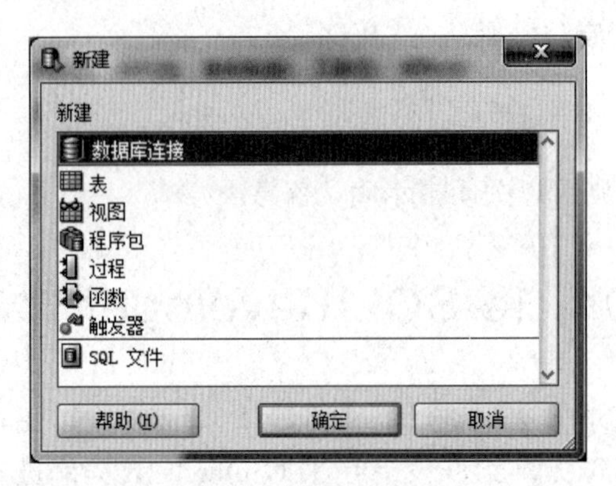

图 4.6 “新建”对话框

在“新建”对话框中选择“数据库连接”选项，单击“确定”按钮，弹出“新建/选择数据库连接”对话框，如图 4.7 所示。

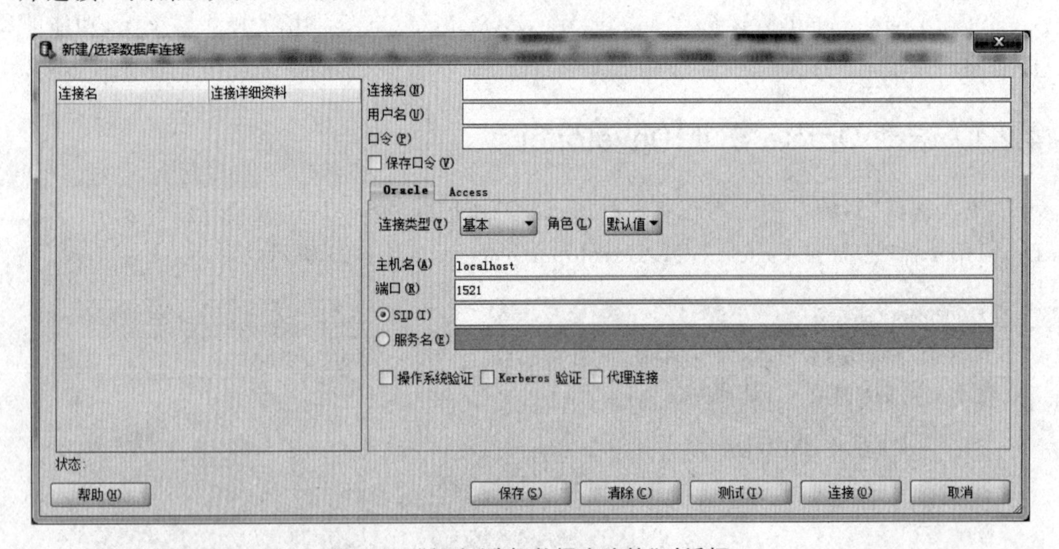

图 4.7 “新建/选择数据库连接”对话框

在图 4.7 中输入连接名，登录用户名和口令，选择 Oracle 标签页，填写主机名、端口、SID 或服务名，单击“测试”按钮，可以进行数据库连接测试，若左下角的状态为“成功”，则所填信息无误，单击“连接”按钮，返回 Oracle SQL Developer 主界面，连接成功后，SQL Developer“连接”标签页右侧空白处默认打开 SQL 工作表(SQL Worksheet)，以 HR 用户为例，创建一个新连接 HR，如图 4.8 所示。

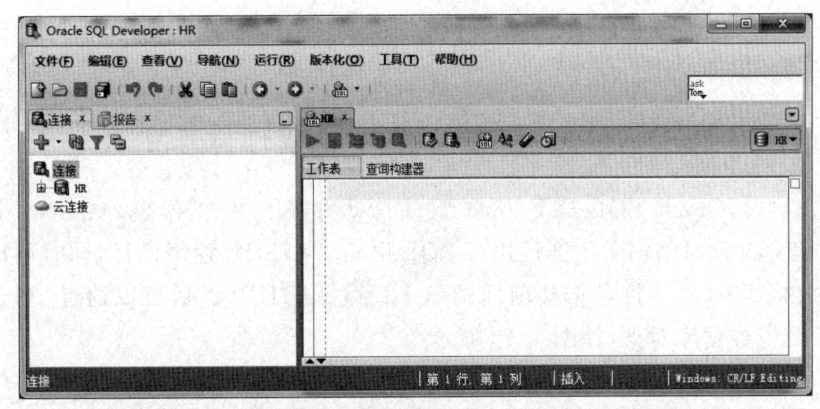

图 4.8 创建数据库连接后的 SQL Developer 主界面

2. 通过工具栏上的“新建”

单击工具栏上的“新建”按钮，新建数据库连接，弹出如图 4.6 所示的“新建”对话框，以后的操作同前面的介绍。

3. 通过快捷键 Ctrl+N

通过快捷键 Ctrl+N，可以新建数据库连接。

4. 其他方式

除上述 3 种方式外，还可以通过单击“连接”标签页上的按钮以及通过单击“连接”上右键快捷菜单中的“新建”项进行数据库的连接操作。

关闭数据库连接，只需要在连接名上右击，从弹出的快捷菜单中选择“断开连接”项，如图 4.9 所示。

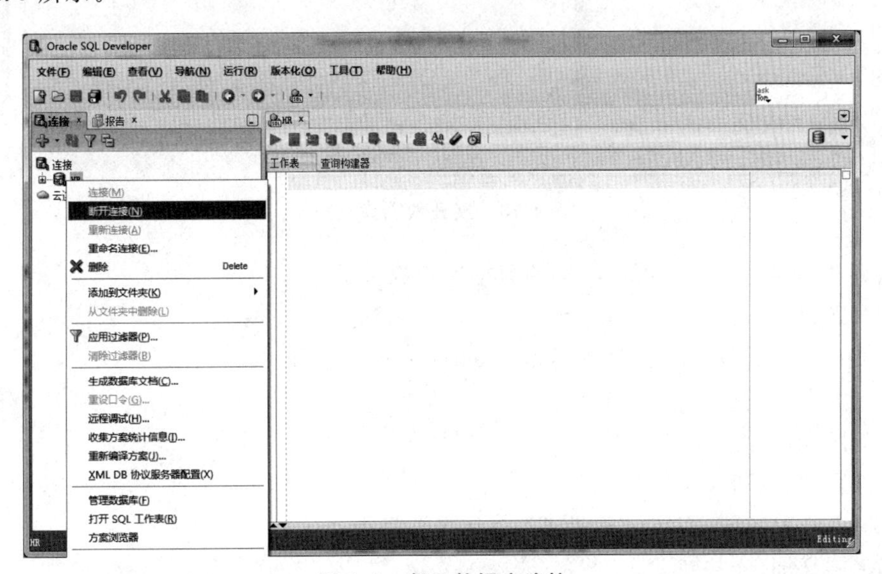

图 4.9 断开数据库连接

在快捷菜单中，若连接已断开，可以执行"连接"操作，还可以执行"重命名连接""删除"该连接等相关的操作。

4.2.2 通过 SQL Developer 进行数据库的管理与开发

打开连接时，Oracle SQL Developer 默认自动打开 SQL 工作表（SQL worksheet）。SQL 工作表允许针对刚创建的连接执行 SQL 语句、PL/SQL 程序设计，同时可以在列表中看到该数据库，单击连接名 HR 前面的 ⊞ HR 展开 HR，然后可以通过"基于树的对象浏览器"浏览数据库对象，如图 4.10 所示。

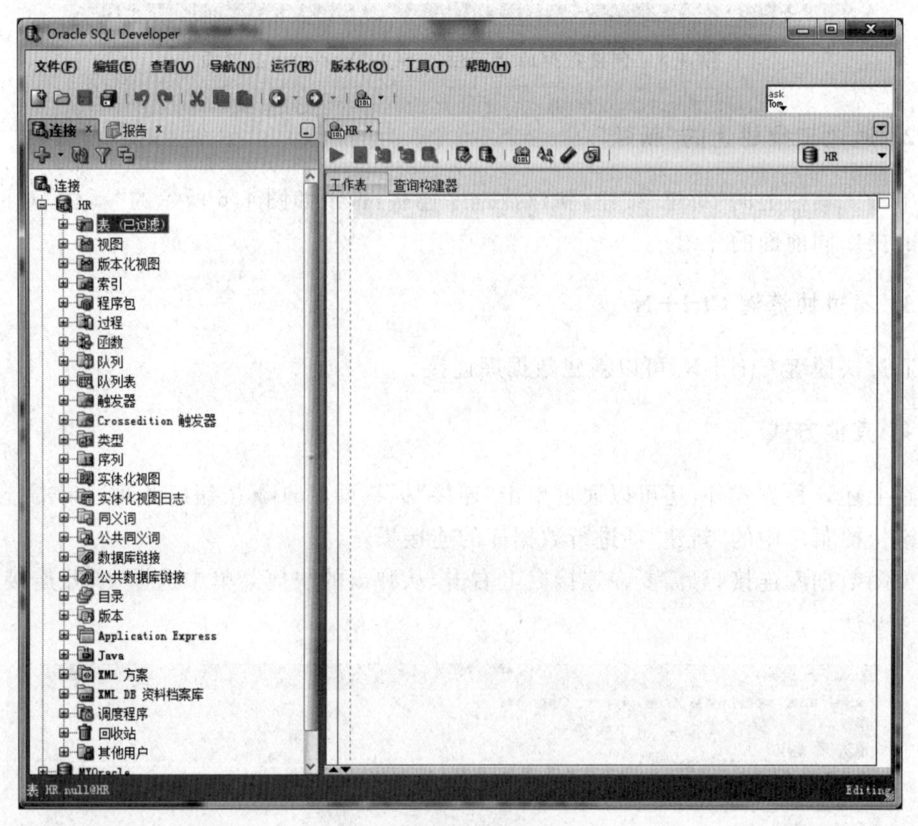

图 4.10 展开数据库连接

将对象按类型分组。可以浏览的数据库对象包括：

(1) 表、视图、索引。

(2)程序包、过程、函数、触发器和 Crossedition 触发器。

(3) 类型。

(4) 序列。

(5) 队列、队列表。

(6) 版本化视图、实体化视图和实体化视图日志。

(7) 同义词、公共同义词。

(8) 数据库链接、公共数据库链接。

(9) 目录。

(10) 回收站。

(11) 其他用户。

对特定于每个对象类型的选项卡，用来显示对象的详细信息。同时，对于每个对象类型，可以应用过滤器限制显示，也可以通过 SQL Developer 对这些对象进行相关的管理操作，如对象的创建、删除、修改等。如对表进行操作，则先展开表，然后单击表(以过滤)前面的加号⊞，展开该链接下的所有表，如图 4.11 所示。

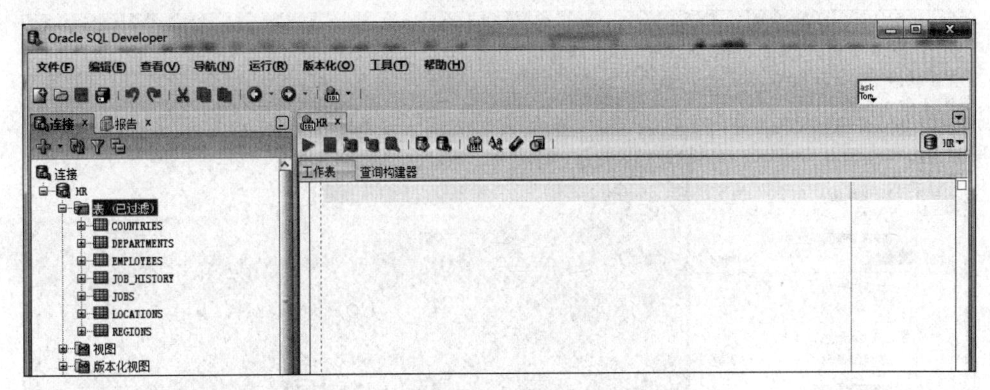

图 4.11 展开表

对于展开的表，单击某个表前面的加号，可以展开该表的结构，在表名上右击可以进行编辑、打开、导入数据、导出等相关操作，如图 4.12 所示。

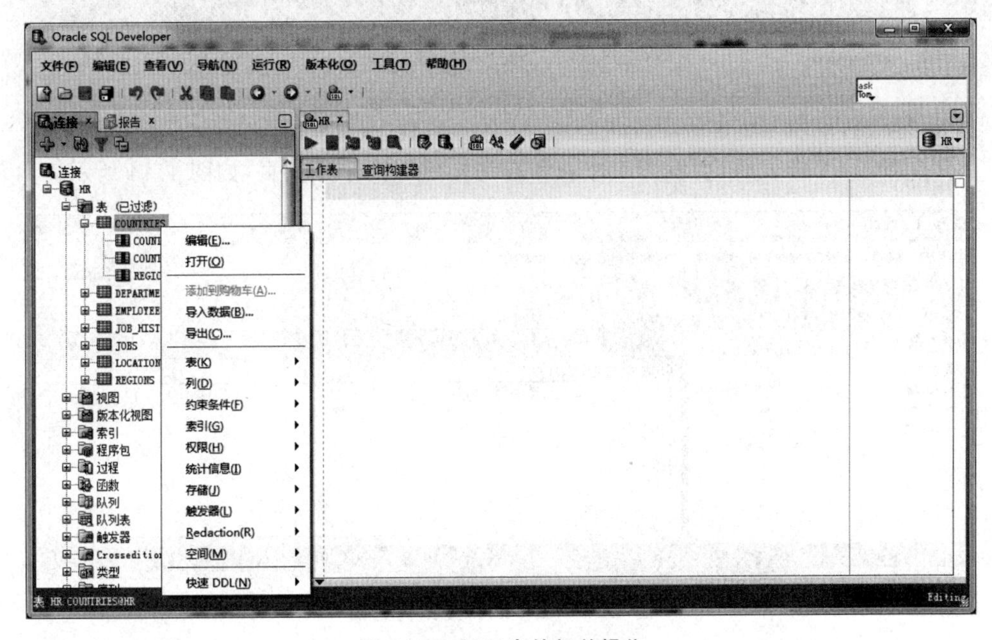

图 4.12 展开表的相关操作

也可以在进行数据库连接后，在连接右侧弹出的SQL工作表(SQL worksheet)中进行SQL语句、PL/SQL程序设计。如果工作表尚未打开，则使用鼠标右键的快捷菜单打开它，如图4.13所示。在Oracle SQL Developer中可以打开多个SQL工作表，在SQL工作表中可以实现数据查询与更新、PL/SQL程序设计、优化SQL语句(explain plan)、运行脚本(run script)、查询SQL历史记录(SQL history)等功能。使用查询构建器可以通过拖放操作快速创建SQL查询、选择表以及通过单击选择列等，是一种可视化的执行SQL语句的操作方式。

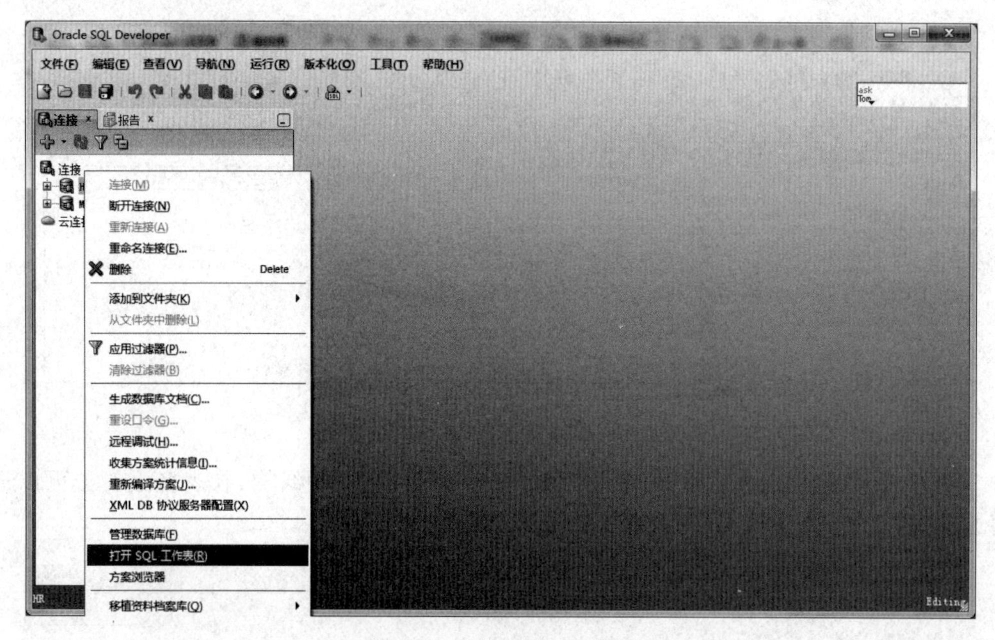

图 4.13 打开 SQL 工作表

打开SQL工作表后，会看到工作表和查询构建器两个标签页，如图4.14所示。

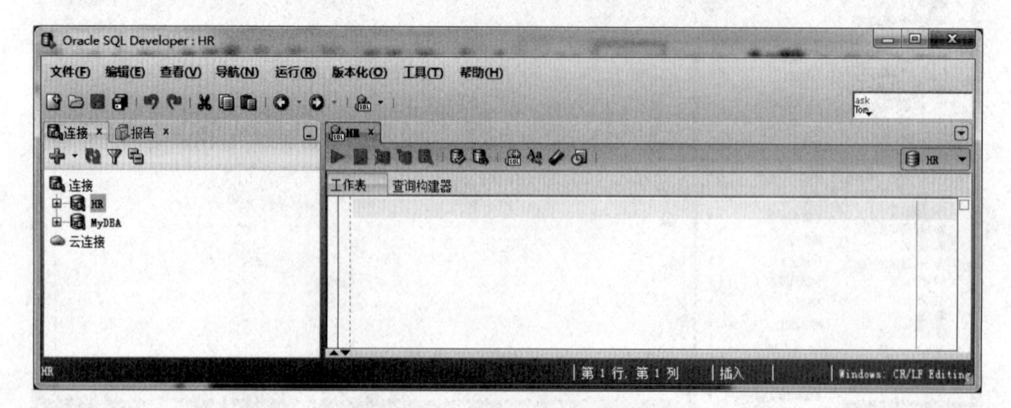

图 4.14 工作表和查询构建器

在图 4.14 的工作表中可以输入 SQL 语句、PL/SQL 块及程序，同时也支持部分 SQL *Plus 命令。

在 Oracle SQL Developer 中可以对数据库进行管理，这时需要创建一个以系统管理员用户登录的连接，然后在连接名上右击，从弹出的快捷菜单中选择“管理数据库”菜单项，对数据库进行管理。普通用户不能进行数据库管理操作，如图 4.15 所示。

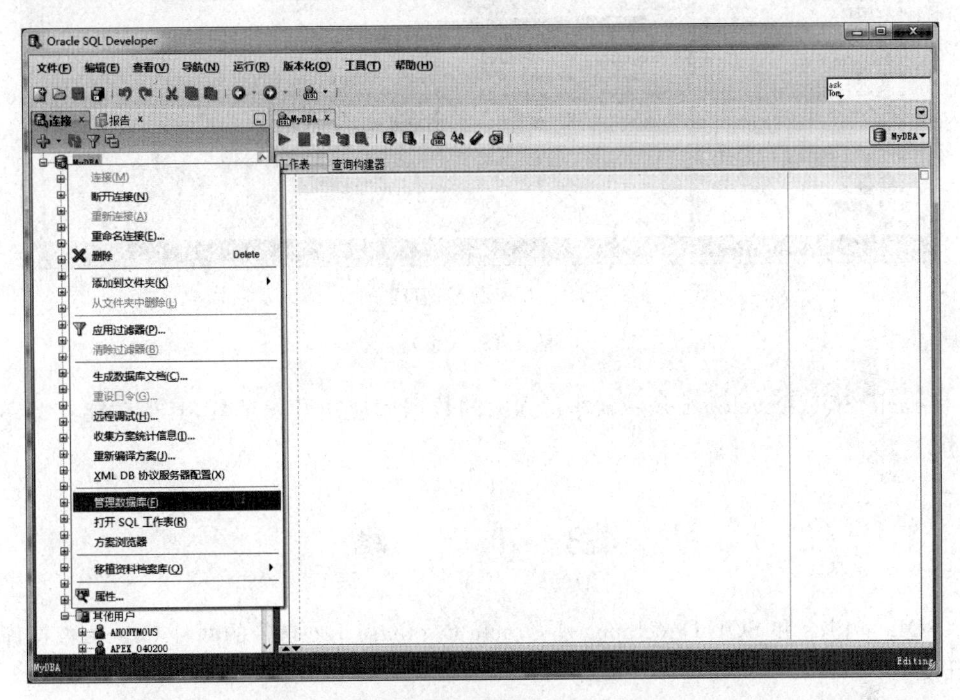

(a) 打开数据库管理

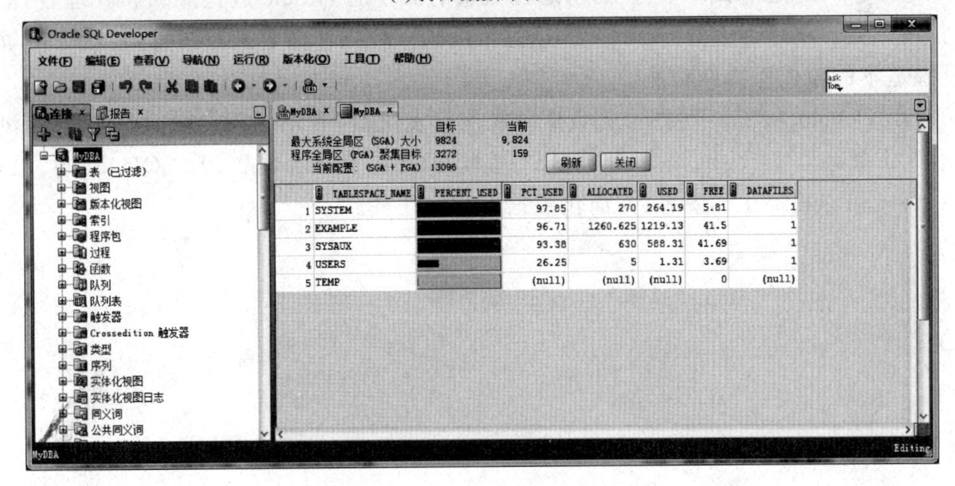

(b) 管理数据库

图 4.15 数据库管理操作

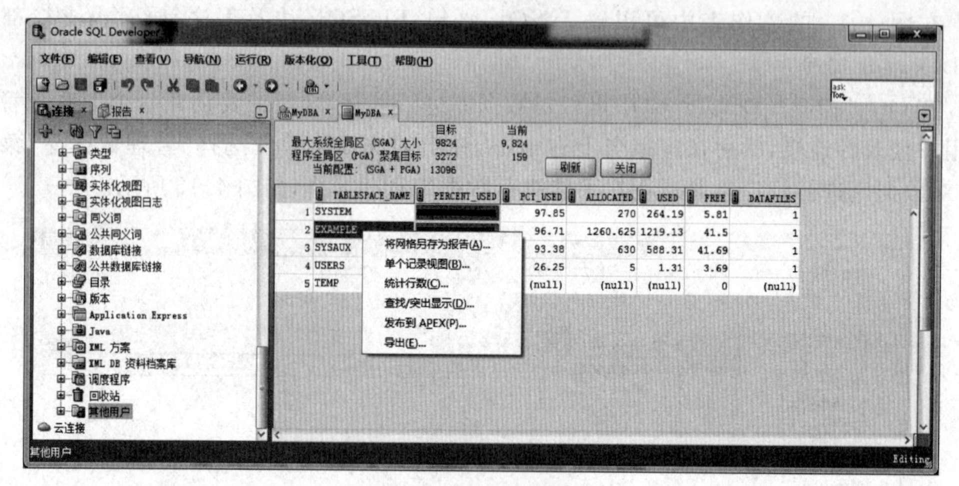

(c) 数据库表空间管理

图 4.15 (续)

Oracle SQL Developer 是一款非常强大的数据库应用开发工具,其他功能在此不再赘述。

4.3 小　　结

SQL ＊Plus 和 SQL Developer 是 Oracle Database 12c 自带的两种 Oracle 数据库应用开发工具。

SQL ＊Plus 是一种命令行工具,通过大量的命令对 Oracle 进行操纵和管理,功能强大,使用方便。本章通过对 SQL ＊Plus 里常用的一些操作命令进行讲解,使读者能够快速掌握基本的数据库操作功能。

SQL Developer 是一种图形化数据库应用开发工具,利用 SQL Developer,可以浏览数据库对象、运行 SQL 语句和 SQL 脚本以及编辑和调试 PL/SQL 语句。SQL Developer 可以提高工作效率,并简化数据库开发任务。

第5章 chapter 5

Oracle SQL 基础

结构化查询语言(Structured Query Language,SQL)是一种用于访问和处理数据库的标准的计算机语言,用来管理对存储在关系数据库中规范化数据的访问。它不是一种应用程序开发语言,但当开发语言需要访问数据时,会调用 SQL。Oracle 服务器技术提供了开发和部署应用程序的平台。Oracle SQL 是 Oracle 服务器技术和 SQL 结合产生的一种符合关系数据库范例的环境,这是一种用于云计算的可行方法。Oracle SQL 提供了一个简单、优秀、高性能的架构访问、定义和维护数据。

5.1 SQL 概述

SQL 是专为数据库建立的操作命令集,是一种功能齐全的数据库语言。SQL 是一种用于访问和处理数据库的标准的计算机语言,用来管理对存储在关系数据库中规范化数据的访问。

5.1.1 SQL 的发展与标准化

1970 年年初,IBM 公司 San Jose,California 研究实验室的埃德加·科德发表了将数据组成表格的应用原则(Codd's Relational Algebra)。1974 年,同一实验室的 D. D. Chamberlin 和 R. F. Boyce 对 Codd's Relational Algebra 在研制关系数据库管理系统 System R 中,研制出一套规范语言-SEQUEL(Structured English Query Language),并在 1976 年 11 月的 IBM Journal of R&D 上公布新版本的 SQL(称 SEQUEL/2)。1980 年将其改名为 SQL。

1979 年,Oracle 公司首先提供商用的 SQL,IBM 公司在 DB2 和 SQL/DS 数据库系统中也实现了 SQL。

1986 年 10 月,美国 ANSI 采用 SQL 作为关系数据库管理系统的标准语言(ANSI X3. 135-1986),后被国际标准化组织(ISO)采纳为国际标准。

1989 年,美国 ANSI 采纳在 ANSI X3. 135-1989 报告中定义的关系数据库管理系统的 SQL,称为 ANSI SQL 89,该标准替代 ANSI X3. 135-1986 版本。该标准被 ISO 采纳为 ISO/IEC 9075 系列标准。此后,ISO 每 5 年左右更新一次该标准,到目前为止,完整的标准公布年份分别为 1992、1999、2003、2008、2011、2016。

各种不同的数据库产品对 SQL 的支持与标准存在细微的不同，这是因为，有的产品的开发先于标准的公布。另外，各产品开发商为了达到特殊的性能或新的特性，需要对标准进行扩展。Oracle SQL 的发布一般都是先于标准的。Oracle Database 12c 的 SQL 支持 SQL 2011 核心标准。

SQL 基本上独立于数据库本身、使用的机器、网络、操作系统，基于 SQL 的 DBMS 产品可以运行在从个人机、工作站到基于局域网、小型机和大型机的各种计算机系统上，具有良好的可移植性。数据库和各种产品都使用 SQL 作为共同的数据存取语言和标准的接口，使不同数据库系统之间的互操作有了共同的基础，进而实现异构机、各种操作环境的共享与移植。

5.1.2 SQL 语句结构

SQL 共包含 5 部分内容。

1. 数据查询语言

数据查询语言(Data Query Language，DQL)的语句也称为数据检索语句，用以从表中获得数据，确定数据怎样在应用程序中给出。保留字 SELECT 是 DQL(也是所有 SQL)用得最多的动词，其他 DQL 常用的保留字有 WHERE、ORDER BY、GROUP BY 和 HAVING。这些 DQL 保留字常与其他类型的 SQL 语句一起使用。

2. 数据操作语言

数据操作语言(Data Manipulation Language，DML)的语句包括动词 INSERT、UPDATE 和 DELETE。它们分别用于添加、修改和删除表中的行。DML 也称为动作查询语言。

3. 数据定义语言

数据定义语言(Data Define Language，DDL)的语句包括动词 CREATE 和 DROP。在数据库中创建新表或删除表(CREAT TABLE 或 DROP TABLE)；为表加入索引等。DDL 包括许多与从数据库目录中获得数据有关的保留字。DDL 也是动作查询的一部分。

4. 数据控制语言

数据控制语言(Data Control Language，DCL)的语句通过 GRANT 或 REVOKE 获得许可，确定单个用户和用户组对数据库对象的访问。某些 RDBMS 可用 GRANT 或 REVOKE 控制对表单个列的访问。

5. 事务控制语言

事务控制语言(Transaction Control Language，TCL)的语句确保被 DML 语句影响

的表中的行及时得以更新。TCL 语句包括 BEGIN TRANSACTION、COMMIT 和 ROLLBACK。

DQL、DML、DDL、DCL、TCL 共同组成数据库的完整语言。

5.1.3 SQL 的特点

SQL 是高度非过程化的结构化查询语言，主要有以下特点。

1. 一体化

SQL 集数据查询 DQL 语句、数据操纵 DML 语句、数据定义 DDL 语句、数据控制 DCL 语句以及事务控制 TCL 语句于一体，可以完成数据库中的全部工作。

2. 使用方式灵活

SQL 具有两种使用方式，既可以直接以命令方式交互使用，也可以嵌入使用，嵌入 C、C++、Java 等主语言中使用。

3. 非过程化

SQL 只提操作要求，不必描述操作步骤，也不需要导航。使用时只需要告诉计算机“做什么”，而不需要告诉它“怎么做”。

4. 语言简洁，语法简单，好学好用

ANSI 标准中只包含 94 个英文单词，核心功能只用 6 个动词，语法接近英语口语。

总之，SQL 是专为数据库建立的操作命令集，是一门功能齐全、使用简单、操作方便的数据库语言。

5.1.4 演示模式

本书中的演示示例均以 Oracle Database 12c 自带的插拔式数据库中的演示模式 HR 为例。HR 演示模式由 7 张表组成，这些表由主键到外键的关系链接在一起。图 5.1 显示的就是这些表之间的关系，即实体关系图。

由图 5.1 可以看出，HR 模式共有 7 张表，分别描述如下。

(1) EMPLOYEES——员工表，包含所有员工的信息，必须为每个员工分配一项工作，并且为他分别一个部门和一位经理(可选)，经理本身必须是员工。

(2) DEPARTMENTS——部门表，包含所有部门的信息，为每个部门分配一个地址和一位经理(可选)，经理必须是存在的员工。

(3) JOBS——工作表，包含所有可能的工作信息，多名员工可以有相同的工作。

(4) LOCATIONS——地址表，包括所有部门的地址信息。一个地址分配一个国家(可选)。

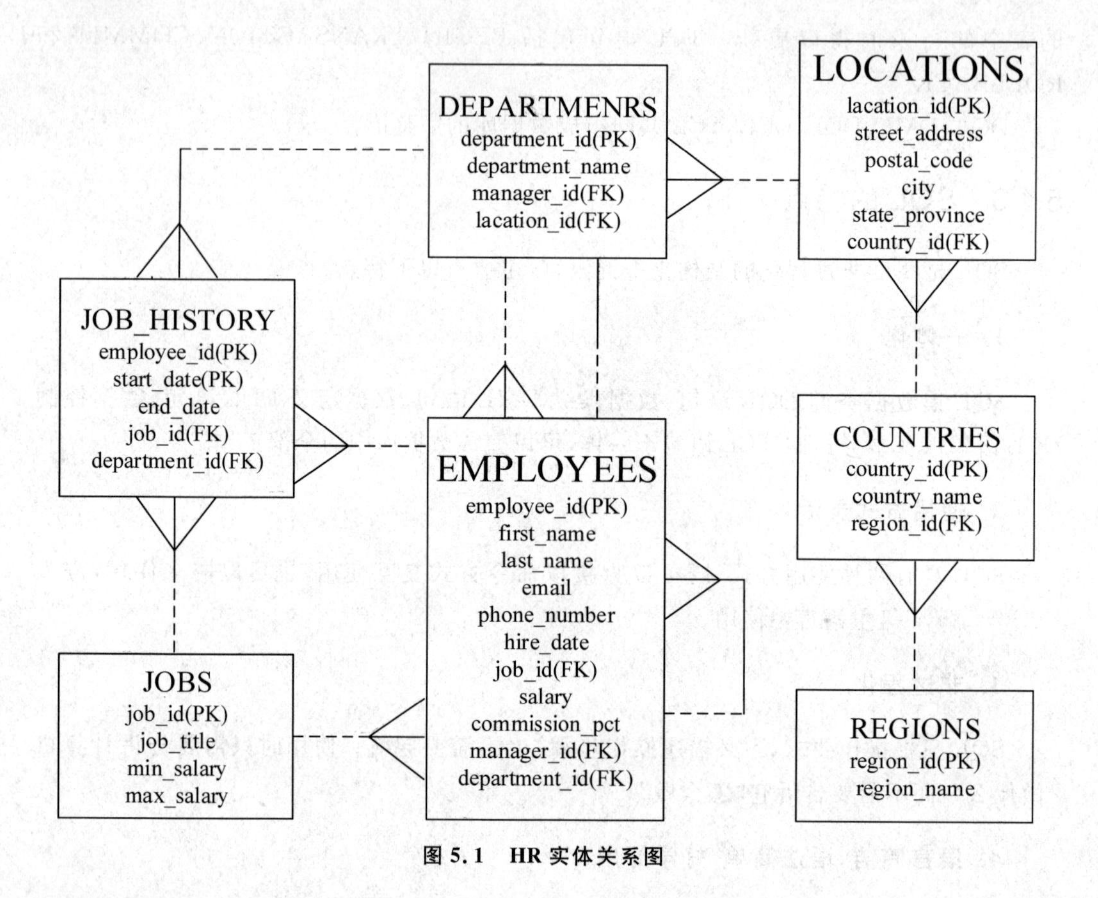

图 5.1　HR 实体关系图

(5) COUNTRIES——国家表,包括所有地址的国家信息。一个国家分配给一个地区(可选)。

(6) REGIONS——地区表,包括主要地区的信息。

(7) JOB_HISTORY——工作历史表,包括员工曾经从事过的工作,由 employee_id 和 start_date 唯一标识。

一名员工不可能同时从事两份工作,每个工作历史记录都表示一名员工,当时他只有一份工作,是一个部门中的成员。

该模式下有两个主要的关系,首先是表 EMPLOYEES 到 EMPLOYEES 存在多对一的关系,这就是所谓的自引用外键,这意味着多名员工可以连接到一名员工,因为多名员工可以有一名经理,但经理也是一名员工,这种关系由列 manager_id 实现(它是引用 employee_id 的外键),而 employee_id 是该表的主键。其次是表 DEPARTMENTS 和 EMPLOYEES 之间的双向关系,一个部门对多名员工的关系说明在一个部门中可能有许多员工,EMPLOYEES 表的 department_id 列是引用了表 DEPARTMENTS 的主键列 department_id 的外键;一名员工对一个部门的关系,表示一个员工只能是一个部门的经理,由 DEPARTMENTS 表的 manager_id 列实现,它是引用了表 EMPLOYEES 的主键列 employee_id 的外键。

5.2 数据查询

Oracle SQL 最基本的操作是实现数据的查询与检索操作。数据的查询与检索操作包括 3 种基本运算，即投影(projection)、选择(selection)与连接(join)，如图 5.2 所示。

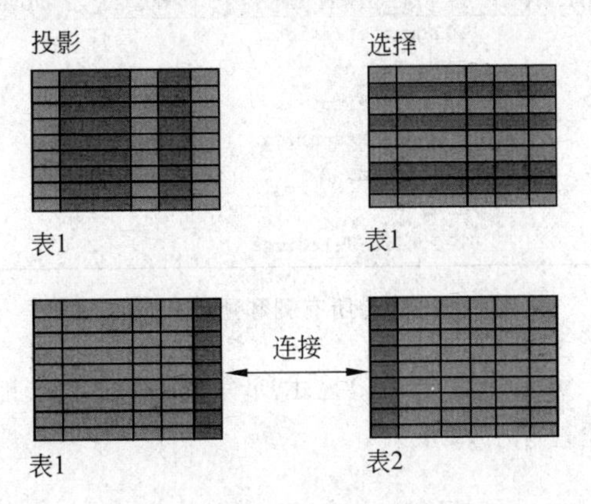

图 5.2 数据库检索的基本运算

选择是从数据库的表中通过一定的条件，把满足条件的行筛选出来；投影简单说就是选择表中指定的列；连接是把两个表按照给定的条件汇成一张表。

5.2.1 使用 SELECT 语句检索数据

SQL 的 SELECT 语句是一种功能非常强大的数据库查询语句，用于从数据库表中检索信息。SELECT 语句采用了类似于英语的简单格式，可以采用自然的方式与数据库交互，具有优雅、灵活和高度可扩展的优点。

1. 基本的 SELECT 语句

基本的 SELECT 语句支持列投影以及算术、字符和日期表达式的创建，也能够从结果集中删除重复值。基本 SELECT 语句的语法结构如下所示。

```
SELECT * |{[DISTINCT]column | expression [alias],… }
FROM table;
```

SELECT 语句语法的特殊关键字或者保留字一般使用大写字母(其实，在开发环境中使用该语句时，关键字及保留字的大小写并不重要)，表名、列名及表达式一般使用小写字母。SELECT 语句总是包含两个或者更多个子句，但两个强制子句是 SELECT 子句和 FROM 子句。书写时，一般一个子句单独占一行，也可以多个子句写在一行。管道符号(|)表示或者(OR)。因此，SELECT 语句的最简单形式是：

```
SELECT * FROM table;
```

这里的星号(＊)表示所有列。SELECT ＊是要求 Oracle 服务器返回某表所有可能列的简单方式。FROM 子句指定查询哪个表获得 SELECT 子句所请求的列(投影)。如使用下面的 SQL 语句从 HR 模式的 departments 表中检索所有列和所有行：

```
SELECT * FROM departments;
```

查询所有列和所有行的结果如图 5.3 所示。

	DEPARTMENT_ID	DEPARTMENT_NAME	MANAGER_ID	LOCATION_ID
1	10	Administration	200	1700
2	20	Marketing	201	1800
3	30	Purchasing	114	1700
4	40	Human Resources	203	2400
5	50	Shipping	121	1500
6	60	IT	103	1400
7	70	Public Relations	204	2700

图 5.3 查询所有列和所有行的结果

除了在 SELECT 子句中用星号(*)显示所有列外，还可以指定显示需要的列，其他不需要的列不显示，其语法格式如下。

```
SELECT column1,column2, …FROM table;
```

如查询工作历史表(JOB_HISTORY)中所有行的数据，仅显示曾经发生工作变动的员工编号(employee_id)和所在的部门编号(department_id)，则可以使用如下的 SELECT 语句。

```
SELECT employee_id, department_id FROM JOB_HISTORY;
```

查询结果如图 5.4 所示。

在上述查询结果中，第 2 行和第 3 行、第 8 行和第 9 行以及第 7 行和第 10 行完全一样，可以使用 DISTINCT 关键字删除重复行。针对上例，可以使用如下的 SELECT 语句。

```
SELECT DISTINCT employee_id, department_id FROM JOB_HISTORY;
```

查询结果如图 5.5 所示。

	EMPLOYEE_ID	DEPARTMENT_ID
1	102	60
2	101	110
3	101	110
4	201	20
5	114	50
6	122	50
7	200	90
8	176	80
9	176	80
10	200	90

图 5.4 查询指定列

	EMPLOYEE_ID	DEPARTMENT_ID
1	114	50
2	102	60
3	101	110
4	200	90
5	122	50
6	201	20
7	176	80

图 5.5 使用 DISTINCT 关键字删除重复行

将该运行结果与图 5.4 进行比较，发现图 5-4 中的重复行在图 5.5 中已经删除，查询结果已经由图 5.4 的 10 行减少为图 5-5 的 7 行。

2. SQL 语句的基本规则

SQL 是一种在语法规则上要求非常严格的语言，但它也非常简单和灵活，足以支持大量的编程样式。本部分简单阐述 SQL 语句的一些基本规则。

1）书写规则

书写 SQL 语句时，是使用大写字母，还是使用小写字母，这完全由个人喜好决定。由于大部分程序开发人员（包括本书作者）使用的基本上都是 C、C++、Java、C# 等常用程序设计语言，也都习惯于用小写字母书写 SQL 语句。但是，还是建议大家采用标准化格式书写，即大小写字母混合书写，关键字和保留字使用大写字母，语句的其他部分使用小写字母。

整个 SQL 语句可以写在一行上，也可以写在多行上。同时，关键字及保留字不能使用缩写，也不能跨行书写。

2）语句终止符

通常用分号（;）作为 SQL 语句的终止符。SQL * Plus 开发环境总是需要语句终止符，通常使用分号。很多情况下，SQL 语句，甚至是几组相关的 SQL 语句存储为脚本文件，以便将来使用。SQL 脚本文件中的单个语句一般用换行（或回车）终止，并在下一行使用斜杠（/），而不是使用分号终止。

也可以创建 SELECT 语句时，用换行终止它，包含一条斜杠执行该语句，并将它保存在脚本文件中，然后可以从 SQL * Plus 或 SQL Developer 开发环境中调用该脚本文件。

如果只是单个语句，SQL Developer 可以不需要语句终止符。当然，使用了终止符也没错。良好的书写习惯是使用分号终止 SQL 语句。

3）合理使用缩进

使用缩进可以提高 SQL 语句的可读性。

4）默认显示

在 SQL Developer 开发环境中，列标题默认总是以大写字母、左对齐显示。在 SQL * Plus 开发环境中，列标题也总是以大写字母显示，但字符型和日期型列的标题是左对齐显示，而数值型列的标题是右对齐显示。在这两种开发环境中，查询结果中字符型和日期型的列都是左对齐、数值型的列都是右对齐显示。

3. 表达式和运算符

在 SQL 语句中可以使用表达式和运算符。SELECT 语句引入了对列和表达式可以选择的思想。表达式通常由在一个或多个列上执行的运算组成。可以使用的运算符取决于列的数据类型，如数值型和日期型的列可以进行算术运算（运算符：加、减、乘和除），字符型的列有连接运算符等。当一个表达式中出现多个运算符时，由预先定义的运算符优先级决定计算顺序，使用圆括号可以改变运算符的优先级。

1）算术运算符及表达式

考察员工表(EMPLOYEES)，该表存储了员工的基本信息，包括编号、姓氏、工资、入职日期、提成比例等，要计算员工的年薪、奖金、入职时长，为员工加薪等都要涉及算术运算，使用算术表达式获得这些信息。算术运算符有4种：加(+)、减(-)、乘(*)、除(/)。

若为每个员工增加500元工资，预览工资增加500后的信息，可以使用如下语句。

```
SELECT last_name, salary+500 FROM employees;
```

计算每个员工的年薪(12个月的工资)，可以使用如下的语句。

```
SELECT last_name, salary*12 FROM employees;
```

若每个员工每月发放500元的奖金，计算每个员工的年收入，则可以使用如下语句。

```
SELECT last_name, 12*(salary+500) FROM employees;
```

查询结果如图5.6所示。

	LAST_NAME	SALARY+500
1	King	24500
2	Kochhar	17500
3	De Haan	17500
4	Hunold	9500
5	Ernst	6500

	LAST_NAME	SALARY*12
1	King	288000
2	Kochhar	204000
3	De Haan	204000
4	Hunold	108000
5	Ernst	72000

	LAST_NAME	12*(SALARY+500)
1	King	294000
2	Kochhar	210000
3	De Haan	210000
4	Hunold	114000
5	Ernst	78000

图5.6 带算术运算符及表达式的SELECT语句运行结果

2）空值NULL

空值NULL表示没有数据。NULL是一个未分配的、不可用的、未知的、不能使用的值，包含空值的行没有该列的数据。空值不同于数字0和空格，不占用存储空间。

员工表(EMPLOYEES)中的提成比例(commission_pct)列就是一个可以包含空值NULL的列，如查询所有员工的编号(employee_id)、姓氏(last_name)、工资(salary)、提成比例(commission_pct)，可以使用如下语句实现，查询结果如图5.7所示。

```
SELECT employee_id, last_name, salary, commission_pct
FROM employees;
```

	EMPLOYEE_ID	LAST_NAME	SALARY	COMMISSION_PCT
1	100	King	24000	(null)
2	101	Kochhar	17000	(null)
3	102	De Haan	17000	(null)
4	103	Hunold	9000	(null)
5	104	Ernst	6000	(null)

图5.7 带空值NULL的查询结果

空值NULL可以参与运算，包含空值的算术表达式总会得到一个空值，空值不同于数字0，0不能作为除数，但空值可以作为除数使用，运算的结果仍然得到空值。

要计算每个员工的年终提成(12 * salary * commission_pct)以及年收入(12 * salary *

(1＋commission_pct))，可以使用如下语句。

```
SELECT employee_id, last_name, salary,
       12 * salary * commission_pct, 12 * salary * (1+ commission_pct)
FROM employees;
```

检索结果如图 5.8 所示。

	EMPLOYEE_ID	LAST_NAME	SALARY	12*SALARY*COMMISSION_PCT	12*SALARY*(1+COMMISSION_PCT)
43	142	Davies	3100	(null)	(null)
44	143	Matos	2600	(null)	(null)
45	144	Vargas	2500	(null)	(null)
46	145	Russell	14000	67200	235200
47	146	Partners	13500	48600	210600

图 5.8 带空值的算术表达式的值仍为空值

根据上述运算结果，提成比例为空则该员工的年收入就为空，显然与实际情况不符，这就需要对空值进行适当的处理。对空值处理的函数详见 5.2.3 中的阐述。

3）表达式和列别名

根据前面一些查询实例的检索结果，在 SQL ＊Plus 和 SQL Developer 中，都是将检索的列以及参与运算的整个表达式作为列标题显示的，这样的标题很多时候并不能很好地描述检索结果的信息，同时也很难理解该列值的详细信息。例如，年薪 12 * salary，年收入 12 * salary * (1＋commission_pct)，以 Annual Salary 和 Annual Income 作为列标题更有意义。为此，引入了列别名的概念。

列别名就是为列标题重新起一个名字，尤其对表达式更有意义。在 SELECT 子句中，列别名紧跟在列名或表达式的后面，以空格作为分隔符即可(也可以在列名和列别名中直接使用可选的关键字 AS)。在 SQL ＊Plus 和 SQL Developer 开发环境中，列别名默认都以大写字母显示。如果列别名中包含空格或者特殊字符(如＃、＄)或者要区分大写，这时需要在列别名上加双引号。上图 5-8 所示的查询，使用列别名更易于理解，检索结果如图 5.9 所示。

```
SELECT employee_id id, last_name AS name, salary,
       12 * salary * commission_pct annul_salary,
       12 * salary * (1+commission_pct) "Annual Income"
FROM employees;
```

	ID	NAME	SALARY	ANNUL_SALARY	Annual Income
1	100	King	24000	(null)	(null)
2	101	Kochhar	17000	(null)	(null)
3	102	De Haan	17000	(null)	(null)
4	103	Hunold	9000	(null)	(null)
5	104	Ernst	6000	(null)	(null)

图 5.9 带列别名的检索结果

4）连接运算符

两条竖线组成的符号(||)表示字符串连接运算符，该运算符用来将多个字符串连接起来组成一个，在 SELECT 语句中用来将字符表达式或者列连接在一起，从而构成一个新的字符表达式。表的列以及常量字符串都可以进行连接。

	EMPLOYEE_ID	Name
1	100	StevenKing
2	101	NeenaKochhar
3	102	LexDe Haan
4	103	AlexanderHunold
5	104	BruceErnst

图 5.10 带连接运算符的查询结果

如将所有员工的 first_name 和 last_name 连接起来显示，并赋予别名 Name。此查询可以用如下语句实现，查询结果如图 5.10 所示。

```
SELECT employee_id,first_name||last_name "Name"FROM employees;
```

上例就是将员工的 first_name 和 last_name 连接起来，并赋予别名 Name。

如果用空值连接一个字符串，结果仍然是这个字符串，如 last_name||NULL 的结果仍然是 last_name。也可以用日期表达式。

包含在 SELECT 语句中的字符、数字或日期称为文字，表达的是字符、数字或日期的字面值，就是在程序设计里面说到的对应类型的常量。字符串常量和日期常量必须用单引号括起来，如'This is a string','25-6 月-05'等。

如果常量字符串本身就包含单引号，这时可以在常量字符串中出现的单引号前面再添加一个单引号，如 it's 可以表示为'it''s'。使用两个单引号处理字符串常量中出现的单引号很多时候会变得混乱，并且容易出错。Oracle SQL 用替换引用(q)运算符(Alternative Quote Operator)简化处理。Q 运算符允许从一组可以用于包含字符的符号对中选择一种作为单引号的替换符号。这些符号对可以由任何字符或者 4 种括号(圆括号()、方括号[]、尖括号<>以及花括号{})组成。使用 q 运算符实际上可以将字符分隔符从单引号更改为其他字符。替换引用(q)运算符的语法格式如下。

```
q'delimiter可能包含单引号的常量值delimiter'
```

其中，delimiter 可以是任何符号或括号，如常量字符串'it''s'用替换引用运算符可以表示为：q'@it's@'或者 q'<it's>'等其他形式。

5.2.2 对检索结果进行限定和排序

限制 SELECT 语句检索的列称为投影。限制返回的行称为选择。WHERE 子句用来对检索结果进行限定，是对 SELECT 语句选择功能的增强。WHERE 子句指定一种或多种条件。Oracle 服务器通过计算这些条件限制语句返回的行。ORDER BY 子句是对 SELECT 语句的进一步增强，它提供了数据排序功能。使用替换变量(&,&&)可以在运行时通过界面交互的方式重用相同的语句执行不同的查询。

1. 使用 WHERE 子句对检索结果进行限定

选择是关系数据库查询的基本操作之一，使用 SELECT 语句的 WHERE 子句可以实现选择。限制返回数据集的条件有多种形式，这些条件对返回的列和表达式都会产生一定的影响，只有表中符合这些条件的行才会返回。条件往往使用比较运算符以及列和常量值限制行。逻辑运算符能够指定多种条件，进而限制返回的行。

只使用 SELECT 子句和 FROM 子句的查询会返回表中所有的行，使用 DISTINCT 关键字删除重复行，在一定程度上限制了返回结果的行，但很多情况无法仅靠使用 DISTINCT 关键字达到限制行的目的。如查询指定部门编号为 80 的员工信息，就不能仅靠使用 DISTINCT 实现。WHERE 子句依据一种或者多种条件限制返回的行。包含 WHERE 子句的 SELECT 语句的语法格式为

```
SELECT * |{[DISTINCT] column | expression [alias], … }
FROM table
[WHERE condition(s)];
```

上述语句中的 WHERE 子句总是紧跟在 FROM 子句之后，方括号表示 WHERE 子句是可选的，这里可以使用一个或者同时使用多个条件限制结果集。若缺省了 WHERE 子句，就是基本 SELECT 语句，返回所查询表的所有行。WHERE 子句的一般形式为

```
WHERE 条件表达式
```

上述形式往往也写成：

```
WHERE expr comparison_operator value
```

即 WHERE 子句中条件表达式中的比较运算符用来比较一个表达式和另外一个表达式或值的关系，用来比较的值可以是列值、常量值、算术表达式的值，也可以是函数调用返回的值。条件表达式总会得到一个值为 TRUE、FALSE 或 NULL 的布尔值。WHERE 子句中还可以使用逻辑运算符组合多个条件。出现在 WHERE 子句中的字符串常量和日期常量必须用单引号括起来。特别需要注意的是，在 WHERE 子句中不能使用列别名。

1）比较运算符

比较运算符被广泛运用于 SELECT 语句的 WHERE 子句中，以达到限定检索结果的目的。常用的比较运算符见表 5.1。

表 5.1 常用的比较运算符

比较运算符	意义	比较运算符	意义
=	等于	<>，!=，^=	不等于
>	大于	BETWEEN…AND…	在两个值之间，包含边界值
>=	大于或等于	IN(set)	是集合中的元素
<	小于	LIKE	模糊匹配
<=	小于或等于	IS NULL	是空值

限定查询返回的行需要指定合适的 WHERE 子句。如果 WHERE 子句中的条件限制过于严格，可能不会返回任何结果。如果条件非常宽泛，可能返回的结果多于实际想

要返回的结果。

(1) 等于和不等于运算符

等于运算符(＝)和不等于运算符(包括不等于(<>,!＝,^＝)、大于(>)、大于或等于(>＝)、小于(<)、小于或等于(<＝))是 WHERE 子句中用得最多的比较运算符,用于比较某表达式的值与给定值满足给定的等于或不等于关系,返回的结果可以是 0 行、1 行或多行。

查询部门编号为 80 的员工的编号、姓氏、工作职位及部门编号,可以使用如下的 SELECT 语句实现。查询结果如图 5.11 所示。

```
SELECT employee_id, last_name, job_id, department_id
FROM employees
WHERE department_id=80;
```

	EMPLOYEE_ID	LAST_NAME	JOB_ID	DEPARTMENT_ID
1	145	Russell	SA_MAN	80
2	146	Partners	SA_MAN	80
3	147	Errazuriz	SA_MAN	80
4	148	Cambrault	SA_MAN	80

图 5.11　等于运算符

若要比较的值是常量字符串或日期值,常量字符串和日期值需要用单引号括起来,字符串是区分大小写的精确匹配,而日期值是和格式相关的,Oracle 数据库中存储的日期默认格式是 DD-MON-RR(DD 表示 2 个数字的日;MON 表示月份英文单词的前 3 个字母缩写,中文字符集由月份数字加汉字月组成,如 3 月;RR 表示 2 个数字的年份),如查询姓氏为 Smith 的员工信息,可以使用如下语句实现,查询结果如图 5.12 所示。

```
SELECT employee_id, last_name, job_id, department_id
FROM employees
WHERE last_name='Smith';
```

	EMPLOYEE_ID	LAST_NAME	JOB_ID	DEPARTMENT_ID
1	159	Smith	SA_REP	80
2	171	Smith	SA_REP	80

图 5.12　字符串的精确比较

查询入职日期为 2005 年 3 月 10 日的员工信息,可以采用如下语句实现。查询结果如图 5.13 所示。

```
SELECT employee_id, last_name, job_id, hire_date department_id
FROM employees
WHERE hire_date='10-3月-05';
```

	EMPLOYEE_ID	LAST_NAME	JOB_ID	DEPARTMENT_ID
1	147	Errazuriz	SA_MAN	10-3月 -05
2	159	Smith	SA_REP	10-3月 -05

图 5.13　日期值的精确比较

查询工资小于3000元的员工姓氏及工资信息，可以使用如下语句实现。查询结果如图5.14所示。

```
SELECT last_name, salary
FROM employees
WHERE salary<3000;
```

(2) 使用BETWEEN运算符进行区间范围比较

BETWEEN运算符(BETWEEN…AND …)用于比较列值或者表达式值是否处于某个闭区间内，使用方法为：BETWEEN *lowvalue* AND *highvalue*，小值在前，大值在后。如要查询员工工作在10000到12000之间的员工姓氏、工资、工作职位及所在部门，可以使用如下语句实现，查询结果如图5.15所示。

```
SELECT last_name, salary, job_id, department_id
FROM employees
WHERE salary BETWEEN 10000 AND 12000;
```

	LAST_NAME	SALARY
1	Baida	2900
2	Tobias	2800
3	Himuro	2600

图5.14 不等运算符示例

	LAST_NAME	SALARY	JOB_ID	DEPARTMENT_ID
1	Raphaely	11000	PU_MAN	30
2	Errazuriz	12000	SA_MAN	80
3	Cambrault	11000	SA_MAN	80
4	Zlotkey	10500	SA_MAN	80
5	Tucker	10000	SA_REP	80

图5.15 BETWEEN运算符

BETWEEN运算符可以用两个不等运算符(大于或等于(＞＝)和小于或等于(＜＝))组成的条件表示，两个条件用AND连接起来，表示这两个条件要同时成立才可以。上述语句与下面的SQL语句等价。

```
SELECT last_name, salary, job_id, department_id
FROM employees
WHERE salary>=10000
AND salary<=12000;
```

(3) 使用IN运算符进行集合元素的比较。

IN运算符是一个集合运算符，比较某项值是否为集合(包含在一对圆括号内，用逗号分开的多个值，集合中的元素可以是任何类型的值，若值为字符型或日期型，需要用单引号括起来)中的某个值，只要匹配集合中的其中一个值，运算结果即为真。如查询部门编号为30,40,50的员工的编号、姓氏、工资、工作职位、所在部门，可以使用如下的语句实现。检索结果如图5.16所示。

```
SELECT employee_id, last_name, salary, job_id, department_id
FROM employees
WHERE department_id IN (30, 40, 50);
```

集合运算符IN可以由多个等于(＝)运算符构成的条件组合而成，多个条件用OR

	EMPLOYEE_ID	LAST_NAME	SALARY	JOB_ID	DEPARTMENT_ID
1	114	Raphaely	11000	PU_MAN	30
2	115	Khoo	3100	PU_CLERK	30
3	116	Baida	2900	PU_CLERK	30
4	117	Tobias	2800	PU_CLERK	30
5	118	Himuro	2600	PU_CLERK	30
6	119	Colmenares	2500	PU_CLERK	30
7	120	Weiss	8000	ST_MAN	50

图 5.16　IN 运算符

连接起来，表示只要有一个条件成立即可。上述语句与下面的 SQL 语句等价。

```
SELECT employee_id, last_name, salary, job_id, department_id
FROM employees
WHERE department_id=30
OR department_id=40
OR department_id=50;
```

(4) 使用 LIKE 运算符进行模式匹配。

BETWEEN 运算符提供了一种简单的方法比较基于区间范围的值。IN 运算符提供了判断集合元素的最佳方法。那么，LIKE 运算符专用于字符数据的模糊匹配，搜索字母、单词或短句的全部功能。LIKE 运算符会用到两个通配符：百分号(%)和下画线(_)。百分号用来指定零个或者多个通配符字符，下画线用来指定一个通配符字符，通配符字符可以用来表示任何字符。通配符可以出现在字符串的任意位置，包括开头、中间及结尾。例如，要查询姓氏以大写字母 O 开头的员工信息，可以使用如下的语句实现，检索结果如图 5.17 所示。

```
SELECT employee_id, last_name, job_id, department_id
FROM employees
WHERE last_name LIKE 'O%';
```

	EMPLOYEE_ID	LAST_NAME	JOB_ID	DEPARTMENT_ID
1	198	OConnell	SH_CLERK	50
2	153	Olsen	SA_REP	80
3	132	Olson	ST_CLERK	50
4	168	Ozer	SA_REP	80

图 5.17　LIKE 运算符

要查询姓氏以小写字母 o 结尾的员工信息，只把上述语句中的 WHERE 条件改为 last_name LIKE '%o'即可；若要查询姓氏中第二个字母是 o 的员工信息，则需要把上述 WHERE 条件改为 last_name LIKE '_o%'。

当所搜索的字符串本身包含百分号或者下画线符号时，如员工的工作职位的第三个字符是下画线，比如要查询 job_id 以 S_开头的员工信息，检索结果应该为空，能不能使用如下的语句实现呢？

```
SELECT employee_id, last_name, job_id, department_id
FROM employees
WHERE job_id LIKE 'S_%';
```

答案显示不能,那么应该怎么解决这个问题呢? Oracle 提供了一种解决方法,就是使用 ESCAPE 标识符,对其进行转义,将它们作为普通字符看待,上例中的条件需要改为: job_id LIKE 'S_%' ESCAPE '\',此处使用了字符'\'进行转义,同样也可以使用其他符号。

(5) 使用 IS NULL 运算符对空值进行比较。

数据库表中的数据不可避免地会出现空值 NULL,有时需要检索指定列值为 NULL 值的那些行,这时不能使用等于(=)运算符判断列值是否为 NULL,需要使用 IS NULL 运算符。如要查询员工表中部门编号为 NULL 的员工信息,可以使用如下语句实现,检索结果如图 5.18 所示。

```
SELECT employee_id, last_name, job_id, department_id
FROM employees
WHERE department_id IS NULL;
```

	EMPLOYEE_ID	LAST_NAME	JOB_ID	DEPARTMENT_ID
1	178	Grant	SA_REP	(null)

图 5.18 IS NULL 运算符

要查询给定列值不为空值的行,需要使用 IS NULL 运算符的否定形式 IS NOT NULL。如查询员工表汇总部门不为空值的员工信息,只将上例中的条件改为 department_id IS NOT NULL 即可。

2) 逻辑运算符

前面介绍的都是在 SELECT 语句中使用单个条件的 WHERE 子句限制检索的结果,但实际查询时,单个条件往往不能满足用户查询的要求。这时就需要用到多个条件(前(2)和(3)的例子),将多个条件组合起来进行查询,这就需要用到逻辑运算符(也称作布尔运算符)。Oracle SQL 中的逻辑运算符共 3 个,分别为 AND、OR 和 NOT,其运算意义见表 5.2。逻辑运算符参与运算的都是逻辑值 TRUE 和 FALSE,也可以是空值 NULL。

表 5.2 逻辑运算符及其意义

逻辑运算符	意 义
AND	组合条件都为真(TRUE)时结果为真
OR	组合条件有一个为真(TRUE)时结果为真
NOT	条件值为假(FALSE)时结果为真

(1) AND 运算符。

AND 运算符将两个或者多个条件组合成一个更严格的条件,检索结果集中包含的行必须满足AND运算符组合的每个条件。参与运算的两个条件的值可以为TRUE、FALSE和NULL,只要两个条件均为TRUE时,结果就为TRUE;只要有一个条件为FALSE,结果就为FALSE;其他情况结果为NULL。AND运算符的真值表见表5.3。

表5.3 AND运算符的真值表

AND	TRUE	FALSE	NULL
TRUE	TRUE	FALSE	NULL
FALSE	FALSE	FALSE	FALSE
NULL	NULL	FALSE	NULL

如要查询姓氏以大写字母S开头并且提成比例大于0.2的员工信息,可以使用如下的语句实现,检索结果如图5.19所示。

```
SELECT employee_id, last_name, commission_pct, department_id
FROM employees
WHERE last_name LIKE 'S%'
AND commission_pct>0.2;
```

	EMPLOYEE_ID	LAST_NAME	COMMISSION_PCT	DEPARTMENT_ID
1	161	Sewall	0.25	80
2	159	Smith	0.3	80
3	157	Sully	0.35	80

图5.19 AND运算符

比较运算符BETWEEN用来检测区间范围的值,也可以使用AND运算符实现。

(2) OR运算符。

OR运算符将两个或者多个条件组合成一个更宽泛的条件,检索结果集中包含的行只需满足OR运算符组合的某个条件。参与运算的两个条件的值可以为TRUE、FALSE和NULL,只有两个条件均为FALSE时,结果才为FALSE;只要有一个条件为TRUE,结果就为TRUE;其他情况结果为NULL。OR运算符的真值表见表5.4。

表5.4 OR运算符的真值表

OR	TRUE	FALSE	NULL
TRUE	TRUE	TRUE	TRUE
FALSE	TRUE	FALSE	NULL
NULL	TRUE	NULL	NULL

类似AND运算符中的实例,如要查询姓氏以大写字母S开头或者提成比例大于0.2的员工信息,可以使用如下的语句实现,检索结果如图5.20所示。

```
SELECT employee_id, last_name, commission_pct, department_id
FROM employees
WHERE last_name LIKE 'S%'
```

```
OR commission_pct>0.2;
```

	EMPLOYEE_ID	LAST_NAME	COMMISSION_PCT	DEPARTMENT_ID
1	111	Sciarra	(null)	100
2	138	Stiles	(null)	50
3	139	Seo	(null)	50
4	145	Russell	0.4	80
5	146	Partners	0.3	80

图 5.20 OR 运算符

(3) NOT 运算符。

NOT 运算符是对条件运算符的否定，检索结果集中包含的行必须满足给定条件的逻辑非(即必须不满足给定条件)。NOT 运算符的真值表见表 5.5。

表 5.5 NOT 运算符的真值表

NOT	TRUE	FALSE	NULL
	FALSE	TRUE	NULL

如要查询工资不为 10000～12000 的员工信息，可以使用如下的语句实现，检索结果如图 5.21 所示。

```
SELECT last_name, salary, job_id, department_id
FROM employees
WHERE salary NOT BETWEEN 10000 AND 12000;
```

	LAST_NAME	SALARY	JOB_ID	DEPARTMENT_ID
1	King	24000	AD_PRES	90
2	Kochhar	17000	AD_VP	90
3	De Haan	17000	AD_VP	90
4	Hunold	9000	IT_PROG	60
5	Ernst	6000	IT_PROG	60

图 5.21 NOT 运算符

NOT 运算符可以出现在任何条件表达式的前面，也经常与运算符 IN、LIKE、NULL 结合在一起使用，如下面都是合法使用 NOT 运算符的 WHERE 子句。

```
WHERE NOT last_name='King'
WHERE department_id NOT IN (30,40,50)
WHERE last_name NOT LIKE '_K%'
WHERE department_id IS NOT NULL
```

3) 运算符的优先级

在 WHERE 子句中经常使用算术、字符连接、关系比较和逻辑表达式，出现了多种运算符，Oracle SQL 如何运算呢？算术运算符中优先计算乘、除运算，然后计算加、减运算，有括号的时候，要先计算括号里的表达式。同样，前面提到的所有运算符也有需要满足的优先运算规则。运算符的优先级见表 5.6。

表 5.6 运算符的优先级

优先级	运 算 符	备 注
1	*、/、+、-	算术运算符
2	||	字符连接运算符
3	=、>、>=、<、<=	等于和不等于运算符
4	IS [NOT] NULL、[NOT]LIKE、[NOT] IN	模式、NULL 和集合运算符
5	[NOT] BETWEEN	区间运算符
6	<>、!=、^=	不等于运算符
7	NOT	逻辑非运算符
8	AND	逻辑与运算符
9	OR	逻辑或运算符

表达式中优先级相同的运算符按照从左到右的顺序计算，括号可以提高运算符的优先级。看下面两个语句的区别。

```
SELECT   last_name, salary
FROM     employees
WHERE    last_name='King'
OR       last_name='Smith'
AND      salary>15000;

SELECT   last_name, salary
FROM     employees
WHERE    (last_name='King'
OR       last_name='Smith')
AND      salary>15000;
```

上述两个语句的运算结果如图 5.22 所示。

	LAST_NAME	SALARY
1	King	24000
2	King	10000

	LAST_NAME	SALARY
1	King	24000

图 5.22 运算符优先级比较

上述第一个 SELECT 语句的 WHERE 子句中用到了两个逻辑运算符 OR 和 AND，由于 AND 运算符的优先级高于 OR，WHERE 子句中相当于两个条件：①last_name 等于'Smith'并且工资大于 15000；②last_name 等于'King'。此两个条件满足一个即可。

第二个 SELECT 语句的 WHERE 子句同样用到两个逻辑运算符 OR 和 AND，与第一个 SELECT 语句的 WHERE 子句相比多了一对圆括号，此 WHERE 子句相当于如下两个条件：①last_name 等于'Smith'或者 last_name 等于'King'；②工资大于 15000。此两个条件必须同时满足，括号改变了运算的先后顺序。

2. 使用 ORDER BY 子句对检索结果进行排序

从前面的例子中可以看出，检索结果的数据是混乱无序的。但很多时候，如在学校评奖学金的时候，需要对学生的成绩按从高到低的顺序排列；又如，在查询某部门员工信息的时候，需要对员工按照工资从低到高的顺序排列等。这就需要在对数据库进行查询时，对检索结果进行排序。Oracle SQL 提供 ORDER BY 子句对检索结果进行排序。包含 ORDER BY 子句的 SELECT 语句的语法格式为

```
SELECT * |{[DISTINCT] column | expression [alias],… }
FROM table
[WHERE condition(s)]
[ORDER BY {col[s]|expr|numeric_pos}[ASC|DESC][NULLS FIRST|LAST]];
```

在上述语法中，ORDER BY 子句要放在 SELECT 语句的最后，可以指定列名、表达式、列别名或者列位置作为排序条件。ASC 对检索结果按升序排序，也是一种默认排序方式。DESC 对检索结果按降序排序。NULLS FIRST 选项表明若排序数据中包含空值，则空值的行排在最前面；NULLS LAST 则相反，包含空值的行排序在最后。

1）升序和降序排序

升序排序是大多数数据类型的正常排序，当指定 ORDER BY 子句时，升序是默认的排序顺序。数值型数据的升序排序是从小到大（小值在前，如 1～999），日期型数据的升序排序是从早到晚（越早的日期越靠前，如 2001 年 7 月 1 日早于 2011 年 3 月 30 日），字符型数据的升序排序是按字母表顺序（按字符的 ASCII 码顺序，小值在前，如 A～Z）。

若要做一个查询报表，包含部门编号为 80 的员工的姓氏、工资、年薪（使用 annual 作为列别名）、提成比例，并对报表按工资升序排序，则可以使用如下的语句实现，检索结果如图 5.23 所示。

```
SELECT last_name, salary, 12 * salary AS annual, commission_pct
FROM employees
WHERE department_id=80
ORDER BY salary;
```

	LAST_NAME	SALARY	ANNUAL	COMMISSION_PCT
1	Kumar	6100	73200	0.1
2	Johnson	6200	74400	0.1
3	Banda	6200	74400	0.1
4	Ande	6400	76800	0.1
5	Lee	6800	81600	0.1
6	Sewall	7000	84000	0.25

图 5.23　使用 ORDER BY 子句进行升序排序

ORDER BY 子句中可以指定列名、表达式、列别名作为排序条件，也可以显示使用 DESC 对检索结果进行降序排序。如上例的查询结果对年薪降序排序，可以使用如下的语句实现，检索结果如图 5.24 所示。

```
SELECT last_name, salary, 12 * salary AS annual, commission_pct
FROM employees
WHERE department_id=80
ORDER BY 12 * salary DESC;
```

或者使用列别名：

```
SELECT last_name, salary, 12 * salary AS annual, commission_pct
FROM employees
WHERE department_id=80
ORDER BY annual DESC;
```

	LAST...	SALARY	ANNUAL	COMMISSION_PCT
1	Russell	14000	168000	0.4
2	Partners	13500	162000	0.3
3	Errazuriz	12000	144000	0.3
4	Ozer	11500	138000	0.25
5	Abel	11000	132000	0.3

图 5.24　在 ORDER BY 子句中使用列别名降序排序

2）按位置排序

Oracle SQL 提供了一种更简洁的方法指定排序的列或者表达式。不是使用列名、表达式或者列别名，而是使用列或者表达式在 SELECT 子句列表中的位置代替列或者表达式进行排序，如下述语句。

```
SELECT last_name, salary, 12 * salary AS annual, commission_pct
FROM employees
WHERE department_id=80
ORDER BY 2;
```

ORDER BY 子句将排序的数字指定为 2，这就相当于 ORDER BY salary，即指定了 salary 列为排序条件，因为 salary 是 SELECT 子句列表中的第二列。

位置排序仅适用于 SELECT 子句列表中存在相关数字位置的列，不能使用不存在的位置数字进行排序，如上例的 ORDER BY 子句写成 ORDER BY 5 就是错误的，因为 SELECT 子句的列表中总共就 4 列的信息，不存在第 5 列。

3）带空值的排序

对查询结果进行排序时，有时待排序的列包含空值 NULL，Oracle 默认空值为最大值，升序排序时，NULL 值的行排在最后，降序排序时 NULL 值的行排在最前。Oracle SQL 支持在 ORDER BY 中使用 NULLS FIRST 和 NULLS LAST 指定包含 NULL 值的行在排序时放在最前，还是放在最后。

若要查询提成比例不为空的员工的姓氏、工资、提成比例以及所在部门编号，并对检索结果按部门编号升序排序，若部门编号为 NULL，则部门编号为 NULL 的行排在最前面。可以使用如下的语句实现，检索结果如图 5.25 所示。

```
SELECT last_name, salary, commission_pct, department_id
```

```
FROM employees
WHERE commission_pct is not null
ORDER BY department_id NULLS FIRST;
```

	LAST_NAME	SALARY	COMMISSION_PCT	DEPARTMENT_ID
1	Grant	7000	0.15	(null)
2	Johnson	6200	0.1	80
3	Errazuriz	12000	0.3	80
4	Cambrault	11000	0.3	80
5	Zlotkey	10500	0.2	80

图 5.25 待排序的列包含空值 NULL 的排序

4）多列混合排序

在学校进行奖学金评定时，一般都按照成绩进行排序，由于获奖人数是有限的，往往会出现成绩相同的情况。那么，在成绩相同的情况下，应该哪些同学获奖，哪些同学不获奖呢？这时就用到多列混合排序了，成绩相同的时候，需要再按照另一项数据进行排序。

在 HR 模式下，现需要查询员工姓氏、员工经理编号、员工工资及其所在部门编号，并对检索结果按照员工编号升序排序，员工编号相同的情况下，按照工资降序排序。该查询可用如下的语句实现，检索结果如图 5.26 所示。

```
ELECT last_name, manager_id, salary, department_id
FROM employees
WHERE department_id=80
ORDER BY manager_id, salary DESC;
```

	LAST_NAME	MANAGER_ID	SALARY	DEPARTMENT_ID
4	Cambrault	100	11000	80
5	Zlotkey	100	10500	80
6	Tucker	145	10000	80
7	Bernstein	145	9500	80
8	Hall	145	9000	80

图 5.26 使用 ORDER BY 子句进行多字段排序

在 ORDER BY 子句中的多列混合排序时，排序列都按照其重要性以从左到右的顺序列出，中间用逗号分隔，对每个排序的列都要标注是升序排序，还是降序排序，以及对 NULL 值的处理。同样，每个排序列都可以是列名、表达式，也可以是列别名或位置。

3. TOP-N 分析

TOP-N 分析也称作 TOP-N 查询，就是获得查询结果集的前 N 行，实际应用中经常会用到。如某班级学年结束后，要评出 2 个成绩最好的同学作为特等奖学金获得者，这时就会用到 TOP-N 分析。

Oracle 11g 及以前的版本都不支持 TOP-N 分析，需要借助一个伪列 ROWNUM 实现 TOP-N 查询的功能。ROWNUM 是一个伪列，是 Oracle 数据库对查询结果自动添加的一个列，编号从 1 开始。ROWNUM 在物理上（查询的目标表）并不存在，是查询过程中自动生成的,所以称为伪列。

如返回员工表前 5 行信息,可以使用如下的查询语句。

```
SELECT employee_id, last_name, salary, department_id
FROM employees
WHERE rownum<=5;
```

那么,要得到工资最高的 5 个员工信息,是不是可以使用如下的查询语句呢?

```
SELECT employee_id, last_name, salary, department_id
FROM employees
ORDER BY salary DESC
WHERE rownum<=5;
```

显然,上述语句是错误的,为什么呢? 因为 ORDER BY 子句要放在 WHERE 子句的后面,ORDER BY 是对满足条件的检索结果排序。这时需要对排序后的结果做 TOP-N 分析就比较麻烦了,需要用到子查询,在此不再赘述。为了解决此问题,Oracle 12c 引入了专门的 TOP-N 分析功能。

在 Oracle 12c 中,通过指定偏移量和需要返回的行数或百分比实现 TOP-N 分析。带 TOP-N 分析的 SELECT 语句的一般形式为

```
SELECT * |{[DISTINCT] column | expression [alias],… }
FROM table
[WHERE condition(s)]
[ORDER BY {col[s]|expr|numeric_pos}[ASC|DESC][NULLS FIRST|LAST]]
[OFFSET offset {ROW|ROWS}]
[FETCH {FIRST|NEXT}[rowcount|percent PERCENT] {ROW|ROWS}
    {ONLY|WITH TIES}]
```

1) OFFSET 子句

OFFSET 子句指定显示检索结果时跳过多少行开始显示,*offset* 必须为一个数字,显示检索结果时从 *offset*+1 行开始;若指定 *offset* 为一个负数,那么其会被当作 0 处理;如果指定 *offset* 为 NULL,或者大于结果集行数的一个数字,就会返回 0 行;如果 *offset* 被指定为一个小数,小数部分会被截断,仅保留整数部分;OFFSET 子句可以省略,此时默认 *offset* 为 0,从第一行开始显示。

关键字 ROW 或 ROWS 使此子句的语义更明确,明确偏移量的单位为行,用 ROW 还是 ROWS 都可以,且必须用其中一项,不能省略。

如查询部门编号为 80 的员工的编号、姓氏和工资,按工资降序排序显示,并跳过工资最高的 5 个人。实现此功能的查询语句如下。查询结果如图 5.27 所示。

```
SELECT employee_id, last_name, salary
FROM employees
WHERE department_id=80
ORDER BY salary DESC
OFFSET 5 ROWS;
```

	EMPLOYEE_ID	LAST_NAME	SALARY
1	148	Cambrault	11000
2	149	Zlotkey	10500
3	162	Vishney	10500
4	169	Bloom	10000
5	150	Tucker	10000

图 5.27 使用 OFFSET 子句跳过检索结果前面的行

OFFSET 子句不支持使用百分比，不能跳过前 5%的行而显示后续的数据。

2) FETCH 子句

FETCH 子句用于指定返回行的个数或者返回行的百分比。如果没有使用 FETCH 子句，那么所有的行都会被返回；在使用了 OFFSET 子句的情况下，FETCH 子句显示结果的开始行为 *offset*+1。

关键字 FIRST 或 NEXT 仅为提供更清晰的语义度，更易于理解，用哪个都可以，但二者必用其一，不能省略。

rowcount 或 *percent* PERCENT 选项用来指定返回的行数或者返回行数的百分比，可以省略。*rowcount* 的意义与 OFFSET 子句中 *offset* 的意义相同，用来指定返回结果的行数；*percent* PERCENT 用来指定返回结果行数的百分比，在使用百分比的时候，PERCENT 关键字不能省略，*percent* 的意义和 *rowcount* 的意义相同；若省略了此选项，即没有指定返回行数或百分比，则返回 1 行。

关键字 ROW 或 ROWS 与 OFFSET 子句相同。

选项 ONLY 或 WITH TIES 是必选项，二者必选其一。指定 ONLY 选项会明确返回的行数 *rowcount* 或百分比 *percent* PERCENT；如果指定 WITH TIES 选项，那么拥有和最后一行相同排序键值的行都会被提取显示出来；WITH TIES 选项一般与 ORDER BY 子句结合使用，在没有指定 ORDER BY 子句的情况下，使用 WITH TEIS 没有意义。

如查询部门编号为 80 的员工的编号、姓氏和工资，仅显示工资最高的前 5 个人。实现此功能的查询语句如下，查询结果如图 5.28 所示。

```
SELECT employee_id, last_name, salary
FROM employees
WHERE department_id=80
ORDER BY salary DESC
FETCH FIRST 5 ROWS ONLY;
```

	EMPLOYEE_ID	LAST_NAME	SALARY
1	145	Russell	14000
2	146	Partners	13500
3	147	Errazuriz	12000
4	168	Ozer	11500
5	148	Cambrault	11000

图 5.28 使用 ONLY 选项的 FETCH 子句

若把上述语句中的 ONLY 选项改为 WITH TIES，则结果如图 5.29 所示，检索结果有 6 行。

在 FETCH 子句中使用百分比的情况，和上述方法类似。同样，可以在使用了 OFFSET 子句的情况下使用 FETCH 子句，实现更复杂的查询功能，如查询部门编号为 80 的员工的编号、姓氏和工资，仅显示工资最高的第 6～10 个人。实现此功能的查询语句如下，查询结果如图 5.30 所示。

```
SELECT employee_id, last_name, salary
FROM employees
WHERE department_id=80
ORDER BY salary DESC
OFFSET 5 ROWS
FETCH NEXT 5 ROWS ONLY;
```

	EMPLOYEE_ID	LAST_NAME	SALARY
1	145	Russell	14000
2	146	Partners	13500
3	147	Errazuriz	12000
4	168	Ozer	11500
5	148	Cambrault	11000
6	174	Abel	11000

图 5.29 使用 WITH TIES 选项的 FETCH 子句

	EMPLOYEE_ID	LAST_NAME	SALARY
1	174	Abel	11000
2	149	Zlotkey	10500
3	162	Vishney	10500
4	150	Tucker	10000
5	156	King	10000

图 5.30 结合 OFFSET 子句使用的 FETCH 子句

这里的 FETCH 子句中使用 NEXT 关键字语义更明确，明确指定显示结果为跳过 5 行后的下 5 行。

4. 替换变量 &,&&

随着查询的发展与完善，很多查询实现的功能类似，查询语句相差不大，只是部分不同，这时就希望有一种通用的查询形式，在运行时可以用指定符号或值替换所定义的变量，必要时可以保持这些信息以备将来使用。Oracle 以替换变量（& 命令和 && 命令）的形式提供了这种功能。Oracle SQL 的 SELECT 语句中的每个元素都可以被替换，很多核心元素就可以很方便地得到重用，节省了大量的重复性工作，提高了编写和执行 SQL 语句的效率。替换变量可以出现在 SELECT 子句的列表中、FROM 子句中、WHERE 子句中、ORDER BY 子句中，可以是 SELECT 语句的某个子句，甚至是整个 SELECT 语句。

1）替换变量命令 &

Oracle SQL 语句中最基本、最普遍的元素替换形式是由单个 & 符号构成的替换变量命令。& 命令是用来在语句中指定替换变量的符号，用在变量名前，如 &var。Oracle 服务器在执行包含替换变量的 SELECT 语句时，首先会检查在当前的用户会话环境（包括 SQL ＊Plus 和 SQL Developer）中是否用 DEFINE 命令（已在第 4 章介绍）定义了该变量，若已定义，则使用该会话已经定义了该变量的值。如果没有定义该变量，该语句执行时，用户进程提示需要输入一个值，然后用输入的值替换该变量，提交值之后，语句就完成了，Oracle 的服务器就会去执行此语句。

如要查询指定员工姓氏的员工的编号、姓氏、工资及其所在部门编号，需要重复多次查询不同员工的这些信息，这时就可以在查询语句中使用替换变量。查询语句可以采用如下形式：

```
SELECT employee_id, last_name, salary, department_id
FROM employees
WHERE last_name=&name;
```

当运行此查询时，Oracle 服务器提示为名为 name 的变量，输入一个值，如图 5.31 所示。

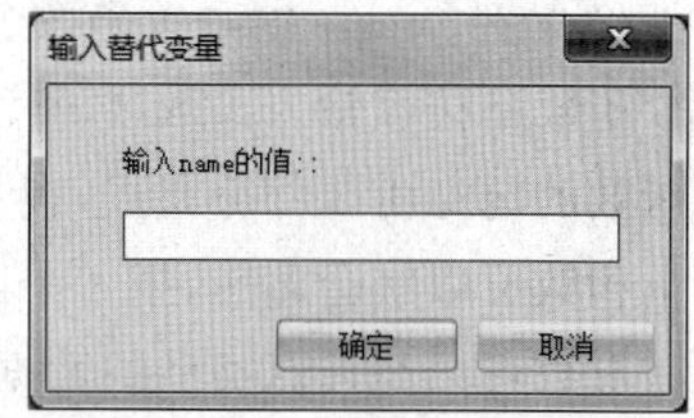

图 5.31　输入替换变量的值

输入变量的值后，单击“确定”按钮提交，Oracle 服务器就会用输入的值替换变量 name，如输入'King'，这时 SELECT 语句的 WHERE 子句就相当于：WHERE last_name='King'，然后 Oracle 服务器执行该语句。如果替换变量是数值型数据，直接输入该值即可；若替换变量为字符型或日期型数据，则输入时的值需要用一对单引号括起来；也可以将 & 符号和变量名一块用单引号括起来，如'&var'，在输入的时候直接输入字符数据或日期数据的常量值即可。

2) 替换变量命令 &&

还有一些情况，在同一个会话中，同一个替换变量的值会被重复引用多次(包括一个语句中多次引用同一个变量或值或多个语句中引用相同的变量或值)，如果仍使用 & 命令，Oracle 服务器会在每次遇到该替换变量时重复提示输入与第一次输入相同的值，造成效率低下。为了避免重复输入，Oracle 服务器提供替换变量命令 && 解决了此问题，重复值只需要输入一次即可。第一次使用替换变量时，在变量名前面加 && 符号，以后在每次的替换变量名字前加 & 符号。

如 SELECT 子句中显示的列与 WHERE 子句条件中的列相同，观察如下的查询语句。

```
SELECT employee_id,&&col, salary, department_id
FROM employees
WHERE &col=&name;
```

上述查询语句中出现了两个相同的替换变量名 col，第一次出现时用了 && 符号，第二次出现时用了 & 符号，运行该语句时只输入一次即可，运行过程如图 5.32 所示。

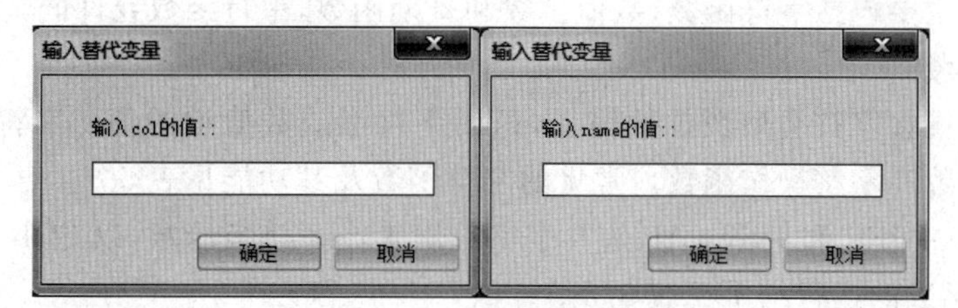

图 5.32　输入替换变量的值

&& 命令定义的替换变量在当前会话不再使用上述输入的值时，需要使用 UNDEFINE 命令取消该变量的定义。

5.2.3 在 SELECT 语句中使用函数

函数是对 Oracle SQL 的极好扩展，它概括了 Oracle 支持的程序功能。通过过程语言可以执行几乎所有种类的数据操作。Oracle 数据库服务器实现了一种名为 PL/SQL 的专有过程语言，使用 PL/SQL 可以构造一定范围内的数据库模式的对象，包括过程、函数和程序包等，尽管编写 PL/SQL 程序相对简单，但也应以全面理解 SQL 为前提条件，此处仅介绍 Oracle 的内置函数。

函数是接收输入参数(0 个、1 个或者多个)，执行相关运行并返回一个值的程序。每个函数的定义由 3 部分组成，包括输入参数列表、返回值类型以及实现该功能的程序代码。函数可以嵌套调用，把一个函数的返回值作为另一个函数的输入参数使用。函数的输入参数可以是任意类型的数据，该值可以是列值或表达式的值。

从广义上来讲，Oracle SQL 支持两种类型的函数，即单行函数和多行函数。多行函数也称作组函数、聚合函数。单行函数和多行函数的根本区别在于行数不同，Oracle SQL 的单行函数对表或视图进行水平方向(横向)的计算，所产生的结果对于表的每行都有一个结果；多行函数对表或视图进行垂直方向(纵向)计算，对多行组成的集合产生一个结果。

1. 单行函数

Oracle SQL 的单行函数对一些数据项进行操作，可以接收一个或者多个参数，作用于查询结果的每一行，每行得到一个返回值。单行函数的参数可以是用户提供的常量、变量值、列名或表达式。单行函数具有如下一些特点：作用于查询返回的每一行；每行得到一个返回值；可能需要 1 个或多个参数；可能返回与输入参数不同类型的数据值；可以用在 SELECT 语句的 SELECT 子句、WHERE 子句以及 ORDER BY 子句中；单行函数可以嵌套使用。单行函数的一般调用形式如下：

```
function_name[(arg1, agr2, …)]
```

其中，function_name 是函数的名字；arg1、arg2 是函数调用需要的参数，可以是常量、变量、列名或表达式。

单行函数主要包括字符函数、数值函数和日期函数，单行函数允许嵌套调用。

1) 字符函数

字符函数接收字符类型数据的输入，返回字符型或数值型的值。字符函数有两类：大小写转换函数和字符操作函数。常见的字符函数及其功能见表 5.7。

LOWER、UPPER 和 INITCAP 是 3 个字符串大小写转换函数，以 SQL Fundamentals 为例，这 3 个函数的运行结果见表 5.8。

表 5.7 常见的字符函数及其功能

字符函数	功能
LOWER(string)	将字符串转换为小写字母形式
UPPER(string)	将字符串转换为大写字母形式
INITCAP(string)	将字符串转换为首字母大写形式
CONCAT(string)	将多个字符串的值连接起来,与字符串连接运算符||等价
SUBSTR(string,m[,n])	返回给定字符串从位置 m 开始,长度为 n 的子串(若 m 为负数,则起始位置从字符串结尾开始计数;若 n 省略,则返回起始位置到字符串结尾的子串)
LENGTH(string)	返回字符串包含字符的个数
INSTR(string,substr,[,m],[n])	返回子串 string 出现的位置。选项 m 表示起始搜索位置,n 表示子串 string 第几次出现,m 和 n 的默认值都是 1,表示从字符串的开头搜索子串 string 第一次出现的位置
LPAD(string,n,padstring)	字符串左填充,字符串 string 左侧填充字符串 padstring,使 string 的长度达到 n
RPAD(string,n,padstring)	字符串右填充,字符串 string 右侧填充字符串 padstring,使 string 的长度达到 n
TRIM(leading | trailing | both, trim_character FROM trim_source)	在字符串 trim_source 的前面、后面或两端删除字符 trim_character
REPLACE(string,oldstr,newstr)	字符串替换,用字符串 newstr 将 string 中出现的子串 oldstr 替换

表 5.8 字符串大小写转换函数示例

函数	结果
LOWER('SQL Fundamentals')	sql fundamentals
UPPER('SQL Fundamentals')	SQL FUNDAMENTALS
INITCAP('SQL Fundamentals')	Sql Fundamentals

使用 SQL SELECT 语句进行数据查询时,也经常使用字符串大小写转换函数,如查询姓氏为'smith'的员工编号、姓氏以及部门编号,实现该功能的查询语句如下。

```
SELECT employee_id, last_name, department_id
FROM employees
WHERE last_name='smith';
```

但 Oracle 执行该语句时,返回的结果为空。为什么呢?主要原因是字符串数据在数据库表中的存储形式,英文姓氏在存储时都是第一个字母大写,但在上述 SELECT 语句的 WHERE 子句中查询的值都是小写字母组成的,检索结果必然为空。可以使用字符串大小写转换函数解决这一问题。上述语句中的 WHERE 子句可以改成:

```
WHERE LOWER(last_name)='smith'
```

或

```
WHERE last_name=INITCAP('smith')
```

执行修改后的查询语句,执行结果如图 5.33 所示。

	EMPLOYEE_ID	LAST_NAME	DEPARTMENT_ID
1	159	Smith	80
2	171	Smith	80

图 5.33 使用字符串大小写转换函数的 SELECT 语句

表 5.7 中的其他 8 个字符函数都是对字符串操作的函数。字符串操作函数执行结果示例见表 5.9。

表 5.9 字符串操作函数执行结果示例

函 数	结 果
CONCAT('Love','China')	LoveChina
SUBSTR('LoveChina',5,5)	China
LENGTH('LoveChina')	9
INSTR('LoveChina','China')	5
LPAD('China',8,'*')	***China
RPAD('China,8,'*')	China***
TRIM('L' FROM 'Love')	ove
REPLACE('China','a','ese')	Chinese

使用 SQL SELECT 语句进行数据查询时,字符串操作函数同样会经常用到,如查询工作职位以 IT 开头的员工的编号、姓名(将 first_name 和 last_name 连接起来作为姓名)、姓氏(last_name)的长度、姓氏是否包含字符 a(显示字符 a 所在的位置)。实现该功能的 SELECT 语句如下,查询结果如图 5.34 所示。

```
SELECT employee_id, CONCAT(first_name, last_name) name,
       LENGTH(last_name), INSTR(last_name, 'a') "Contains 'a'?"
FROM employees
WHERE SUBSTR(job_id, 0, 2)='IT';
```

	EMPLOYEE_ID	NAME	LENGTH(LAST_NAME)	Contains 'a'?
1	103	AlexanderHunold	6	0
2	104	BruceErnst	5	0
3	105	DavidAustin	6	0
4	106	ValliPataballa	9	2
5	107	DianaLorentz	7	0

图 5.34 使用字符串操作函数的 SELECT 语句

2）数值函数

数值函数接收数值型数据的输入，仍然返回数值型的值。数值函数主要有四舍五入函数 ROUND、截断小数位数函数 TRUNC 和求余数函数 MOD，其功能见表 5.10。

表 5.10 数值函数及其功能

数值函数	功能
ROUND(expression[,n])	将表达式的值以四舍五入的方式保留 n 位小数，若 n 为负数，则表示从小数点开始左边的位数，相应整数数字用 0 填充，小数被去掉。省略 n 默认为 0
TRUNC(expression[,n])	将表达式的值以截断的方式保留 n 位小数，n 的意义同 ROUND
MOD(m,n)	返回 m 除以 n 的余数

Oracle 提供一个公共表 DUAL，该表的所有者为 SYS 用户，但其他所有用户都可以访问，DUAL 表用来查看函数和计算的运行结果。该表只有一列，列名为 DUMMY，结果只有一行，值为 X。在一次仅返回一个值（如常量值、伪列的值或者表达非用户数据表中的值）的时候，使用 DUAL 表查看结果非常方便。下面使用 DUAL 表查看 ROUND 函数、TRUNC 函数和 MOD 函数的运行结果。

```
SELECT ROUND(123.456,2), ROUND(123.456, 0), ROUND(123.456, -1)
FROM DUAL;
```

该语句的执行结果如图 5.35 所示。

	ROUND(123.456,2)	ROUND(123.456,0)	ROUND(123.456,-1)
1	123.46	123	120

图 5.35 ROUND 函数示例

```
SELECT TRUNC(123.456,2), TRUNC(123.456, 0), TRUNC(123.456, -1)
FROM DUAL;
```

该语句的执行结果如图 5.36 所示。

	TRUNC(123.456,2)	TRUNC(123.456,0)	TRUNC(123.456,-1)
1	123.45	123	120

图 5.36 TRUNC 函数示例

```
SELECT MOD(123, 5), MOD(123.5, 5), MOD(123.5, 5.5)
FROM DUAL;
```

该语句的执行结果如图 5.37 所示。

	MOD(123,5)	MOD(123.5,5)	MOD(123.5,5.5)
1	3	3.5	2.5

图 5.37 MOD 函数示例

在 Oracle 中，MOD 函数的两个参数不仅限于正整数，也可以是小数，甚至是负数。其实，在非正整数情况下求余数运算没有实际意义。

3）日期函数

Oracle 在数据库内部是以数字格式存储日期数据的，这种格式支持存储世纪、年、月、日以及时间信息的时、分、秒。Oracle 数据库默认存储和显示的日期格式为 DD-MON-RR(DD 表示 2 个数字的日；MON 表示月份英文单词的前 3 个字母缩写，中文字符集下由月份对应的数字加汉字“月”组成，如 3 月；RR 表示 2 个数字的年份)，可用来存储公元前 4712 年 1 月 1 日到公元 9999 年 12 月 31 日之间的任何日期。

常见的日期函数有获得系统当前日期时间函数 SYSDATE、日期操作函数 MONTHS_BETWEEN、ADD_MONTHS、NEXT_DAY、LAST_DAY、ROUND、TRUNC。日期相关函数用法及其功能见表 5.11。

表 5.11 日期相关函数用法及其功能

日期函数	功能
SYSDATE	获得系统的当前日期和时间
MONTHS_BETWEEN(date1, date2)	返回两个日期 date1 和 date2 之间相差的月数，结果可以为正数，也可以为负数。若 date1 晚于 date2，则结果为正，否则为负
ADD_MONTHS(date,n)	返回指定日期增加月数后的日期，n 必须为一个整数，可以为负数
NEXT_DAY(date,'weekday')	返回指定日期的下一个星期几对应的日期，英文字符集下使用星期几对应英文单词全称，如星期五用 FRIDAY，中文字符集下直接用汉字表示，如星期五。Weekday 也可以用一个 1～7 的数字代替，1 表示星期天
LAST_DAY(date)	返回指定日期所属月份的最后一天的日期
ROUND(date[,'fmt'])	日期按指定格式四舍五入
TRUNC(date[,'fmt'])	日期按指定格式截断

假设 SYSDATE 函数获得当前日期为'23-3 月-15'，则上述日期函数的运算结果见表 5.12。

表 5.12 日期函数示例

函数	运行结果
SYSDATE	'23-3 月-15'
MONTHS_BETWEEN(SYSDATE,'01-1 月-14')	14.7096774
ADD_MONTHS(SYSDATE,3)	'23-6 月-15'
NEXT_DAY(SYSDATE,'星期五') NEXT_DAY(SYSDATE,6)	'27-3 月-15'
LAST_DAY(SYSDATE)	'31-3 月-15'
ROUND(SYSDATE, 'month')	'01-4 月-15'
ROUND(SYSDATE,'year')	'01-1 月-15'
TRUNC(SYSDATE, 'month')	'01-3 月-15'
TRUNC(SYSDATE,'year')	'01-1 月-15'

日期型数据还可以进行算术运算。向一个日期数据加上或减去一个整数会得到一个新日期；两个日期相减可得到两个日期之间的天数，如：

```
SELECT SYSDATE-5 FROM DUAL;        //得到当前日期 5 天前的日期
SELECT SYSDATE+5 FROM DUAL;        //得到当前日期 5 天后的日期
```

在实际数据库查询中，日期的算术运算也会经常用到，如查询编号为 80 的部门至今工作时间超过 10 年的员工的编号、姓氏、入职日期及工资信息，并按入职日期升序排序，可以使用如下语句实现，查询结果如图 5.38 所示。

```
SELECT employee_id, last_name, hire_date, salary
FROM employees
WHERE department_id=80
AND (SYSDATE-hire_date)/365>0
ORDER BY hire_date;
```

	EMPLOYEE_ID	LAST_NAME	HIRE_DATE	SALARY
1	156	King	30-1月 -04	10000
2	157	Sully	04-3月 -04	9500
3	174	Abel	11-5月 -04	11000
4	158	McEwen	01-8月 -04	9000
5	145	Russell	01-10月-04	14000

图 5.38　日期算术运算示例

4）函数嵌套

单行函数可以嵌套，并且可以嵌套任意层。嵌套函数的计算顺序是从最内层到最外层。函数嵌套结构如图 5.39 所示。

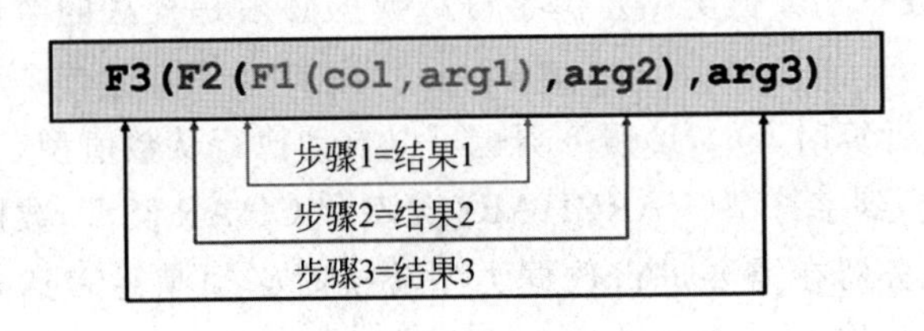

图 5.39　函数嵌套结构

显示部门编号为 60 的员工姓氏以及姓氏的前 4 个字符和"_US"连接所得到的字符串，并转换成大写字母形式。实现该功能的查询语句如下，检索结果如图 5.40 所示。

```
SELECT last_name, UPPER(CONCAT(SUBSTR(last_name, 1, 4), '_US'))
FROM employees
WHERE department_id=60;
```

	LAST_NAME	UPPER(CONCAT(SUBSTR(LAST_NAME,1,4),'_US'))
1	Hunold	HUNO_US
2	Ernst	ERNS_US
3	Austin	AUST_US
4	Pataballa	PATA_US
5	Lorentz	LORE_US

图 5.40　函数嵌套结构

上述查询语句中用到了嵌套函数,根据嵌套函数的运算规则,整个运算分三步:第一步,计算最内层的求子串函数,得 res1=SUBSTR(last_name,1,4);第二步,计算中间层的字符串连接函数,得 res2=CONCAT(res1,'_US');第三步,计算最外层的字符串转换成大写形式的函数,得 UPPER(res2)。由于没有使用列别名,所以查询结果以整个表达式作为列标题显示。

2. 转换函数和条件表达式

前面已经介绍了数字、字符和日期操作的相关函数,在调用相关函数时需要使用指定格式的数据,如果数据格式不正确,将会导致数据类型匹配错误。为了避免这种情况发生,必要时需要对数据进行格式转换。

1) Oracle 数据类型转换

类型转换函数是单行函数,可以用来改变列值、表达式、变量值或常量值的数据类型。Oracle 提供了两种数据类型转换方式:隐式数据类型转换和显式数据类型转换。

隐式数据类型转换也称为自动数据类型转换,是由 Oracle 服务器自动完成的。在表达式中,Oracle 可以自动执行以下转换:字符型(VARCHAR2 类型和 CHAR 类型)转换为数值型(NUMBER 类型)以及字符型(VARCHAR2 类型和 CHAR 类型)转换为日期型(DATE 类型)。

Oracle 服务器可以在表达式中自动执行数据类型转换。例如,表达式 hire_date>'01-1 月-09' 将导致字符串'01-1 月-09' 隐式转换为一个日期;employee_id='101',会将字符串'101'隐式转换为数值型。因此,表达式中的字符型值(VARCHAR2 或 CHAR 值)可以隐式转换为数字或日期数据类型。但字符型数据必须是合法的数值或日期才能进行隐式转换。

同样,在表达式计算时,Oracle 服务器也可以自动执行从数值型(NUMBER 类型)或日期型(DATE 类型)到字符型(VARCHAR2 类型和 CHAR 类型)数据类型的转换。

通常,Oracle 服务器在需要进行数据类型转换时必须满足表达式运算的规则。例如,LENGTH(123)会将 123 隐式转换为字符串"123";LENGTH(SYSDATE)也会将 SYSDATE 函数返回的日期值隐式转换为字符串。

显示数据类型转换也称为强制数据类型转换,是由用户通过类型转换函数,实现数据从一种类型到另一种类型的转换。这些函数返回的值保证了运算需要的数据类型,为转换数据项提供了一种安全可靠的方法。

2) 类型转换函数

Oracle 提供了 3 个类型转换函数:TO_CHAR、TO_NUMBER 和 TO_DATE。使用 TO_CHAR 函数,可以将数值型(NUMBER)数据和日期型(DATE)数据转换为字符型数据;使用 TO_NUMBER 函数,可以将字符型数据转换为数值型数据;TO_DATE 函数用来将字符型(VARCHAR2 类型和 CHAR 类型)数据转换为日期型数据,转换形式如图 5.41 所示。

显示类型转换函数的语法形式见表 5.13。

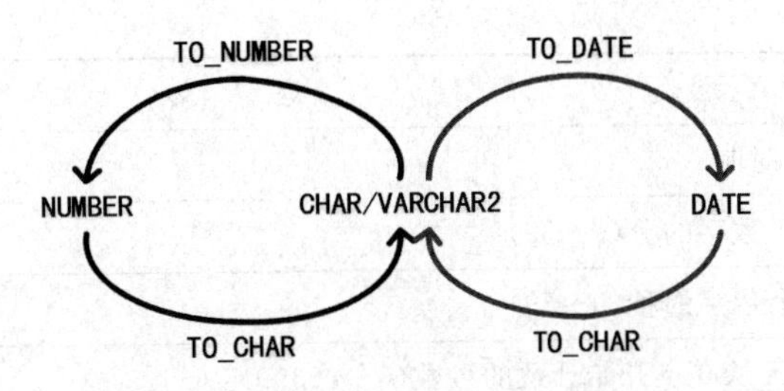

图 5.41 数据类型显式转换示意图

表 5.13 显示类型转换函数的语法形式

函 数	说 明
TO_CHAR(number|date [,fmt [,nlsparams]])	按指定格式 fmt 将数值型和日期型数据转换为字符型
TO_NUMBER(char [,fmt [,nlsparams]])	按指定格式 fmt 将包含数字的字符型值转换为数值型值
TO_DATE(char [,fmt [,nlsparams]])	将一个表示日期的字符型值转换为 fmt 格式的日期型值。若 fmt 省略,则默认格式为 DD-MON-RR

(1) 使用 TO_CHAR 函数将日期型数据转换为字符型数据。

TO_CHAR 函数转换日期数据的一般形式为

```
TO_CHAR(date[,'format_model'])
```

其中,date 是要转换的日期型数据,format_model 是指定转换的格式,转换格式必须用单引号括起来,是区分大小写的,还可以使用前缀修饰符 fm 删除前置的空格和 0,但必须仅包含有效的日期格式元素。常用的日期格式元素及其意义见表 5.14。

表 5.14 常用的日期格式元素及其意义

元 素	意 义
YYYY	4 位数字的年份
YEAR	年份的英文全拼
MM	2 个数字的月份
MONTH	月份的英文全拼(中文字符集下由月份的阿拉伯数字和汉字月组成)
MON	月份 3 个字母的英文缩写(中文字符集下同 MONTH)
DY	3 个字母星期的缩写(中文字符集下为星期 X)
DAY	星期几的英文全拼
DD	2 个数字的日
AM 或者 PM	上下午标志
HH 或 HH12	12 时制

续表

元　素	意　义
HH24	24 时制
MI	2 个数字的分(0～59)
SS	2 个数字的秒(0～59)
SSSSS	当天从 0 点开始计数的秒数(0～86399)
/ . - ,;	可以出现在格式串中的标点符号
"chars"	需要出现在格式串中的其他字符串必须用双引号括起来
TH	出现在数字后面的后缀,表示该数的序数词(如 13 在 DDTH 下表示为 13TH)
SP	出现在数字后面的后缀,表示英文单词拼写出来的数字(如 13 在 DDSP 下表示为 THIRTEEN)
SPTH 或 THSP	出现在数字后面的后缀,表示用英文单词拼写出来的序数词(如 13 在 DDSPTH 下表示为 THIRTEENTH)

假设 SYSDATE 函数获得的当前时间为 2015 年 3 月 23 日 13 时 13 分 10 秒,则使用 TO_CHAR 函数将当前日期转换为字符串的结果见表 5.15。

表 5.15　使用 TO_CHAR 函数转换日期数据的结果示例

函　数	运 行 结 果
TO_CHAR(SYSDATE, 'YYYY-MM-DD')	2015-03-23
TO_CHAR(SYSDATE,'fmYYYY-MM-DD')	2015-3-23
TO_CHAR(SYSDATE,'HH:MI:SS AM')	01:13:10 PM
TO_CHAR(SYSDATE,'DDTH "of" MONTH')	23RD of 3 月
TO_CHAR(SYSDATE,'DAY fmDdspth "of" MON YYYY HH24:MI:SS')	星期一 Twenty-Third of 3 月 2015 13:13:10

查询员工的姓氏及其入职日期,日期显示格式同 2015-3-15,并以 HireDate 为列标题。实现此功能的语句如下,检索结果如图 5.42 所示。

```
SELECT last_name, TO_CHAR(hire_date, 'fmYYYY-MM-DD') AS "HireDate"
FROM employees;
```

	LAST_NAME	HireDate
1	King	2003-6-17
2	Kochhar	2005-9-21
3	De Haan	2001-1-13

图 5.42　使用 TO_CHAR 函数将日期转换为字符串

(2) 使用 TO_CHAR 函数将数值型数据转换为字符型数据。

TO_CHAR 函数转换数值型数据的一般形式如下。

```
TO_CHAR(number[,'format_model'])
```

其中,number 是要转换的数值型数据,format_model 是指定转换的格式,转换格式必须用单引号括起来,实现从 Oracle 的 NUMBER 类型向 VARCHAR2 类型的转换。使用 TO_CHAR 函数将数值型数据转换为字符串,在进行字符串连接操作时意义尤其明显。常用的数值转换格式元素及其意义见表 5.16。

表 5.16 常用的数值转换格式元素及其意义

元素	意　义	示　例	结　果
9	表示一个数字,9 的个数表示显示的宽度	999999	1234
0	强制显示前置 0	099999	001234
$	前置美元符号 $	$999999	$1234
L	前置本地货币符号	L999999	￥1234
.	显示小数点	999999.99	1234.00
,	显示千分位分隔符	999,999	1,234

显示员工姓氏、工作职位、部门编号以及工资,工资前置本地货币符号,小数点后保留 2 位小数。实现此功能的语句如下,检索结果如图 5.43 所示。

```
SELECT last_name, job_id, department_id, to_char(salary,'L99,999.999') salary
FROM employees;
```

	LAST_NAME	JOB_ID	DEPARTMENT_ID	SALARY
1	King	AD_PRES	90	￥24,000.000
2	Kochhar	AD_VP	90	￥17,000.000
3	De Haan	AD_VP	90	￥17,000.000
4	Hunold	IT_PROG	60	￥9,000.000

图 5.43 使用 TO_CHAR 函数将数值转换为字符串

需要注意的是,当 format_model 指定结果小数位数小于 number 本身所包含的小数位数时,会进行四舍五入;当 format_model 指定的整数部分的宽度小于 number 本身所包含的整数部分数字个数时,Oracle 服务器会以#填充整个转换结果。如

```
TO_CHAR(13256.9291, '999999.99')的结果为 13256.93
TO_CHAR(13256.9291, '9999.99999')的结果为##########
```

(3) 使用 TO_NUMBER 函数将字符型数据转换为数值型数据。

TO_NUMBER 函数的一般形式为。

```
TO_NUMBER(char[,'format_model'])
```

其中,char 是要转换的字符型数据,其必须是表示数值型值的字符串,format_model 是指定转换的格式,转换格式必须用单引号括起来。format_model 指定的格式必须匹配 char 字符串所表示的数值格式。format_model 中可以使用的格式元素同表 5.16。

使用 TO_NUMBER 函数转换数值字符串时，format_model 指定的整数位数和小数位数的宽度均要大于或等于 char 本身包含的整数位数和小数位数，否则会报无效数字的错误。如

```
TO_NUMBER('￥1234.932', 'L99999.9999')的结果为 1234.932
TO_NUMBER('1,234.932', '99,999.999')的结果为 1234.932
TO_NUMBER('1234.932', '999999.99')报错
TO_NUMBER('1234.932', '999.9999')报错
```

无效数字错误信息如图 5.44 所示。

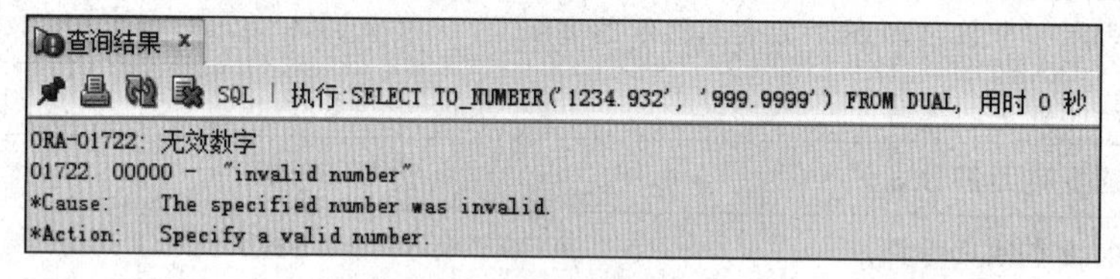

图 5.44 无效数字错误信息

(4) 使用 TO_DATE 函数将字符型数据转换为日期型数据。

TO_DATE 函数的一般形式为

```
TO_DATE(char[,'format_model'])
```

其中，char 是要转换的字符型数据，其必须是表示日期值的字符串，format_model 是指定转换的格式，转换格式必须用单引号括起来。format_model 指定的格式必须匹配 char 字符串表示的日期格式，format_model 中可以使用的格式元素同表 5.14。format_model 可以使用前缀修饰符 fx，要求 char 字符串表示的日期值必须精确匹配 format_model 所指定的格式，甚至连标定符号等分隔符也要相符，并且不能有多余的空格，字符串中的数值型数据的位数也要与 format_model 中的位数一致，否则 Oracle 的服务器就会报错。没有使用前缀修饰符 fx 时，Oracle 服务器会忽略多余的空格和前置 0。

下面两个转换都是正确的。

```
TO_DATE('2015-03-23', 'YYYY-MM-DD')
TO_DATE('2015-3-23', 'YYYY-MM-DD')
```

但下面在格式中使用了前缀修饰符 fx 的转换是错误的，出错信息如图 5.45 所示。

```
TO_DATE('2015-03-23', 'fxYYYY-MM-DD')
```

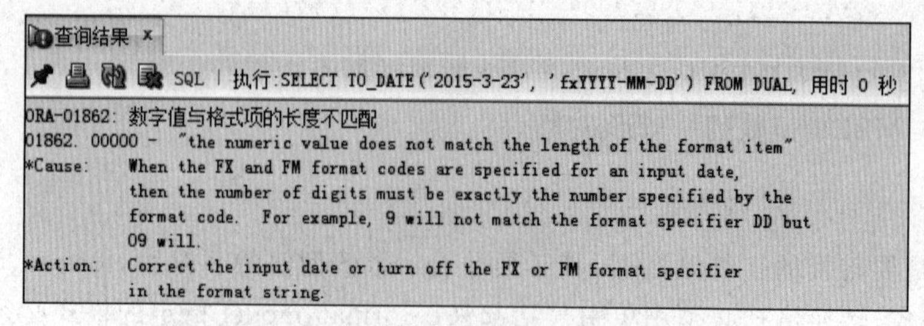

图 5.45 数字值与格式项的长度不匹配

查询入职日期早于2002年1月1日的员工的编号、姓氏、工资及其入职日期，给定检索的日期格式为2002-01-01(YYYY-MM-DD)，显示结果的日期格式为星期X 01/01/93(DAY DD/MM/RR)。实现该功能的查询语句如下，检索结果如图5.46所示。

```
SELECT employee_id, last_name, salary,
       TO_CHAR(hire_date, 'DAY DD/MM/RR') HireDate
FROM employees;
WHERE hire_date<TO_DATE('2002-01-01', 'YYYY-MM-DD');
```

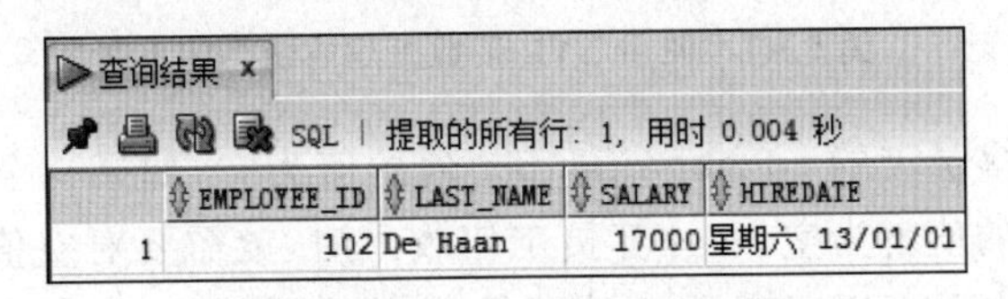

图5.46 使用TO_DATE进行查询

检索结果只有1行，说明2002年1月1日之前入职的员工只有1位。

3) 一般函数

一般函数主要用于对空值的处理，这些函数可以接受任意类型的数据作为输入参数，主要针对空值进行处理。一般函数的形式及功能描述见表5.17。

表5.17 一般函数的形式及功能描述

函数形式	功能描述
NVL(expr1,expr2)	将空值转化为实际值
NVL2(expr1,expr2,expr3)	如果expr1非空，则返回expr2，否则返回expr3
NULLIF(expr1,expr2)	如果expr1和expr2相等，则返回NULL，否则返回expr1
COALESCE(expr1,expr2,…,exprn)	返回参数列表中第一个非空表达式的值

(1) NVL函数。

NVL函数将一个空值转化为具体值。NVL函数的一般形式为

```
NVL(expr1, expr2)
```

其中，expr1是可能包含空值的表达式，expr2是空值转化后的目标值。expr1的值可以为任何类型，但expr2的值类型必须与expr1相同。若expr1不为空值，则函数返回expr1的值；若expr1和expr2都为空值，则函数返回空值。

HR模式下，有些员工的收入就是工资收入，有些员工的年收入除了工资收入外，还有提成，提成是按工资的比例计算的，提成占比在表中以列commission_pct呈现，该值为NULL的员工没有提成。使用NVL函数可以计算员工的年收入。如查询员工的姓氏、工资、提成系数、年收入(工资收入+提成收入(如果提成系数为空，则按0计算)，并以列标题ANSAL显示)。实现该功能的查询语句如下：

```
SELECT last_name, salary, commission_pct,
       salary*12+salary*12*NVL(commission_pct, 0) ANSAL
```

```
FROM employees;
```

检索结果如图 5.47 所示。

	LAST_NAME	SALARY	COMMISSION_PCT	ANSAL
44	Matos	2600	(null)	31200
45	Vargas	2500	(null)	30000
46	Russell	14000	0.4	235200
47	Partners	13500	0.3	210600
48	Errazuriz	12000	0.3	187200

图 5.47　使用 NVL 函数处理空值 NULL

在员工表中,很多员工的 commission_pct 列的值为空,如果一个算术表达式中包含空值,那么该表达式的值就为空,在计算员工年收入时,就需要对空值进行处理。在上例中,根据实际情况,使用 NVL 函数将空值转化为 0。

(2) NVL2 函数。

NVL2 函数是对 NVL 函数功能的扩展,其功能是将一个可能为空值的表达式的值进行转化,该表达式的值为空值时转化为某值,不为空值时转化为另一值。NVL2 函数的一般形式为

```
NVL2(expr1, expr2, expr3)
```

其中,expr1 是可能包含空值的表达式,若 expr1 为空值,则返回 expr3 的值,否则返回 expr2 的值。expr2 和 expr3 是空值转化后的目标值。与 NVL 函数不同,表达式 expr1 的值可以为任何类型,但 expr2 和 expr3 的值类型可以与 expr1 不同。

HR 模式下,有些员工的收入就是工资收入,有些员工的年收入除了工资收入外,还有提成,提成是按工资比例计算的,提成占比在表中以列 commission_pct 呈现,该值为 NULL 的员工没有提成。使用 NVL2 函数显示员工年收入的组成。如查询部门编号为 80,90 的员工的姓氏、工资、提成系数、年收入组成(若提成系数为空,则收入仅有工资收入 SAL,否则收入由工资收入 SAL+提成收入 COMM 组成),并以列标题 INCOME 显示。实现该功能的查询语句如下:

```
SELECT last_name, salary, commission_pct,
       NVL2(commission_pct, 'SAL+COMM', 'SAL') INCOME
FROM employees;
WHERE department_id IN (80, 90);
```

检索结果如图 5.48 所示。

	LAST_NAME	SALARY	COMMISSION_PCT	INCOME
1	King	24000	(null)	SAL
2	Kochhar	17000	(null)	SAL
3	De Haan	17000	(null)	SAL
4	Russell	14000	0.4	SAL+COMM
5	Partners	13500	0.3	SAL+COMM

图 5.48　使用 NVL2 函数处理空值 NULL

在员工表中，commission_pct 为 NUMBER 类型的值，上述查询语句中使用 NVL2 函数检查 commission_pct 列的值是否为 NULL，若不为 NULL，则返回常量字符串'SAL+COMM'；若为 NULL，则返回常量字符串'SAL'。

(3) NULLIF 函数。

NULLIF 函数用来比较两个表达式的值是否相等，从而决定函数是否返回空值 NULL。NULLIF 函数的一般形式为

```
NULLIF(expr1, expr2)
```

其中，expr1 和 expr2 可以是任何类型的表达式，该函数比较 expr1 和 expr2 的值是否相等，若相等，则返回 NULL，否则返回 expr1 的值。表达式 expr1 和 expr2 的值类型可以不同，函数的返回值类型与表达式 expr1 值的类型相同。该函数要求 expr1 的值不能为 NULL。

HR 模式下，在员工表中，员工的姓名包括姓氏(last_name)和名字(first_name)，分别存储在不同的列。请使用 NULLIF 函数，判断员工的名字和姓氏长度是否相等，如果相等，则显示 NULL；如果不相等，则显示名字的长度。在查询中使用实现此功能的语句，显示员工的名字及其长度、姓氏及其长度以及 NULLIF 函数的执行结果(列标题显示为 RESULT)。实现该功能的查询语句如下：

```
SELECT first_name, LENGTH(first_name),
       last_name, LENGTH(last_name),
       NULLIF(LENGTH(first_name), LENGTH(last_name)) RESULT
FROM employees;
```

检索结果如图 5.49 所示。

	FIRST_NAME	LENGTH(FIRST_NAME)	LAST_NAME	LENGTH(LAST_NAME)	RESULT
16	Nanette	7	Cambrault	9	7
17	John	4	Chen	4	(null)
18	Kelly	5	Chung	5	(null)
19	Karen	5	Colmenares	10	5
20	Curtis	6	Davies	6	(null)

图 5.49 在查询语句中使用 NULLIF 函数

(4) COALESCE 函数。

COALESCE 函数针对多个表达式序列进行判断，返回第一个不为 NULL 的值。NULLIF 函数的一般形式为

```
COALESCE(expr1, expr2, …, exprn)
```

其中，expr1、expr2、…、exprn 可以是任何类型的表达式，该函数依次判断各参数表达式的值，遇到第一个非 NULL 值即停止，并返回该值。如果所有表达式的值均为 NULL，则函数最终返回 NULL，即

如果表达式 expr1 的值不为 NULL，则返回 expr1 的值；

如果表达式 expr1 的值为 NULL，且 expr2 的值不为 NULL，则返回 expr2 的值；

…

如果前 $n-1$ 个表达式的值均为 NULL，且 exprn 的值非 NULL，则返回 exprn 的值；

如果 expr1，expr2，…，exprn 的值均为 NULL，则返回 NULL。

COALESCE 函数要求所有参数 expr1，expr2，…，exprn 值的类型都相同。

COALESCE 函数可以用嵌套的 NVL 函数实现，如：

```
COALESCE(expr1, expr2)等价于 NVL(expr1, expr2)
COALESCE(expr1, expr2, expr3)等价于 NVL(expr1, NVL(expr2, expr3))
```

以此类推，可以得到更多参数的 COALESCE 函数用嵌套的 NVL 函数表式。

HR 模式下的员工表中，有的员工(非销售人员)没有提成，有的员工(公司总经理)没有经理，请使用 COALESCE 函数实现如下功能的查询：查询员工的编号、姓氏以及提成或经理编号信息，如果提成为空值，则显示经理编号；如果提成和经理编号均为空值，则显示“NO COMM& NO MANAGER”，那么实现此功能的查询语句能否写出如下形式呢？

```
SELECT employee_id, last_name,
       COALESCE(commission_pct, manager_id, 'NO COMM&NO MANAGER')
FROM employees;
```

执行上述语句时，会弹出如图 5.50 所示的对话框。

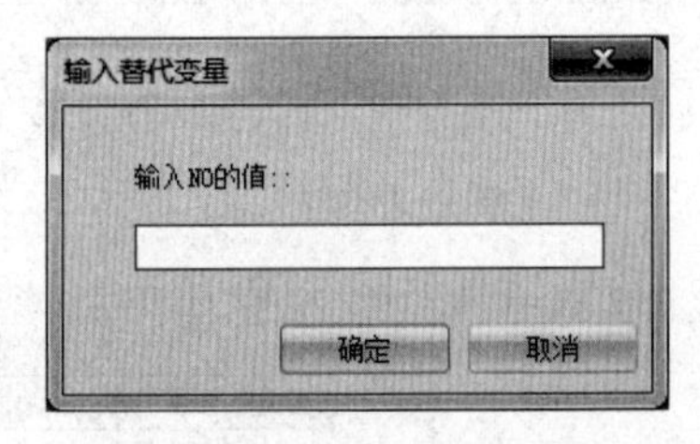

图 5.50　& 被识别为替换变量命令

为什么会出现这种情况呢？也就是说，在执行上述语句的时候，字符串'NO COMM&NO MANAGER'中的 &NO 被 SQL Developer 环境识别为替换变量了。解决办法就是将符号 & 作为一个单独的字符串，然后使用字符串连接运算符(||)将多个字符串连接起来，如'NO COMM'||'&'||'NO MANAGER'。然后执行此语句，提示如图 5.51 所示的信息。

```
查询结果
SQL | 执行:SELECT last_name, commission_pct, manager_id,  COALESCE(commission_pct, manager_id, 'NO COMM'||'&'||'NO MANAGER'  )FROM employees, 用时 0 秒
ORA-00932: 数据类型不一致: 应为 NUMBER, 但却获得 CHAR
00932. 00000 -  "inconsistent datatypes: expected %s got %s"
*Cause:
*Action:
行 2 列 55 出错
```

图 5.51　COALESCE 函数类型不一致错误信息

产生此问题的原因，是上述查询语句中 COALESCE 函数的参数类型不一致造成的，解决办法就是使用类型转换函数将参数转换成相同的类型。将上述语句中的 COALESCE 函数改写为：COALESCE(TO_CHAR(commission_pct)，TO_CHAR(manager_id，'NO COMM“&”NO MANAGER')即可。修改后的查询语句的执行结果如图 5.52 所示。

	LAST_NAME	COMMISSION_PCT	MANAGER_ID	COALESCE(TO_CHAR(COMMISSION_PCT),TO_CHAR(MANAGER_ID),'NOCOMM'||'&'||'NOMANAGER')
1	King	(null)	(null)	NO COMM&NO MANAGER
2	Kochhar	(null)	100	100
3	De Haan	(null)	100	100

图 5.52　在查询语句中使用 COALESCE 函数

4) 条件函数

Oracle SQL 支持 IF-THEN-ELSE 的条件逻辑结构，可以根据满足的条件选择返回的行。Oracle SQL 提供两种方法进行条件处理：CASE 表达式和 DECODE 函数。CASE 表达式是兼容 ANSI SQL 标准的，而 DECODE 函数是专用于 Oracle SQL 的。

(1) CASE 表达式。

CASE 表达式允许数据库管理员(DBA)和数据库开发人员在 SQL 语句中无须调用 Oracle 的存储过程就可实现 IF-THEN-ELSE 逻辑。简单 CASE 表达式的一般形式为。

```
CASE expr WHEN comparison_expr1 THEN return_expr1
      [WHEN comparison_expr2 THEN return_expr2
      …
      WHEN comparison_exprn THEN return_exprn
      ELSE else_expr]
END
```

其中，expr 是搜索的条件，WHEN…THEN …是用来等值比较并判断是否返回的执行分支，多个分支中只有一个分支被执行。Oracle 服务器依次比较表达式 comparison_expr 与搜索条件 expr，遇到第一个相等的比较表达式 comparison_expr 时，返回其后的表达式 return_expr 的值；若所有比较表达式的值均不低于搜索条件的值，则执行 ELSE 分支，返回表达式 else_expr 的值；若所有比较表达式的值均不低于搜索条件的值，且缺省了 ELSE 分支，则返回空值 NULL。

CASE 表达式要求表达式 expr、comparison_expr 和 return_expr 值的类型必须相同。

Oracle 的 SQL 语句中可以使用 CASE 表达式，如某月发工资时，对工作职位为程序员的多发 10%，对工作职位为仓库管理员的多发 15%，对工作职位为销售代表的多发 20%，通过使用 CASE 表达式，查询本月员工的编号、姓氏、工作职位、工资以及应发工资(列标题显示为"PaidSal")。实现该功能的查询语句如下。

```
SELECT employee_id, last_name, job_id, salary,
       CASE job_id WHEN 'IT_PROG' THEN 1.1 * salary
                   WHEN 'ST_CLERK' THEN 1.15 * salary
                   WHEN 'SA_REP' THEN 1.2 * salary
                   ELSE salary
       END "PaidSal"
FROM employees;
```

检索结果如图 5.53 所示。

	EMPLOYEE_ID	LAST_NAME	JOB_ID	SALARY	PaidSal
1	100	King	AD_PRES	24000	24000
2	101	Kochhar	AD_VP	17000	17000
3	102	De Haan	AD_VP	17000	17000
4	103	Hunold	IT_PROG	9000	9900
5	104	Ernst	IT_PROG	6000	6600

图 5.53 在查询语句中使用 CASE 表达式

在简单 CASE 表达式中，条件搜索比较简单，均为等值比较。还有一种支持任意条件搜索的 CASE 表达式，其一般形式如下。

```
CASE WHEN condition_expr1 THEN return_expr1
     [WHEN condition_expr2 THEN return_expr2
     …
     WHEN condition_exprn THEN return_exprn
     ELSE else_expr]
END
```

Oracle 服务器对上述 CASE 表达式的搜索方式同简单 CASE 表达式。依次判断搜索条件 condition_expr，直到遇到第一个为真的搜索条件为止，并返回其后表达式 return_expr 的值；若所有 condition_expr 的条件均不满足，此时若有 ELSE 分支，则返回 ELSE 后表达式 else_expr 的值，若不存在 ELSE 分支，则返回空值 NULL。

如查询员工的编号、姓氏、工资、工作职位以及工资级别(若工资低于 8000 元，则显示 Low，否则若低于 15000，则显示 Medium，否则显示 High，并将列标题显示为 SalLevel)，实现此功能的查询语句为

```
SELECT employee_id, last_name, job_id, salary,
       CASE  WHEN salary<8000 THEN 'Low'
             WHEN salary<15000 THEN 'Medium'
             ELSE 'High'
       END "SalLevel"
FROM employees;
```

检索结果如图 5.54 所示。

	EMPLOYEE_ID	LAST_NAME	JOB_ID	SALARY	SalLevel
1	100	King	AD_PRES	24000	High
2	101	Kochhar	AD_VP	17000	High
3	102	De Haan	AD_VP	17000	High
4	103	Hunold	IT_PROG	9000	Medium
5	104	Ernst	IT_PROG	6000	Low

图 5.54 在查询语句中使用 CASE 表达式

(2) DECODE 函数。

DECODE 函数在 Oracle SQL 中也支持 IF-THEN-ELSE 逻辑，是 CASE 表达式的简化形式。DECODE 函数不是 ANSI SQL 的标准函数，是 Oracle 的专用函数。

DECODE 函数的一般形式如下：

```
DECODE(col|expression, search1, result1
        [, search2, result2,…,]
        [, default])
```

DECODE 函数形式比 CASE 表达式简单得多，省去了 WHEN、THEN、ELSE 和 END 关键字，形式简洁，使用方便，条件搜索的匹配策略同 CASE 表达式一致。

图 5.51 实现的查询结果，同样可以使用 DECODE 函数实现。

```
SELECT employee_id, last_name, job_id, salary,
DECODE(job_id, 'IT_PROG', 1.1 * salary,
            'ST_CLERK', 1.15 * salary,
            'SA_REP', 1.2 * salary,
            salary) "PaidSal"
FROM employees;
```

3. 组函数

组函数与单行函数不同。组函数作用于多行所构成的分组上，每一组返回一个结果。这些组构成整张表（整个查询结果集），或者说将整张表（整个查询结果集）分成了多个组。组函数仅接受一个参数，仅可以出现在查询语句的 SELECT 子句中，但每个 SELECT 子句可以使用多个组函数。组函数使用的一般形式如下：

```
SELECT group_function([DISTINCT|ALL]column|expr), …
FROM table
[WHERE condition(s)][ORDER BY …]
```

其中，DISTINCT 关键字使得组函数仅考虑非重复值；关键字 ALL 考虑所有的值，包括重复值，是默认选项，以及在没有指定 DISTINCT 或 ALL 的时候，默认为 ALL；组函数参数 column 或 expr 的类型可以是 CHAR、VARCHAR2、NUMBER 或 DATE；所有的组函数均忽略空值 NULL，必要的时候可以使用函数 NVL、NVL2、COALESCE、CASE 或 DECODE 对空值进行处理。

1) Oracle 的常用组函数

Oracle 的常用组函数及功能描述见表 5.18。

表 5.18 Oracle 的常用组函数及功能描述

组 函 数	功 能 描 述
AVG([DISTINCT|ALL]expr)	计算所有 expr 值的平均值，忽略空值
COUNT(*|[DISTINCT|ALL]expr)	统计查询影响的行数，使用表达式 expr 仅统计非空值的行数。指定使用*，则统计所有行，包括重复行和空值行
MAX([DISTINCT|ALL]expr)	得到 expr 所有值的最大值，忽略空值
MIN([DISTINCT|ALL]expr)	得到 expr 所有值的最小值，忽略空值

续表

组 函 数	功能描述
SUM([DISTINCT|ALL]expr)	得到expr所有值的和,忽略空值
STDDEV([DISTINCT|ALL]expr)	得到expr所有值的标准差,忽略空值
VARIANCE([DISTINCT|ALL]expr)	得到expr所有值的方差,忽略空值
LISTAGG([DISTINCT|ALL]expr)	

(1) 使用组函数AVG、MAX、MIN、SUM处理数据。

组函数AVG、SUM、MAX、MIN可用于处理数值型数据,如查询所有销售代表(SA_REP)的平均工资、最高工资、最低工资和总工资,可以使用如下的查询语句。

```
SELECT AVG(salary), MAX(salary), MIN(salary), SUM(salary)
FROM employees;
WHERE job_id='SA_REP';
```

检索结果如图5.55所示。

	AVG(SALARY)	MAX(SALARY)	MIN(SALARY)	SUM(SALARY)
1	8350	11500	6100	250500

图5.55 使用组函数AVG、MAX、MIN和SUM处理数值型数据

(2) 使用组函数MAX、MIN处理数据。

组函数MAX、MIN除了可以处理数值型数据外,还可以用于处理字符型和日期型数据。如查询员工的最早入职日期和最晚入职日期,可以使用如下的查询语句。

```
SELECT MIN(hire_date), MAX(hire_date)
FROM employees;
```

检索结果如图5.56所示。

	MIN(HIRE_DATE)	MAX(HIRE_DATE)
1	13-1月 -01	21-4月 -08

图5.56 使用组函数MAX和MIN处理日期型数据

查询按字母顺序排列的员工姓氏的最小值和最大值的语句如下。

```
SELECT MIN(last_name), MAX(last_name)
FROM employee;
```

检索结果如图5.57所示。

	MIN(LAST_NAME)	MAX(LAST_NAME)
1	Abel	Zlotkey

图5.57 使用组函数MAX和MIN处理字符型数据

(3) 使用 COUNT 函数统计查询影响的行数。

COUNT 函数用于统计查询影响的行数,主要有 3 种用法:COUNT(*)、COUNT(column|expr)以及 COUNT(DISTINCT column|expr),分别用于统计包含重复值和空值的行数、非空值的行数、非空值且不包含重复值的行数。如查询所有员工数、提成系数非空值的员工数、提成系数不为空且提成系数互不相同的数目,可以使用如下的查询语句。

```
SELECT COUNT(*), COUNT(commission_pct),
       COUNT(DISTINCT commission_pct)
FROM employees;
```

检索结果如图 5.58 所示。

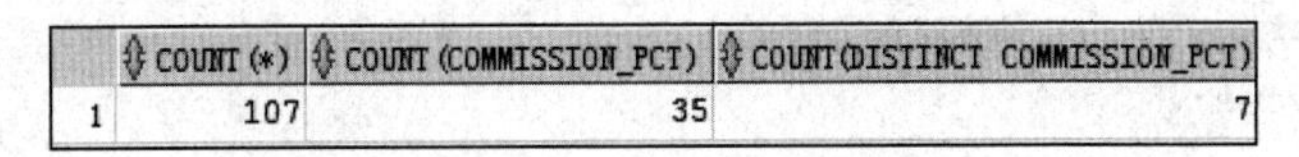

	COUNT(*)	COUNT(COMMISSION_PCT)	COUNT(DISTINCT COMMISSION_PCT)
1	107	35	7

图 5.58 使用 COUNT 函数统计行数

(4) 组函数中对空值的处理。

Oracle 的所有组函数都是忽略空值的,可以显示使用空值处理的函数对空值进行处理。如查询所有员工的平均提成系数,查询语句及结果如图 5.59 所示。

```
SELECT ROUND(AVG(commission_pct), 2),
       ROUND(AVG(NVL(commission_pct, 0)), 2)
FROM employees;
```

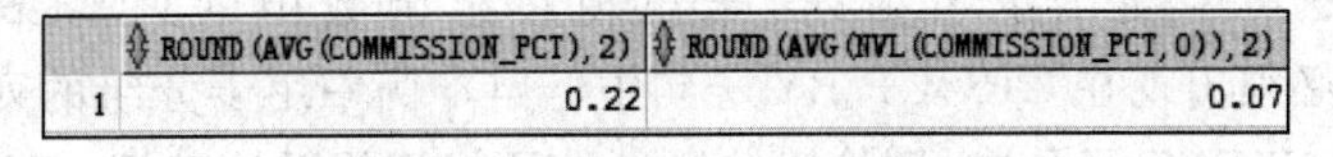

	ROUND(AVG(COMMISSION_PCT),2)	ROUND(AVG(NVL(COMMISSION_PCT,0)),2)
1	0.22	0.07

图 5.59 组函数中对空值的处理

AVG(commission_pct)统计的是非空值的所有员工提成系数的平均值,而 AVG(NVL(commission_pct,0))统计的是所有员工的提成系数的平均值,若提成系数为空值,则先强制转换成 0。

2) 使用 GROUP 子句进行数据汇聚

所有的组函数都可以将整张表作为一个分组处理,同时也可以将一张表分成多个分组,并对每个分组中的数据使用相同的组函数进行处理,这时就需要用到 GROUP BY 子句。使用 GROUP 子句对数据分组的一般形式为

```
SELECT column, group_function(column)
FROM table
[WHERE condition(s)]
[GROUP BY group_by_expression]
[ORDER BY column];
```

其中,GROUP BY 子句用于将表中的数据划分成多个分组,组函数对每个分组返回

汇总信息;分组表达式 group_by_expression 指定的列决定了分组的结果;SELECT 子句列表中所有未包含在组函数中的列都应该包含在 GROUP BY 子句中;但包含在 GROUP BY 子句中的列可以不出现在 SELECT 子句中;GROUP BY 子句中可以包含多个列,数据将在最后的列所确定的分组上进行汇总;如果分组列中具有 NULL 值,则 NULL 将作为一个分组返回(如果列中有多行 NULL 值,它们将被分为一组);如果有 WHERE 子句,则 WHERE 子句必须出现在 GROUP BY 子句的前面,WHERE 子句用于在分组前排除表中的行;如果有 ORDER BY 子句,ORDER BY 子句必须出现在语句的最后。

如查询每个部门的平均工资,显示部门编号及所在部门的平均工资,下面的查询语句可实现此功能。

```
SELECT department_id, AVG(salary)
FROM employees;
GROUP BY department_id;
```

分组结果如图 5.60 所示。

	DEPARTMENT_ID	AVG(SALARY)
1	100	8601.3333333333333333333333333333333333
2	30	4150
3	(null)	7000
4	90	19333.333333333333333333333333333333333

图 5.60 分组汇总部门平均工资

SELECT 子句中使用了单独列(未出现在组函数中的列)department_id,则 department_id 必须出现在 GROUP BY 子句中。但本例中用于分组的列 department_id 可以不出现在 SELECT 子句中,则检索结果仅显示部门的平均工资,而不显示与之相对应的部门编号。由于 ORDER BY 子句必须放在查询语句的最后,所以要对本例分组汇总的数据按照部门平均工资升序排序,只在本例的查询语句最后添加子句 ORDER BY AVG(salary)即可。

在很多情况下,需要在组内再一次进行分组,此时需要在 GROUP BY 子句中使用多个列,并按从左到右的顺序依次细分。

如员工表中,同一部门内部有不同的工作职位,在按部门分组的基础上,可以再次按照工作职位进行细分。如查询各部门、各工作职位的平均工资、最高工资以及最低工资,可使用下面的查询语句实现此功能。

```
SELECT department_id, job_id, AVG(salary), MAX(salary), MIN(salary)
FROM employees;
GROUP BY department_id, job_id
ORDER BY department_id;
```

分组结果如图 5.61 所示。

	DEPARTMENT_ID	JOB_ID	AVG(SALARY)	MAX(SALARY)	MIN(SALARY)
8	50	ST_CLERK	2785	3600	2100
9	50	ST_MAN	7280	8200	5800
10	60	IT_PROG	5760	9000	4200
11	70	PR_REP	10000	10000	10000
12	80	SA_MAN	12200	14000	10500
13	80	SA_REP	8396.551724137931034482758620689655172414	11500	6100

图 5.61 分组汇总部门、各工作职位的平均工资、最高工资和最低工资

3）使用 HAVING 子句限定分组

不能使用 WHERE 子句对分组数据进行限定，如查询平均工资大于 10000 的部门编号及部门平均工资。由于 GROUP 子句要放在 WHERE 子句的后面，那么能否使用如下的查询语句实现查询功能呢？

```
SELECT department_id, AVG(salary)
FROM employees;
WHERE AVG(salary)>10000
GROUP BY department_id;
```

执行此语句，出现如图 5.62 所示的错误信息。

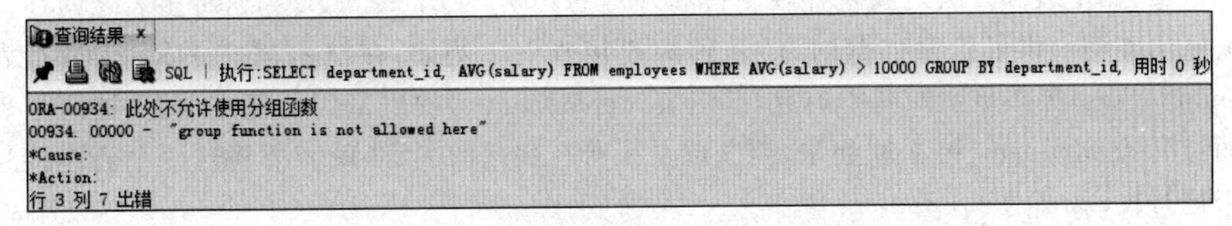

图 5.62 不能使用 WHERE 子句限定分组

也就是在 WHERE 子句中不能使用组函数，即不能通过 WHERE 子句限定分组。Oracle SQL 提供 HAVING 子句对分组结果进行限定，HAVING 子句要放在 GROUP BY 子句的后面。那么，实现上述功能的查询语句就可以修改为

```
SELECT department_id, AVG(salary)
FROM employees;
GROUP BY department_id
HAVING AVG(salary)>10000;
```

检索结果如图 5.63 所示。

	DEPARTMENT_ID	AVG(SALARY)
1	90	19333.333333333333333333333333333333333
2	110	10154

图 5.63 使用 HAVING 子句限定分组

如果需要对分组数据进行排序，ORDER BY 子句要放在 HAVING 子句的后面。

4）组函数的嵌套

组函数可以嵌套，如查询部门平均工资的最大值，这时就需要用到组函数的嵌套。实现该功能的查询语句如下。

```
SELECT MAX(AVG(salary))
FROM employees;
GROUP BY department_id;
```

检索结果如图 5.64 所示。

	MAX(AVG(SALARY))
1	19333.3333333333333333333333333333333

图 5.64 组函数嵌套

使用组函数嵌套调用时，GROUP BY 子句是必需的，不可缺省。

5.2.4 多表查询

数据库的查询操作往往并不针对一个表进行。实际上，数据库实例模式下的各个表之间可能存在某些内在联系，通过这些联系，可以为应用程序提供一些涉及多个表的复杂信息，如主表和外表之间就存在主键和外键的关联。Oracle SQL 为这种多表之间存在关联的查询提供了检索数据的方法，称为连接查询。例如，在演示模式 HR 下，员工表(employees)提供员工的基本信息，部门表(departments)提供部门的基本信息，这两个表通过列 department_id 关联起来，要获取员工所在部门的名称，就需要将这两个表连接起来进行查询。

1. 连接的类型

根据连接满足的条件，连接主要分为等值连接、不等连接、外连接和交叉连接 4 类。连接查询的一般语法格式如下。

```
SELECT table1.column, table2.column, …
FROM table1
[NATURAL JOIN table2] |
[JOIN table2 USING (column_name)] |
[JOIN table2 ON (table1.column_name=table2.column_name)]|
[LEFT|RIGHT|FULL [OUTER] JOIN table2
   ON(table1.column_name=table2.column_name)]|
[CROSS JOIN table2];
```

其中，table1.column 表示检索的数据来自的表和列，在涉及连接的表中具有唯一名称的列，Oracle 可以明确地确定数据来源于哪张表，但如果连接的两个或多个表可能会出现同名的列，如员工表和部门表都存在名为 department_id 和 manager_id 的列，在 Oracle 不能确定它们的来源时，在列名前加表名作前缀，可以明确检索数据来自的表。

NATURAL JOIN 用于连接具有相同列名的两个表；JOIN table2 USING column_

name 使用指定的列进行两个表的等值连接;JOIN table2 ON table1. column_name = table2. column_name 基于 ON 子句中的条件进行等值连接;LEFT/RIGHT/FULL OUTER JOIN 执行外连接;CROSS JOIN 执行交叉连接,返回两个表的笛卡儿积。

2. 等值连接

等值连接基于连接的两个表中值相等的两个或多个列。一般情况下,等值连接的两个表往往分别包含主键和外键,通常把这种类型的连接称作等值连接,也称作简单连接或内连接。

1) 自然连接

自然连接(NATURAL JOIN)是通过使用两个表具有的相同名称的列所进行的连接查询。自然连接的一般格式如下。

```
SELECT table1.column, table2.column, …
FROM table1
NATURAL JOIN table2;
```

自然连接需确定在两个表之间具有相同名称的列,并且这些列具有相同的数据类型,并使用所有这些列隐式连接两个表,如果数据类型不同,则 Oracle 服务器会返回错误信息。

如果使用自然连接的两个表具有多个相同名称的列,则这多个相同名称的列值均要匹配(列名及数据类型)。如员工表和部门表有两个相同名称的列 department_id 和 manager_id,若要使用 NATURAL JOIN 自然连接这两个表,显示员工编号、姓氏、经理编号和部门名称,则同时匹配 department_id 和 manager_id 的值,只有两个表这两个相同名称、相同类型的列的值都完全一样,才会出现在结果集中,实现此功能的语句如下。

```
SELECT employee_id, last_name, manager_id, department_name
FROM employees;
NATURAL JOIN departments;
```

检索结果如图 5.65 所示。

SQL | 提取的所有行: 32, 用时 0.012 秒

	EMPLOYEE_ID	LAST_NAME	MANAGER_ID	DEPARTMENT_NAME
1	101	Kochhar	100	Executive
2	102	De Haan	100	Executive
3	104	Ernst	103	IT
4	105	Austin	103	IT

图 5.65 自然连接

如果使用自然连接的两个表不具有相同名称的列,则执行两个表的交叉连接,返回两个表的笛卡儿积。

可以使用自然连接实现多表连接查询,如部门表、地址表和国家表。如查询部门编号、部门名称、详细地址及所在国家名称,就可以使用 NATURAL JOIN 进行 3 个表的自

然连接,查询语句如下。

```
SELECT department_id, department_name,
       street_address,country_name
FROM departments;
NATURAL JOIN locations
NATURAL JOIN countries;
```

检索结果如图 5.66 所示。

SQL | 提取的所有行: 27, 用时 0.009 秒

	DEPARTMENT_ID	DEPARTMENT_NAME	STREET_ADDRESS	COUNTRY_NAME
1	60	IT	2014 Jabberwocky Rd	United States of America
2	50	Shipping	2011 Interiors Blvd	United States of America
3	10	Administration	2004 Charade Rd	United States of America
4	30	Purchasing	2004 Charade Rd	United States of America
5	90	Executive	2004 Charade Rd	United States of America

图 5.66 使用 NATURAL JOIN 进行三方连接

自然连接中可以使用 WHERE 子句限定连接查询返回的行数,如上面的三方连接,可以仅显示部门编号为 50 和 80 的结果信息,只在上述查询语句的最后添加子句 WHERE department_id IN (50,80)即可,检索结果如图 5.67 所示。

SQL | 提取的所有行: 2, 用时 0.003 秒

	DEPARTMENT_ID	DEPARTMENT_NAME	STREET_ADDRESS	COUNTRY_NAME
1	50	Shipping	2011 Interiors Blvd	United States of America
2	80	Sales	Magdalen Centre, The Oxford Science Park	United Kingdom

图 5.67 使用 WHERE 子句限制 NATURAL JOIN 返回的行

2) 使用 USING 子句进行连接

如果连接的表中具有多个相同名字但数据类型不同的列,使用 NATURAL JOIN 时,Oracle 服务器会返回错误信息。有多个列匹配时,可以使用 USING 子句指定其中一列或多列进行等值连接。USING 子句和 NATURAL JOIN 是互斥的,二者不能同时使用。使用 USING 子句进行连接的一般形式为

```
SELECT table1.column, table2.column, …
FROM table1
JOIN table2 USING (join_column1, join_column2, …);
```

如员工表和部门表中有两个名称和数据类型都相同的列 department_id 和 manager_id,在进行连接时,可以使用 USING 子句指定使用列 department_id。如:

```
SELECT employee_id, last_name, department_id, department_name
FROM employees;
JOIN departments USING (department_id);
```

检索结果如图 5.68 所示。

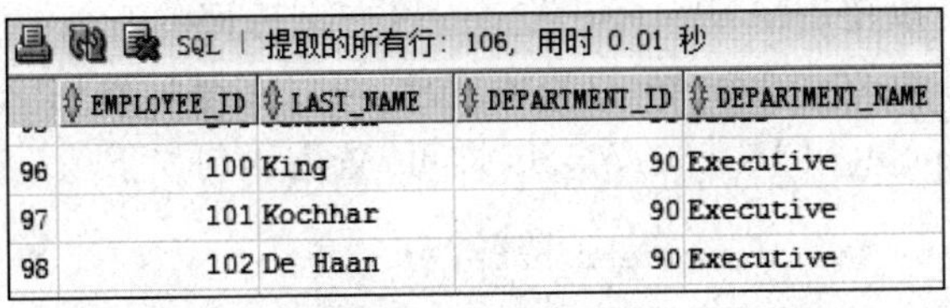

SQL | 提取的所有行: 106, 用时 0.01 秒

	EMPLOYEE_ID	LAST_NAME	DEPARTMENT_ID	DEPARTMENT_NAME
96	100	King	90	Executive
97	101	Kochhar	90	Executive
98	102	De Haan	90	Executive

图 5.68 使用 USING 子句进行连接查询

NATURAL JOIN 使用所有列名和数据类型都匹配的列，而 USING 子句仅指定需要使用的列，查询仅返回值在连接的表中所匹配的列上都相等的行。与 NATURAL JOIN 相同，JOIN…USING 子句也可以使用 WHERE 子句限定连接查询返回的行数。

3）使用 ON 子句实现等值连接

NATURAL JOIN 和 JOIN…USING 实现的等值连接都是基于所连接的两个表具有同名、同类型的两个或多个列。JOIN…ON 子句可以显示指定连接列，而无须考虑列名是什么。使用 ON 子句实现等值连接也是最灵活、最常用的形式。同样，ON 子句和 NATURAL JOIN 是互斥的，二者不能同时使用。使用 ON 子句进行连接的一般形式为

```
SELECT table1.column, table2.column, …
FROM table1JOIN table2
ON (table1.column=table2.column);
```

与 NATURAL JOIN 和 JOIN…USING 不同，使用 JOIN…ON 进行连接查询时，ON 子句中的列名如果相同，且该列名出现在 SELECT 子句的列表中，则该列必须有列名作前缀限定数据来自哪个表。但在 NATURAL JOIN 和 JOIN…USING 子句实现的连接查询中，若连接的列名出现在 SELECT 子句的列表中，则该列不能使用表名限定，否则 Oracle 服务器会分别返回错误信息："ORA-25155: NATURAL 连接中使用的列不能有限定词"或"ORA-25154: USING 子句的列部分不能有限定词"。

与图 5.68 中检索结果相同的查询，可以使用 JOIN…ON 子句实现，查询语句如下。

```
SELECT employee_id, last_name, d.department_id, department_name
FROM employees e JOIN departments d
ON (e.department_id=d.department_id);
```

也可以使用 JOIN…ON 子句实现三方连接查询，图 5.66 中的查询结果可以使用如下语句实现。

```
SELECT department_id, department_name,
  street_address, country_name
FROM departments d
JOIN locations l ON (d.location_id=l.location_id)
JOIN countries c ON (l.country_id=c.country_id);
```

与 NATURAL JOIN 和 JOIN…USING 相同，JOIN…ON 子句也可以使用 WHERE 子句限定连接查询返回的行数。与 NATURAL JOIN 和 JOIN…USING 不同的是，

JOIN…ON 子句还可以使用 AND 子句限定连接查询返回的行数。如上述的三方查询，要求仅返回部门编号为 60,70 和 80 的相关信息，可以在最后使用 AND 子句限定，只添加子句 AND department_id IN (60,70,80)即可，查询语句如下。

```
SELECT department_id, department_name,
  street_address, country_name
FROM departments d
JOIN locations l ON (d.location_id=l.location_id)
JOIN countries c ON (l.country_id=c.country_id)
AND department_id IN (60, 70, 80);
```

检索结果如图 5.69 所示。

SQL | 提取的所有行：106，用时 0.01 秒

	EMPLOYEE_ID	LAST_NAME	DEPARTMENT_ID	DEPARTMENT_NAME
96	100	King	90	Executive
97	101	Kochhar	90	Executive
98	102	De Haan	90	Executive

图 5.69 在 JOIN…ON 连接中使用 AND 子句限定结果行数

这里的关键字 AND 也可以改成 WHERE，但使用 AND 更易于理解。

4) 自连接

进行连接查询时，有时需要连接的另一个表仍然是该表自身，通常把这种连接查询称作自连接(Self-join)。例如，在 HR 模式下，查询员工的经理的信息，而经理仍然是一名员工，此时就需要进行自连接查询，通常使用 JOIN…ON 子句实现自连接。显示员工编号、员工姓名、经理编号、经理姓名，列标题分别显示为 EMPID、EMPNAME、MGRID、MGRNAME，实现该功能的查询语句如下。

```
SELECT e.employee_id empid, e.last_name empname,
       e.manager_id mgrid, m.last_name mgrname
FROM employees e JOIN employees m
ON (e.manager_id=m.employee_id);
```

检索结果如图 5.70 所示。

SQL | 提取的所有行：106，用时 0.028 秒

	EMPID	EMPNAME	MGRID	MGRNAME
5	169	Bloom	148	Cambrault
6	168	Ozer	148	Cambrault
7	103	Hunold	102	De Haan
8	167	Banda	147	Errazuriz

图 5.70 使用 JOIN…ON 子句实现自连接

3. 不等连接

不等连接基于不等表达式匹配所连接表中的列值，若连接中使用的表达式结果为

TRUE,则返回该行结果。Oracle SQL 使用 JOIN…ON 子句实现不等连接,语法形式如下。

```
SELECT table1.column, table2.column, …
FROM table1 JOIN table2
ON (nonequi_expression);
```

其中,nonequi_expression 表示不等表达式,可以是由不等于运算符(>,>=,<,<=,!=)或 BETWEEN…AND …以及集合运算符 IN 等构成的表达式。

今在 HR 模式下,新增一张工作级别表 JOB_GRADES,该表包含 3 列:工资级别(SAL_LEVEL,CHAR)、级别最低工资(LOWEST_SAL,NUMBER)和级别最高工资(HIGHEST_SAL,NUMBER)。JOB_GRADES 表中的数据如图 5.71 所示。

查询员工的工资级别,显示员工编号、姓氏、工资及其工资等级的语句如下。

```
SELECT e.employee_id, e.last_name, e.salary, j.sal_level
FROM employees e JOIN job_grades j
ON e.salary BETWEEN j.lowest_sal AND j.highest_sal;
```

检索结果如图 5.72 所示。

	SAL_LEVEL	LOWEST_SAL	HIGHEST_SAL
1	A	2000	3999
2	B	4000	7999
3	C	8000	14999
4	D	15000	24999
5	E	25000	50000

图 5.71 JOB_GRADES 表中的数据

SQL | 提取的所有行: 107, 用时 0.024 秒

	EMPLOYEE_ID	LAST_NAME	SALARY	SAL_LEVEL
40	189	Dilly	3600	A
41	188	Chung	3800	A
42	193	Everett	3900	A
43	192	Bell	4000	B

图 5.72 不等连接示例

4. 外连接

等值连接基于连接的两个表中存在两个或多个值相等的列,不等连接基于不等表达式连接两个表。连接返回的都是值相等或满足不等条件的行,很多时候也需要返回不匹配的行,这时就需要使用外连接。Oracle SQL 提供了 3 种类型的外连接,分别称为左连接、右连接和全连接。外连接的一般形式为

```
SELECT table1.column, table2.column, …
FROM table1
[LEFT|RIGHT|FULL [OUTER] JOIN table2
ON (table1.column_name=table2.column_name)]
```

其中,关键字 LEFT 表示左连接,RIGHT 表示右连接,FULL 表示全连接,OUTER 关键字可以缺省。

如查询员工及其所在部门信息,显示员工编号、姓氏、部门名称,没有分配部门的员工也要显示,此时就可以使用左连接进行查询,实现语句如下。

```
SELECT employee_id, last_name, d.department_id, department_name
FROM employees e
LEFT JOIN departments d
ON e.department_id=d.department_id;
```

检索结果如图 5.73 所示，没有分配部门的员工 Grant 也在返回结果中。

SQL | 提取的所有行: 107, 用时 0.018 秒

	EMPLOYEE_ID	LAST_NAME	DEPARTMENT_ID	DEPARTMENT_NAME
100	112	Urman	100	Finance
101	111	Sciarra	100	Finance
102	110	Chen	100	Finance
103	109	Faviet	100	Finance
104	108	Greenberg	100	Finance
105	206	Gietz	110	Accounting
106	205	Higgins	110	Accounting
107	178	Grant	(null)	(null)

图 5.73　左连接示例

类似于上述查询，要求不显示尚未分配部门的员工，但显示没有任何员工的部门，此时可以使用右连接进行查询。

```
SELECT employee_id, last_name, d.department_id, department_name
FROM employees e
RIGHT JOIN departments d
ON e.department_id=d.department_id;
```

检索结果如图 5.74 所示，没有任何员工多个部门也在返回结果中。

SQL | 提取的所有行: 122, 用时 0.021 秒

	EMPLOYEE_ID	LAST_NAME	DEPARTMENT_ID	DEPARTMENT_NAME
106	206	Gietz	110	Accounting
107	(null)	(null)	120	Treasury
108	(null)	(null)	130	Corporate Tax
109	(null)	(null)	140	Control And ...
110	(null)	(null)	150	Shareholder ...

图 5.74　右连接示例

类对于上述查询，若既要显示未分配部门的员工，又要显示没有任何员工的部门，则可以使用全连接进行查询。

```
SELECT employee_id, last_name, d.department_id, department_name
FROM employees e
FULL JOIN departments d
ON e.department_id=d.department_id;
```

检索结果如图 5.75 所示，没有任何员工的部门也在返回结果中。

SQL | 提取的所有行: 123, 用时 0.015 秒

	EMPLOYEE_ID	LAST_NAME	DEPARTMENT_ID	DEPARTMENT_NAME
116	(null)	(null)	210	IT Support
117	(null)	(null)	220	NOC
118	(null)	(null)	230	IT Helpdesk
119	(null)	(null)	240	Government S...
120	(null)	(null)	250	Retail Sales
121	(null)	(null)	260	Recruiting
122	(null)	(null)	270	Payroll
123	178	Grant	(null)	(null)

图 5.75 全连接示例

5. 交叉连接

等值连接、不等连接以及外连接其实都是基于条件的连接查询，交叉连接没有任何连接条件，第一个表的每一行都要与第二个表的所有行进行连接，返回的是两个表的笛卡儿积。交叉连接的一般形式为

```
SELECT table1.column, table2.column, …
FROM table1
CROSS JOIN table2;
```

如员工表中有 107 行，部门表有 27 行，则员工表和部门表的交叉连接返回 2889 行。

5.2.5 子查询

执行一个查询时，需要使用另一个查询的结果，如需要查询比 Russell 工资高的员工有哪些？要解决这个问题，需要进行两次查询，首先要查询出 Russell 的工资，然后再查询比这个值高的员工的信息。具体解决这个问题时，需要把这两个查询结合起来，把其中一个查询放在另一个查询的内部。外部查询使用内部查询的结果，外部查询也称作主查询，内部查询称作子查询。子查询先于主查询进行，主查询使用子查询的结果。

子查询嵌入主查询的子句中，通过使用简单的子查询可以实现功能强大的复杂报表。当需要检索的数据依赖于表本身的数据作为条件时，子查询的意义就非常明确了。子查询可以出现在 SQL 语句的 WHERE 子句、HAVING 子句以及 FROM 子句中。

子查询的一般形式为

```
SELECT select_list
FROM table
WHERE expr operator
                    (SELECT select_list
                     FROM table);
```

其中，operator 主要是比较运算符。比较运算符分为两类：单行运算符（=，＞，＞=，＜，＜=，!=）和多行运算符（IN，ANY，ALL，EXISTS）。使用单行运算符的子查

询称作单行子查询，使用多行运算符的子查询称作多行子查询。使用时，子查询要用圆括号括起来，使用缩进放在运算符的右下方，可以提高语句的可读性。

1. 单行子查询

结果仅返回一行的子查询称作单行子查询，特殊情况是仅返回一行一列值的标量子查询，也是使用最广泛的单行子查询。

单行子查询使用单行运算符，包括＝，＞，＞＝，＜，＜＝，！＝，＜＞，^＝，如查询工资比 Russell 高的员工的姓氏及工资，可以使用如下的查询语句实现。

```
SELECT last_name, salary
FROM employees;
WHERE salary>
                (SELECT salary FROM employees
                 WHERE last_name='Russell');
```

检索结果如图 5.76 所示。

在子查询中可以使用组函数，如查询具有最低工资的员工姓氏、工资及工作职位，可以使用如下的查询语句实现。

```
SELECT last_name, salary, job_id
FROM employees
WHERE salary=
                (SELECT MIN(salary)
                 FROM employees);
```

检索结果如图 5.77 所示。

SQL | 提取的所有行: 3

	LAST_NAME	SALARY
1	King	24000
2	Kochhar	17000
3	De Haan	17000

图 5.76 单行子查询

SQL | 提取的所有行: 1, 用时 0.009 秒

	LAST_NAME	SALARY	JOB_ID
1	King	24000	AD_PRES

图 5.77 使用组函数的子查询

还可以在 HAVING 子句中使用子查询，从而对分组进行限定，如查询所有最高工资比部门编号为 80 的最高工资高的部门编号及最高工资。实现此功能的查询语句如下。

```
SELECT department_id, MAX(salary)
FROM employees;
GROUP BY department_id
HAVING MAX(salary)>
                        (SELECT MAX(salary) FROM employees
                         WHERE department_id=80);
```

检索结果如图 5.78 所示。

单行运算符必须使用单行子查询，如果子查询的结果超过一行，Oracle 服务器会返

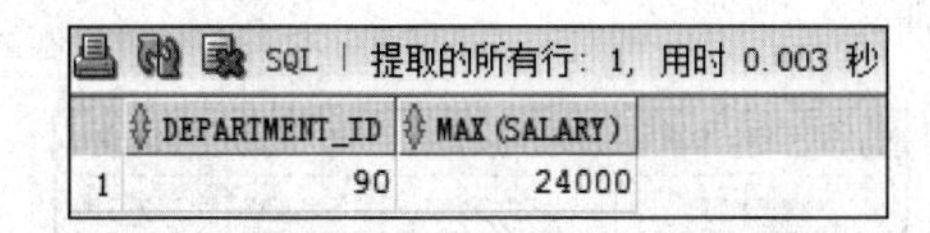
SQL | 提取的所有行：1，用时 0.003 秒

	DEPARTMENT_ID	MAX(SALARY)
1	90	24000

图 5.78 HAVING 子句中使用单行子查询

回内容为“ORA-01427：单行子查询返回多个行”的错误信息。如果子查询返回空，则主查询的结果也为空。

2. 多行子查询

结果仅返回多行的子查询称作多行子查询。多行子查询使用多行运算符，包括 IN、ANY、ALL 和 EXISTS。NOT 运算符可以与多行运算符结合使用。

1) IN 运算符

IN 运算符表示和集合列表中的某个值相同，表达式的值即为 TRUE。如查询和某部门最低工资相同的员工姓氏、工资及其所在部门编号，可以使用如下的查询语句实现。

```
SELECT last_name, salary, department_id
FROM employees;
WHERE salary IN
                  (SELECT MIN(salary) FROM employees
                   GROUP BY department_id);
```

检索结果如图 5.79 所示。

SQL | 提取的所有行：26，用时 0.016 秒

	LAST_NAME	SALARY	DEPARTMENT_ID
17	Kumar	6100	80
18	Grant	7000	(null)
19	Sullivan	2500	50
20	Sarchand	4200	50

图 5.79 使用 IN 运算符的多行子查询

2) ANY 运算符

ANY 运算符表示某一个，必须和单行运算符一块使用，且出现在单行运算符的后面，如=ANY、>ANY、!=ANY 等，那么<ANY 表示比最大的小，>ANY 表示比最小的大，=ANY 和运算符 IN 的意义相同。如查询比某一个程序员的工资低，且工作职位不是程序员的员工编号、姓氏、工作职位以及工资，可以使用如下的查询语句实现。

```
SELECT employee_id, last_name, salary, job_id
FROM employees;
WHERE salary<ANY
                  (SELECT salary FROM employees
                   WHERE job_id='IT_PROG')
AND job_id<>'IT_PROG';
```

检索结果如图 5.80 所示。

SQL | 提取的所有行: 76, 用时 0.018 秒

	EMPLOYEE_ID	LAST_NAME	SALARY	JOB_ID
51	167	Banda	6200	SA_REP
52	166	Ande	6400	SA_REP
53	123	Vollman	6500	ST_MAN

图 5.80 使用 ANY 运算符的多行子查询

3）ALL 运算符

ALL 运算符表示所有的，与 ANY 类似，必须和单行运算符一块使用，且出现在单行运算符的后面，如>ALL、!=ALL 等，那么<ALL 表示比最小的小，>ALL 表示比最大的大，!=ALL 和运算符 NOT IN 的意义相同。

把上例中的 ANY 改成 ALL，则查询语句实现的功能是显示比所有程序员工资都低的员工的信息。

检索结果如图 5.81 所示。

SQL | 提取的所有行: 44, 用时 0.028 秒

	EMPLOYEE_ID	LAST_NAME	SALARY	JOB_ID
13	125	Nayer	3200	ST_CLERK
14	194	McCain	3200	SH_CLERK
15	115	Khoo	3100	PU_CLERK

图 5.81 使用 ALL 运算符的多行子查询

4）EXISTS 运算符

EXISTS 运算符称为存在运算符，用于检查子查询结果是否存在某些行，如果子查询返回至少一行，则结果为 TRUE，否则结果为 FALSE。主查询遍历子查询的结果行，从而得到最终的检索结果。如查询工资大于 15000 的经理的员工编号、姓氏、工资，则可以使用如下的语句实现。

```
SELECT employee_id, last_name, salary
FROM employees m
WHERE EXISTS
            (SELECT employee_id FROM employees e
             WHERE e.manager_id=m.employee_id
             AND m.salary>15000);
```

检索结果如图 5.82 所示。

SQL | 提取的所有行: 3, 用时 0.003 秒

	EMPLOYEE_ID	LAST_NAME	SALARY
1	100	King	24000
2	101	Kochhar	17000
3	102	De Haan	17000

图 5.82 使用 EXISTS 运算符的多行子查询

NOT EXISTS 运算符是 EXISTS 运算符的否定形式，主查询遍历不在子查询结果集中的行。如查询没有任何员工的部门的所有信息，则可以使用如下语句实现。

```
SELECT * FROM departments d
WHERE NOT EXISTS
            (SELECT * FROM employees e
             WHERE e.department_id=d.department_id);
```

检索结果如图 5.83 所示。

SQL | 提取的所有行: 16, 用时 0.003 秒

	DEPARTMENT_ID	DEPARTMENT_NAME	MANAGER_ID	LOCATION_ID
1	120	Treasury	(null)	1700
2	130	Corporate Tax	(null)	1700
3	140	Control And Credit	(null)	1700
4	150	Shareholder Services	(null)	1700

图 5.83　使用 NOT EXISTS 运算符的多行子查询

EXISTS 运算符实现的查询功能在很多情况下可以使用 IN 运算符实现，如上例的查询用 IN 运算符实现的查询语句如下。

```
SELECT * FROM departments d
WHERE department_id NOT IN
            (SELECT department_id FROM employees e
             WHERE e.department_id=d.department_id);
```

检索结果与图 5.83 相同，但有时 IN 和 NOT IN 会出现不期望的结果集，尤其是子查询中返回的行包含空值时，则主查询不返回任何行，Oracle SQL 建议能用 EXISTS 执行的查询，不要使用 IN，并且 EXISTS 的性能要优于 IN。

5）空值的处理

子查询的结果有可能出现空值的情况，如果是单行子查询结果为空，则主查询结果即为空。若多行子查询的结果中包含空值，则可能得不到用户需要的查询结果。如查询所有没有下级员工的员工姓氏，能否使用如下的查询语句实现?

```
SELECT emp.last_name
FROM employees emp
WHERE emp.employee_id<>ALL
                    (SELECT mgr.manager_id
                     FROM employees mgr);
```

该语句的检索结果如图 5.84 所示。

SQL | 提取的所有行: 0, 用时 0.009 秒

LAST_NAME

图 5.84　多行子查询返回空值的情况

其实，员工表中有很多(89)员工不是经理，从而就没有下级员工。解决这个问题，可以在子查询中增加一个条件(WHERE mgr. manager_id IS NOT NULL)，把空值过滤掉。正确的检索结果如图 5.85 所示。

SQL | 提取的所有行: 89, 用时 0.006 秒

	LAST_NAME
82	Tobias
83	Tucker

图 5.85 多行子查询对空值的处理

5.2.6 集合运算

集合运算用于合并两个或多个查询结果集。Oracle SQL 把含有集合运算的查询称为复合查询。Oracle SQL 所用的集合运算符及功能描述见表 5.19。

表 5.19 Oracle SQL 所用的集合运算符及功能描述

集合运算符	功能描述
UNION	两个查询结果集的并(无重复行，按第一个查询的第一列升序排序)
UNION ALL	两个查询结果集的并(重复行)
INTERSECT	两个查询结果集的交(无重复行，按第一个查询的第一列升序排序)，取两个查询结果集中都存在的行
MINUS	两个查询结果集的差(无重复行，按第一个查询的第一列升序排序)，取在第一个查询结果集，而不在第二个查询结果集中的行

Oracle SQL 所用的集合运算符的优先级相同，若在一个查询语句中使用了多个集合运算符，则 Oracle 服务器按照它们出现的先后顺序依次执行，可以使用圆括号指定运算的次序。

Oracle SQL 所用的集合运算符除 UNION ALL 外，都会自动删除重复行，且除 UNION ALL 外都会对集合运算后的结果集自动进行升序排序。可以使用 ORDER BY 子句对 UNION ALL 的检索结果进行排序，也可以使用 ORDER BY 子句对其他集合运算符的检索结果降序排序，ORDER BY 子句要放在整个查询语句的最后。

集合运算涉及的多个查询中，所有 SELECT 子句列表中的列名或表达式数量要一致，但名字可以不同，且数据类型都要依次和第一个查询保持一致。在显示检索结果时，将第一个查询 SELECT 子句中的列名作为列标题。

1. UNION 运算符

UNION 运算符返回两个查询结果集删除重复行(包括空值行)后的所有行，并对检索结果自动排序。

如查询每个员工的编号以及现在的工作职位和以前曾经做过的工作职位，重复信息不显示，可以使用 UNION 运算符实现此查询功能，查询语句如下。

```
SELECT employee_id, job_id FROM employees
UNION
SELECT employee_id, job_id FROM job_history;
```

检索结果如图 5.86 所示。

2. UNION ALL 运算符

UNION ALL 运算符用于合并两个查询结果集的所有行，包括重复行，与 UNION 不同，UNION 不对检索结果进行排序。

如查询每个员工的编号以及现在的工作职位和以前曾经做过的工作职位，包括曾经做过的相同的工作职位，可以使用 UNION ALL 运算符实现此查询功能，查询语句如下。

```
SELECT employee_id, job_id FROM employees
UNION ALL
SELECT employee_id, job_id FROM job_history;
```

检索结果如图 5.87 所示。

SQL | 提取的所有行: 115, 用时 0.018 秒

	EMPLOYEE_ID	JOB_ID
1	100	AD_PRES
2	101	AC_ACCOUNT
3	101	AC_MGR
4	101	AD_VP
5	102	AD_VP

图 5.86 使用集合运算符 UNION

SQL | 提取的所有行: 117, 用时 0.01 秒

	EMPLOYEE_ID	JOB_ID
110	101	AC_MGR
111	200	AD_ASST
112	102	IT_PROG
113	201	MK_REP

图 5.87 使用集合运算符 UNION ALL

3. INTERSECT 运算符

INTERSECT 运算符返回两个查询结果集中相同的行，有重复的行会自动删除，与 UNION 相同，INTERSECT 对检索结果进行自动升序排序。

如查询所有现在的工作职位和他曾经做过的工作职位相同的员工的编号和工作职位，可以使用 INTERSECT 运算符实现此查询功能，查询语句如下。

```
SELECT employee_id, job_id FROM employees
INTERSECT
SELECT employee_id, job_id FROM job_history;
```

检索结果如图 5.88 所示。

SQL | 提取的所有行: 2, 用时 0.004 秒

	EMPLOYEE_ID	JOB_ID
1	176	SA_REP
2	200	AD_ASST

图 5.88 使用集合运算符 INTERSECT

4. MINUS 运算符

MINUS 运算符返回在第一个查询结果集出现，但没有在第二个查询结果集中出现的行，即返回第一个查询结果集中的行并删去在两个查询结果集中都出现的行。有重复的行会自动删除，与 UNION 相同，MINUS 对检索结果进行自动升序排序。

如查询所有入职以来工作职位从未发生变动的员工编号，可以使用 MINUS 运算符实现此查询功能，查询语句如下。

```
SELECT employee_id FROM employees
MINUS
SELECT employee_id FROM job_history;
```

检索结果如图 5.89 所示。

SQL | 提取的所有行：100，用时 0.011 秒

	EMPLOYEE_ID
1	100
2	103
3	104
4	105

图 5.89 使用集合运算符 MINUS

5. 强制匹配 SELECT 子句

使用 UNION/UNION ALL 运算符时，往往两个查询的表并不具有完全相同的列或者查询要求显示两个表中的部分列，但这些列并非在两个表中都存在。如员工表中有员工的工资信息，但工作历史表中没有工资信息，部门表有部门编号、部门名称、地址编号，而地址表有地址编号、城市信息，今要求使用 UNION 运算符显示所有的地址编号、部门名称以及城市信息。部门表中没有城市信息，地址表中没有部门信息，但查询需要显示的信息既包括部门信息，也包括城市信息，此时需要使用转换函数匹配需要显示的列，实现该功能的查询语句如下。

```
SELECT location_id, department_name, TO_CHAR(NULL) city
FROM departments
UNION
SELECT location_id, TO_CHAR(NULL), city
FROM locations;
```

检索结果如图 5.90 所示。

SQL | 提取的所有行：50，用时 0.009 秒

	LOCATION_ID	DEPARTMENT_NAME	CITY
37	2200	(null)	Sydney
38	2300	(null)	Singapore
39	2400	Human Resources	(null)
40	2400	(null)	London

图 5.90 使用转换函数匹配 SELECT 语句

再如，员工表中有员工的工资信息，但工作历史表中没有工资信息，今要求使用UNION运算符显示所有员工的编号、现在及曾经从事的工作职位以及工资信息，由于工作历史表中没有工资信息，工资为数值型数据，强制显示为0即可，则实现该功能的查询语句如下。

```
SELECT employee_id, job_id, salary FROM employees
UNION
SELECT employee_id, job_id, 0 FROM job_history;
```

检索结果如图5.91所示。

SQL | 提取的所有行：117，用时 0.024 秒

	EMPLOYEE_ID	JOB_ID	SALARY
80	174	SA_REP	11000
81	175	SA_REP	8800
82	176	SA_MAN	0
83	176	SA_REP	0
84	176	SA_REP	8600

图5.91 强制匹配SELECT语句

5.3 数据操作

数据操作实现对数据库中的数据进行插入、删除以及修改等相关的操作数据表中数据的行为，由数据库的数据操作语言(Data Manipulation Language，DML)语句实现。数据操作语言是SQL的核心部分，向数据库中增加、修改和删除数据时需要执行DML的语句，主要包括INSERT语句、UPDATE语句和DELETE语句。

5.3.1 插入数据

可以使用INSERT语句向表中插入数据。INSERT语句最简单的形式是一次向表中插入一行数据，其语法如下。

```
INSERT INTO table [(column [, column … ])]
VALUES (value [, value … ]);
```

其中，table是要插入数据的表名，column是需要操作的表的列名，value是相应的列值。该语句实现的功能是向指定表名为table的表中插入一行数据，该行数据的值由VALUES子句确定，使用VALUES子句中的值依次为INSERT INTO子句中的列提供值。INSERT INTO子句的列名、列表为可选项，若省略，则VALUES子句需要为表的每一列提供值。若VALUES子句中的值包含字符类型和日期类型的常量值，则必须用单引号括起来。如果日期类型的数据不是默认日期格式，则需要使用TO_DATE函数进行强制转换。

向部门表中添加一行新数据，部门编号为280，部门名称为ResearchCenter，部门经

理的员工编号为 100,所在地址编号为 1700,则实现此功能的语句为

```
INSERT INTO departments (department_id, department_name,
                        manager_id, location_id)
VALUE (280, 'Research Center', 100, 1700);
```

执行此语句的结果如图 5.92 所示。

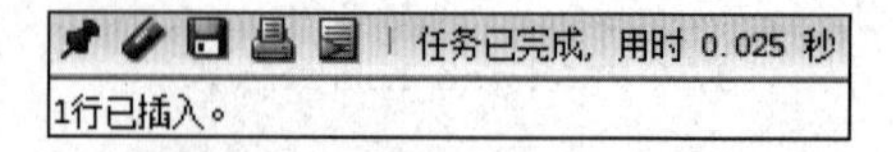

图 5.92　INSERT 语句执行结果

可以使用 SELECT 语句验证该操作是否成功,如:

```
SELECT * FROM departments WHERE department_id=280;
```

检索结果如图 5.93 所示。

	DEPARTMENT_ID	DEPARTMENT_NAME	MANAGER_ID	LOCATION_ID
1	280	Research Center	100	1700

图 5.93　使用 SELECT 语句验证插入结果

插入行时,若为该行的每一列提供值,则也可以缺省 INSERT INTO 子句中的列名列表,如上例,也可以使用如下语句实现。

```
INSERT INTO departments
VALUE (280, 'Research Center', 100, 1700);
```

向表中插入数据时,可以仅为指定的列提供值,则其他未指定的列自动赋予空值 NULL,也可以显示为某列指定空值。如:

```
INSERT INTO departments(department_id, department_name)
VALUE (280, 'Research Center');
```

执行上述语句,manager_id 和 location_id 自动赋为空值 NULL。

```
INSERT INTO departments(department_id, department_name, manager_id)
VALUE (280, 'Research Center', NULL);
```

执行上述语句,manager_id 显式赋值为空值,location_id 自动赋为空值。

在 INSERT INTO 语句中使用子查询,可以一次向表中插入多行数据,行的值由子查询的结果提供,其语法结构如下。

```
INSERT INTO table [(column [, column … ])]
subquery;
```

假设有一个和员工表表结构完全一样的空表 empcpy,则可以使用带子查询的 INSERT INTO 语句将员工表 employees 中的所有行数据复制到 empcpy 表中,也可以选择其中满足给定条件的一部分数据插入 empcpy 表中,下面的语句将部门编号为 80 的

所有员工插入到 empcpy 表中。

```
INSERT INTO empcpy
SELECT * FROM employees WHERE department_id=80;
```

5.3.2 修改数据

使用 UPDATE 语句修改表中已存在的数据，一次可以修改一行或多行，UPDATE 的语法格式为

```
UPDATE table
SET column=value [, column=value, …]
[WHERE condition(s)];
```

其中，table 是表名；column 是要填充的表中列的名字；value 是该列对应的值或子查询；condition(s)标识出需要更新的列，可以由列名、表达式、常量、子查询和比较运算符组成。

通常，在 WHERE 子句中使用主键列指明更新一行数据，而使用其他列往往会造成多行数据被修改。

如将编号为 117 的员工的部门编号修改为 50，由于员工编号是表的主键列，所以可以使用如下语句实现仅修改表中的一行。

```
UPDATE employees
SET department_id=50
WHERE employee_id=117;
```

执行结果如图 5.94 所示。

任务已完成，用时 0.004 秒
1行已更新。

图 5.94 使用 UPDATE 语句更新表中数据

将员工的部门编号由 60 修改为 260，可以使用如下语句实现。

```
UPDATE employees
SET department_id=260
WHERE department_id=60;
```

省略 WHERE 子句的 UPDATE 语句，将会修改表中所有行的数据，务必谨慎使用。

可以使用 SET column_name = NULL 子句，将指定列的值修改为空值 NULL。同时，也可以使用 SET 子句同时修改多列的值。

如员工表中编号为 152 的员工当前工作职位为'SA_REP'，如今需要将其工作调整为'IT_PROG'，相应地需要将其提成系数设置为空值，可使用如下语句实现。

```
UPDATE employees
SET job_id='IT_PROG', commission_pct=NULL
```

```
WHERE employee_id=152;
```

在 SET 子句中可以使用子查询修改表中的数据，使用单行子查询修改某一列的值，使用多行子查询同时修改多个列的值。子查询的值可以来自本表，也可以来自其他表。如将员工编号为 151 的工资和提成系数修改为和员工编号 150 的员工相同，可以使用如下语句实现。

```
UPDATE employees
SET (salary, commission_pct)= (SELECT salary, commission_pct
                               FROM employees
                               WHERE employee_id=150)
WHERE employee_id=151;
```

在 SET 子句中，可以同时使用多个子查询，语法格式如下。

```
UPDATE table
SET column1= (SELECT column
              FROM table
              WHERE condition)
    [,
    column2= (SELECT column
              FROM table
              WHERE condition)]
    [, … ]
[WHERE condition];
```

如将 empcpy 表中员工编号为 152 的工资修改为和 employees 表中编号为 110 的相同，同时将员工的提成系数修改为和编号为 150 的员工相同，可以使用如下语句实现。

```
UPDATE empcpy
SET salary= (SELECT salary
             FROM employees
             WHERE employee_id=110)
    commission_pct= (SELECT commission_pct
                     FROM employees
                     WHERE employuee_id=150)
WHERE employee_id=152;
```

5.3.3 删除数据

使用 DELETE 语句删除表中的行，一次可以删除一行或多行，语法格式如下。

```
DELETE [FROM] table
[WHERE condition];
```

其中，table 和 condition 的意义同 UPDATE 语句，FROM 关键字可以省略。使用 WHERE 子句删除满足条件的指定行，缺省 WHERE 子句则删除表的所有行。如果执行完成 DELETE 语句而没有行被删除，则 Oracle 服务器会反馈信息“0 行已删除”。

如将 5.3.1 节中新添加到部门表中的信息删除，可以使用如下语句实现。

```
DELETE FROM departments
WHERE department_id=280;
```

通过在 WHERE 子句中使用子查询，可以应用其他表中的数据删除行，如删除部门名称中包含'Support'的员工数据，可以使用如下语句实现。

```
DELETE FROM employees
WHERE department_id= (SELECT department_id
                      FROM departments
                      WHERE department_name LIKE '%Support%');
```

5.3.4 事务控制

事务控制就是对一系列数据库操作进行管理。一个事务由包含一个或多个 SQL 的 DML 语句、DDL 语句、DCL 语句和 TCL 语句构成，这些操作构成一个逻辑整体，是事务控制的逻辑工作单元。

Oracle 服务器基于事务控制确保数据的一致性。当用户对数据进行修改时，事务控制使得用户操作和控制更灵活，并在用户事件过程和系统崩溃时保证数据的一致性。

事务的执行只有两种结果：要么全部执行，把数据库带入一个新的状态；要么全部不执行，对数据库不做任何修改。

对事务的操作有两个：提交(COMMIT)和回滚(ROLLBACK)。

提交事务时，对数据库所做的修改便永久写入数据库。

回滚事务时，对数据库所做的修改全部撤销，数据库恢复到操作前的状态。

事务可用于操作数据库的任何场合，包括应用程序、存储过程、触发器等。

事务具有 4 个属性，这 4 个属性的英文单词首字母合在一起就是 ACID。

(1) 原子性(Atomicity)：事务要么全部执行，要么全部不执行，不允许部分执行。

(2) 一致性(Consistency)：事务把数据库从一个一致状态带入另一个一致状态。

(3) 独立性(Isolation)：一个事务的执行不受其他事务的影响。

(4) 持续性(Durability)：一旦事务提交，就永久有效，不受关机、系统崩溃等情况影响。

一个事务中可以包含一条或多条 DML 语句，或者包含一条 DDL 语句，或者包含一条 DCL 语句。

事务开始于第一条 DML 语句，在下列之一情况下结束。

(1) 执行了一条 TCL 语句(COMMIT 或 ROLLBACK)。

(2) 执行了一条 DDL 语句，如 CREATE。

(3) 执行了一条 DCL 语句，如 GRANT。

(4) 用户退出了 SQL *Plus 或 SQL Developer 环境。

(5) 系统发生错误、退出或者崩溃。

总之,事务是可以把系统带入一个新状态的一系列操作,如果事务被提交,则数据库进入一个新的状态,否则数据库恢复到事务以前的状态。当一个事务结束后,执行下一条 DML 语句会自动开始下一个事务。

当执行一条 DDL 语句或 DCL 语句,会进行自动提交,从而隐式结束当前事务。使用 TCL 语句 COMMIT 和 ROLLBACK 可以显式结束一个事务。使用 TCL 语句的好处主要有两点:一是可以确保数据的一致性;二是在数据发生永久性改变前可以预览数据的变化。

1. 事务控制语句及功能

事务控制语句主要有 COMMIT、ROLLBACK 和 SAVEPOINT。TCL 语句及其功能描述见表 5.20。

表 5.20 TCL 语句及其功能描述

语　句	功能描述
COMMIT	结束当前事务,数据发生永久性改变
SAVEPOINT name	在事务执行过程中 DML 语句的后面创建一个逻辑存储点,在事务控制时可以回滚到该点,而不必回滚整个事务
ROLLBACK	回滚整个事务,撤销所有挂起的数据更改
ROLLBACK TO [SAVEPOINT] name	回滚当前事务到指定的保存点,撤销指定保存点之后的数据更改,若缺省了 TO SAVEPOINT 子句,则回滚整个事务

其中,COMMIT 只能提交整个事务,Oracle SQL 不提供 COMMIT TO SAVEPOINT 语句提交部分事务;SAVEPOINT 语句是 Oracle SQL 语句,而不是 ANSI 标准的 SQL 语句。

2. 自动终止事务处理

在事务处理过程中,没有显式执行 COMMIT 或 ROLLBACK 语句,也可以自动结束当前事务。自动结束包括自动提交和自动回滚两种,见表 5.21。

表 5.21 事务自动结束情况

状　态	发生情况
自动提交	执行了一条 DDL 语句
	执行了一条 DCL 语句
	在没有显式执行 COMMIT 或 ROLLBACK 语句时,用户正常退出了 SQL * Plus 或 SQL Developer 环境
自动回滚	异常终止 SQL * Plus 或 SQL Developer 环境
	系统崩溃

在 SQL * Plus 环境下,可通过使用 SET AUTOCOMMIT ON|OFF 设置是否自动

提交，如果 AUTOCOMMIT 状态设置为 ON，则为自动提交状态，每执行完一条 DML 语句，会立即进行提交，并且用户不能使用 ROLLBACK 命令回滚。在 SQL Developer 环境中，默认 AUTOCOMMIT 的状态为 OFF，并且在 SQL Developer 环境中是跳过 SET AUTOCOMMIT ON|OFF 命令的。也就是说，SQL Developer 不执行该命令。只有自动提交选项设置为启动时，每执行完一条 DML 语句，会立即自动执行 COMMIT。在 SQL Developer 下可以通过菜单设置是否启动自动提交，步骤如下：在工具主菜单下选择首选项…，然后在弹出的“首选项”对话框中展开数据库，选择“高级”，最后在右侧的自动提交后面的复选框设置选中状态，单击“确定”按钮使设置生效。

当事务因系统崩溃等故障而导致中断时，整个事务会自动回滚，从而避免非预期的数据变化所引起的错误，使数据恢复到最后一次提交之后的状态，Oracle 服务器通过这种方式确保数据的一致性。在用户正常退出 SQL Developer 和 SQL *Plus 开发环境时，对事务进行自动提交。其中，在 SQL Developer 环境下，通过执行“文件”菜单下的“退出”子菜单项正常退出；在 SQL *Plus 中，通过在 SQL＞提示符下输入 QUIT/EXIT 命令正常退出。直接关闭 SQL *Plus 和 SQL Developer 窗口属于异常终止。

3. 事务处理过程中的状态

在事务被提交之前，事务处理过程中发生的每一次数据改变都是临时的。在执行 COMMIT 或 ROLLBACK 之前，数据状态可以描述如下。

数据的操作主要影响数据库缓冲区，因此数据之前的状态是可以恢复的；当前会话可以通过使用 SELECT 语句预览数据操作的结果；其他会话不能看到由当前会话操作的结果；Oracle 服务器的读一致性原理保证了所有会话看到的都是最后提交之后的数据；当前会话 DML 操作所影响的行会被锁定，其他会话不能改变这些锁定行的数据。

反过来，执行 COMMIT 语句后，缓冲区中所有的数据修改都会写入数据库，从而使得数据库中的数据发生永久性的改变；数据之前的状态不能再通过 SQL 的查询语句得到；所有会话都能看到事务结束之后的结果；所有被影响的行上的锁都被释放，其他会话可以对这些数据进行修改；所有存储点都会被清除。

下面给出对 HR 模式下的表 departments 进行事务操作的两个会话，假设同一时刻会话 A 的语句执行先于会话 B 的语句执行，则事务处理过程中各时刻状态见表 5.22。

表 5.22 不同会话事务处理情况

操作时序	会话 A	会话 B
1	SELECT * FROM departments;	SELECT * FROM departments;
两个会话看到的数据完全相同		
2	INSERT INTO departments VALUES(280, 'ResearchCenter', NULL, NULL);	INSERT INTO departments VALUES (290, 'AILab', 100, 1700);
3	SELECT * FROM departments;	SELECT * FROM departments;
两个会话看到的结果不同：初始数据，加上各自会话自己变更后的数据		

续表

<table>
<tr><th>操作时序</th><th>会话 A</th><th>会话 B</th></tr>
<tr><td>4</td><td>COMMIT;</td><td></td></tr>
<tr><td>5</td><td>SELECT * FROM departments;</td><td>SELECT * FROM departments;</td></tr>
<tr><td colspan="3">两个会话看到的结果不同：会话 A 已提交，所有会话皆可看到其结果；会话 B 的结果仍只有会话 B 看到</td></tr>
<tr><td>6</td><td>ROLLBACK;</td><td></td></tr>
<tr><td>7</td><td>SELECT * FROM departments;</td><td>SELECT * FROM departments;</td></tr>
<tr><td colspan="3">会话 A 事务已经提交，无法回滚，ROLLBACK 语句无效；会话 B 的事务未提交或撤销，会话 B 的结果仍只有会话 B 看到</td></tr>
<tr><td>8</td><td>DELETE FROM departments WHERE department_id=280;</td><td>DELETE FROM departments WHERE department_id=280;</td></tr>
<tr><td>9</td><td>SELECT * FROM departments;</td><td></td></tr>
<tr><td colspan="3">会话 A 正常执行了 DELETE 语句，删除一行，并且对该行加锁。会话 A 可以看到删除之后的结果。会话 B 同样要删除会话 A 中删除的语句，由于该语句被锁定，会话 B 将一直处于等待状态，等待会话 A 释放该行上的锁</td></tr>
<tr><td>10</td><td>COMMIT;</td><td>反馈信息：已删除 0 行</td></tr>
<tr><td>11</td><td>SELECT * FROM departments;</td><td>SELECT * FROM departments;</td></tr>
<tr><td colspan="3">会话 A 执行的 DELETE 语句被提交，释放被锁定行上的锁，会话 B 的等待状态结束，由于会话 B 要删除的行已经被会话 A 删除，会话 B 此刻得到 Oracle 服务器的反馈信息“已删除 0 行”</td></tr>
<tr><td>12</td><td></td><td>ROLLBACK;</td></tr>
<tr><td>13</td><td>SELECT * FROM departments;</td><td>SELECT * FROM departments;</td></tr>
<tr><td colspan="3">会话 B 撤销了整个事务，然后会话 A 和会话 B 看到的结果相同
如果在时刻 10 执行如下操作</td></tr>
<tr><td>10</td><td>INSERT INTO departmentsVALUES(290, 'AILab', 100, 1700);</td><td></td></tr>
<tr><td>11</td><td></td><td></td></tr>
<tr><td colspan="3">会话 B 在时刻 2 插入了一条主键值为 290 的记录，还没有提交，该行上已加锁，会话 A 的 INSERT 语句要等待会话 B 释放锁，而会话 B 还在等待会话 A，此时就造成了死锁，会话 A 和会话 B 都处于等待状态</td></tr>
</table>

4. 使用 SAVEPOINT 和 ROLLBACK TO 回滚部分事务

在 Oracle 中，允许部分回滚事务，即可以将事务有选择地回滚到中间的某个点。部分回滚是通过设置保存点(SAVEPOINT)实现的。

事务中可以通过 SAVEPOINT 命令设置若干保存点，这样可以将事务有选择地回滚到某一个保存点。

用户访问数据库时，数据库中的数据是放在缓冲区中的，当前用户可以通过查询操作浏览对数据操作的结果。

如果没有提交事务，其他会话中的用户是看不到事务处理结果的。

当一个用户修改表中的数据时，将对被修改的数据加锁，其他用户无法在此期间对该行数据进行修改，直到这个用户提交或回滚整个事务。

如果在事务的最后执行了 COMMIT 命令，则对数据的修改将被写入数据库，以前的数据将永久丢失，无法恢复，其他用户都可以浏览修改后的结果，在数据上加的锁被释放，其他用户可以对数据执行新的修改，在事务中设置的所有保存点将被删除。

如果在事务中设置了保存点，并且在事务的最后执行 ROLLBACK 命令回滚到某个保存点，那么在此保存点之后的 DML 语句所做的修改将被丢弃，但是在此保存点之前的 DML 语句所做的修改仍然没有写入数据库，还可以进行提交或回滚。

5. 使用 FOR UPDATE 子句锁定查询影响的行

在数据查询时，尤其是在对数据库中的数据做统计与分析时，或在自己修改数据时，往往不希望此时有其他会话的用户修改数据。为了避免这种情况发生，Oracle SQL 提供了 FOR UPDATE 子句锁定当前查询所影响的行解决此问题。此时，只有当前会话的用户才能对这些数据进行修改操作。SELECT 语句中使用 FOR UPDATE 子句的一般形式如下。

```
SELECT * |{[DISTINCT] column | expression [alias], … }
FROM table
[WHERE condition(s)]
[FOR UPDATE[NOWAIT|WAIT n]]
[ORDER BY {col[s]| expr|numeric_pos}[ASC|DESC][NULLS FIRST|LAST]];
```

其中，缺省了 WHERE 子句，则锁定整张表；FOR UPDATE 子句要放在 WHERE 子句的后面，也可以放在 ORDER BY 子句的后面，用于锁定 SELECT 语句影响的行；若用户所查询的行已经被其他会话的用户锁定，则该会话将处于等待状态；若在 FOR UPDATE 子句中使用选项 NOWAIT，若有行被其他会话锁定，则该会话不等待直接返回错误信息“ORA-00054：资源正忙，但指定以 NOWAIT 方式获取资源，或者超时失效”。WAIT n 选项则指定等待的时间为 n 秒，若当前会话所要查询的行已经被其他会话锁定，则等待 n 秒，若在 n 秒时间内指定行上的锁被释放，则该语句将正确执行，否则 Oracle 服务器返回等待超时的错误信息。

当执行了 SELECT…FOR UPDATE 语句后，Oracle 服务器自动对 SELECT 语句执行的检索结果加锁，结果集中的行仅限当前会话的用户修改，其他会话不能改变此结果集中的任何行，直到当前会话的用户执行了 ROLLBACK 或 COMMIT 语句。

如查询部门编号为 80 的员工编号、姓氏、工资、提成比例和工作职位，并使检索结果集中的数据仅限自己可以修改，同时对检索结果按照员工编号升序排序，实现此功能的语句如下。

```
SELECT employee_id, last_name, salary, commission_pct, job_id
FROM employees
WHERE department_id=80
FOR UPDATE
ORDER BY employee_id;
```

在多表连接查询时，也可以使用 FOR UPDATE 子句锁定多个表。如下语句达到了锁定 2 张表的目的。

```
SELECT e.employee_id, e.salary,
       e.commission_pct, d.department_name
FROM employees e JOIN departments d
USING (department_id)
WHERE job_id='ST_CLERK'
AND location_id=1500
FOR UPDATE
ORDER BY e.employee_id;
```

此语句中，FOR UPDATE 子句将锁定两张表，即员工表和部门表，这两张表中涉及的行均被锁定，包括员工表中编号为 80 的所有员工，部门表中部门编号为 80 的部门。

当前会话的用户可以使用 FOR UPDATE OF column_name(s)子句，可以指定自己需要修改的列，此时，FOR UPDATE OF 子句仅锁定 OF 列表中的列所在的表中行。

若将上述语句中的 FOR UPDATE 改为 FOR UPDATE OF e. salary，此时 FOR UPDATE 子句仅锁定员工表中部门编号为 80 的员工，部门表中则没有任何行被锁定。

5.4 数据定义

通过数据定义语言(DDL)语句可以实现创建表、修改表、删除表等操作，还可以实现其他类型对象(如视图、索引、序列、同义词以及过程、函数、程序包等)的相关管理。

5.4.1 数据库对象

Oracle 数据库包含多种数据结构，每种结构都应该在数据库设计中进行描述，并在数据库构建阶段创建。Oracle 数据库由多个数据库模式组成，每个模式都是一些数据库对象的集合，包括表、视图、索引、序列、同义词、存储过程、函数等。所以，数据库中存在很多类型的对象，不同的对象也可以有多个。

用户可以通过查询数据字典视图 dba_objects、user_objects 查询当前数据库和当前用户模式下的对象信息。如 sys 用户以数据库管理员(Database Administrator，DBA)身份登录，可以使用如下语句查询当前数据库下的所有对象类型、包含该类型对象的个数。

```
SELECT object_type, COUNT(object_type)
```

```
FROM dba_objects
GROUP BY object_type
ORDER BY object_type;
```

检索结果如图 5.95 所示。

SQL | 提取的所有行: 47, 用时 0.329 秒

	OBJECT_TYPE	COUNT(OBJECT_TYPE)
34	SCHEDULER GROUP	4
35	SEQUENCE	261
36	SYNONYM	37143
37	TABLE	2472
38	TABLE PARTITION	374

图 5.95 数据库对象类型

Oracle 数据库中有 40 多种类型的对象，每类对象均有其存在的意义。常见的对象主要有 5 种，其意义见表 5.23。

表 5.23 数据库主要对象及功能描述

对象类型	功能描述
表(TABLE)	存储数据
视图(VIEW)	一个或多个表中数据的子集
索引(INDEX)	提高查询的效率
序列(SEQUENCE)	产生一系列的整数值
同义词(SYNONYM)	为某个对象取一个可以替换的名字(别名)

使用数据库时，经常涉及两个容易混淆的概念：用户和模式。在 Oracle 数据库环境中，用户是指能够连接到数据库的人，用户拥有用户名和密码；模式是一个包含用户拥有的所有对象的集合。创建用户时，创建该用户的模式，模式是用户拥有的对象，它最初是空的。而且，有些模式一直是空的，如用户从未创建任何对象或用户不需要创建对象，但拥有此模式的用户在获得相应的授权后，可以访问其他用户拥有的其他模式中的数据。有些用户可能与此相反，其用户模式下可能拥有很多对象，但该用户从来不会登录数据库，这种模式往往用作其他用户访问的代码和数据的仓库。

数据库对象是用户模式拥有的对象，某个特定类型对象的唯一标识不是它的名称，而是还要在它的名称前面加上它所属的模式名称，其一般形式为：[schema.]object_name，当前用户访问其模式下的对象时，可以省略其模式名前缀。当前用户访问其他用户模式下的对象，必须以其他用户的模式名作前缀。

数据库对象命名应满足如下规则。

(1) 必须以字母开头。

(2) 长度不超过 30 个字符。

(3) 只能包括如下符号：A～Z，a～z，0～9，_，$，#。

(4) 不能使用 Oracle 的保留字(如 SELECT、ORDER 等)。

(5) 不能和当前用户模式下的其他对象重名。

对象名不区分大小写,默认以大写字母显示。但在对象名上可以显式使用双引号标记,从而区分大小写或对象名带空格或使用 Oracle 的保留字作为对象名。事实上,Oracle 并不推荐用户这么做。

数据库主要用来存储数据,对数据进行管理,并提供检索等相关服务。Oracle 12c 可提供丰富的数据类型,有标量(SCALAR)类型、复合(COMPOSITE)类型、引用(REFERENCE)类型和大对象(LOB)类型 4 类。

标量类型:用于保存单个值,如字符串、数字、日期和布尔型等。

复合类型:可以在内部存放多种值,类似于多个变量的集合,如记录、嵌套表、索引表、可变数组等。

引用类型:用于指向另一个不同的对象,也称作指针。

大对象类型:大数据对象类型,主要用来处理二进制数据,最多可以存储 4GB 的信息。

其中,复合类型和引用类型都用于 PL/SQL 程序设计,合法的标量类型和大对象类型是数据库的列使用的类型,并有一些扩展。Oracle 12c 与早期版本相比,增加了新特性,如 VARCHAR2、NVARCHAR2 以及 RAW 这些数据类型的大小会从 4KB 以及 2KB 扩展至 32KB。只要可能,扩展字符的大小会降低对大对象数据类型的使用,提高执行效率。为了启用扩展字符大小,必须将 MAX_STRING_SIZE 的初始数据库参数由 STANDARD 设置为 EXTENDED。

Oracle 12c 提供了 23 种基本的数据类型,但这些数据类型并不都用于存储数据库中的数据,其中最常用的是数值型、字符型、日期型、布尔型和大对象类型等,见表 5.24～表 5.28。

表 5.24 数值型数据类型及描述

数据类型	描述
NUMBER(p[,s])	数值类型,p 表示数据总长度,s 表示小数位数,NUMBER 类型的数据在数据库中以十进制格式存储。计算时,系统将其转换为二级制进行运算,占 32B
BINARY_INTEGER	不存储在数据库中,只能在 PL/SQL 中使用的带符号整数,其范围是 -2^{31}～2^{31},如果运算发生溢出,则自动变为 NUMBER 类型
PLS_INTEGER	有符号整数,其范围是 -2^{31}～2^{31},可以直接进行数学运算,进行运算发生溢出时,会触发异常。与 NUMBER 类型相比,PLS_INTEGER 类型占用空间小,性能更好
BINARY_FLOAT	单精度 32 位浮点型数据,占 5B
BINARY_DOUBLE	双精度 64 位浮点型数据,占 9B

表 5.25 字符型数据类型及描述

数据类型	描述
CHAR[(size)]	固定长度字符串,默认或最小长度为 1,最大为 2000
VARCHAR2(size)	可变长度字符串,必须指定长度,最小为 1,最大可达 4000 如果 MAX_STRING_SIZE=EXTENDED,则最大长度为 32767 如果 MAX_STRING_SIZE=LEGACY,则最大长度为 4000
NCHAR[(size)]	固定长度字符串,存储 UNICODE 字符,默认或最小长度为 1,最大为 2000
NVARCHAR2(size)	可变长度字符串,存储 UNICODE 字符,必须指定长度,最小为 1,最大可达 4000
VARCHAR(size)	与 VARCHAR2 类似,ANSI 定义的标准类型,Oracle 中建议使用 VARCHAR2
LONG	可变长度字符串,用于存储长度超过 4000 的字符串,最多可以存储 2GB 的数据,以后可能被 LOB 类型取代
RAW	保存固定长度的二进制数据,最多可存储 4000B 的数据,最大长度的意义同 VARCHAR2
LONG RAW	存储可变长度二进制数据(如图片、音乐等),最大可存储 2GB 的数据,以后可能被 LOB 类型取代
ROWID	64 位长度的字符串,表中每行记录的唯一标记,表示物理行 ID
UROWID	支持物理行 ID 和逻辑行 ID

表 5.26 日期型数据类型及描述

数据类型	描述
DATE	可以保存日期和时间,不包含 ms,占 7B
TIMESTAMP	时间戳类型,可以提供比 DATE 类型更惊奇的时间,保存日期和时间,包含 ms,有 TIMESTAMP WITH TIME ZONE 和 TIMESTAMP WITH LOCAL TIME ZONE 两类
INTERVAL	管理时间间隔,有 INTERVAL DAY TO SECOND 和 INTERVAL YEAR TO MONTH 两类

表 5.27 布尔类型及描述

数据类型	描述
BOOLEAN	逻辑类型(或布尔类型),支持 TRUE、FALSE 和 NULL 3 个值

表 5.28 大对象数据类型及描述

数据类型	描述
CLOB	字符型大对象,最多可以存储(4GB−1) * DB_BLOCK_SIZE 的字符数据,和 DB_BLOCK_SIZE 的初始化参数有关,其取值为 2048～23767,故 CLOB 的最大存储为 8～128TB

续表

数据类型	描述
NCLOB	存储 UNICODE 编码的字符大对象,最大存储同 CLOB
BLOB	二进制大对象,最大存储同 CLOB
BFILE	包含存储在外部文件系统上的二进制文件,最大存储为 4GB

5.4.2 管理表

表是数据库中最基本的对象,是组成数据库的基本元素,用户的数据在数据库中就是以表的形式存储的。数据库中的每一个表都被一个用户模式所拥有,所以表是一种典型的模式对象。表中的数据按照行和列的二维结构组成。每一行用来保存关系数据库关系的元组,也称作数据行或记录。每一列用来保存关系的属性,也称为字段。行的顺序一般按照写入的先后顺序存放,各列的顺序按照创建表时定义的先后顺序存放。每个列都具有列名、列数据类型、列长度、约束条件和默认值等,这些内容在创建表时确定,有些也可以在创建表后进行添加或修改。

表名和列名都要满足对象的命名规则,数据库设计人员在创建表之前要做好表的设计工作,包括为表中各个字段选择合适的数据类型和长度、确定表和列的约束条件等。

1. 创建表

只要用户具有 CREATE TABLE 的权限,并且有足够的存储空间,就可以使用 CREATE TABLE 语句创建表,语法形式如下。

```
CREATE TABLE [schema.]table
        (column datatype [DEFAULT expr][,
        …]);
```

其中,schema 是表所属模式名称,和当前用户名称相同,可以省略;table 是表名,column 是列名,datatype 是列数据类型,DEFAULT expr 指定列的默认值(若在 INSERT 语句中省略了该列的值,则使用默认值)。使用 CREATE TABLE 语句创建表时,必须指定表名、列名、列数据类型和列存储长度。

若具有 CREATE ANY TABLE 的权限,则可以在任何模式下创建表,若创建其他模式下的表,则表名前必须以模式名为前缀。

如下语句用于创建名为 DEPT,包含列 ID、NAME、LOC 和 CREATE_DATE 的表。

```
CREATE TABLE DEPT
        (ID              NUMBER(2),
         NAME            VARCHAR2(20),
         LOC             VARCHAR2(15),
         CREATE_DATE     DATE DEFAULT SYSDATE);
```

若表的创建成功,Oracle 服务器会反馈信息“表已创建”(SQL ＊Plus)或“TABLE

DEPT已创建"(SQL Developer),可以使用DESCRIBE命令再次确认该表是否创建成功,并查看表的结构、DESCRIBE命令的用法如下。

```
DESC[RIBE] table
```

查看表DEPT,则使用DESCRIBE DEPT,结果如图5.96所示。

```
任务已完成, 用时 0.016 秒
名称          空值 类型
----------- ------------
ID             NUMBER(2)
NAME           VARCHAR2(20)
LOC            VARCHAR2(15)
CREATE_DATE    DATE
```

图5.96 使用DESCRIBE命令查看表结构

DESCRIBE不是Oracle SQL的语句,而是Oracle命令,可以使用缩写DESC。由于CREATE TABLE是DDL的语句,所以该语句执行时会导致事务自动提交。

当前用户可以使用数据字典视图查询用户模式下的表,如:

```
SELECT table_name FROM user_tables;
```

Oracle通过使用约束保证数据库表中数据的完整性,并阻止非法数据进入数据库。Oracle约束类型及其描述见表5.29。

表5.29 Oracle约束类型及其描述

约束类型	描述
NOT NULL	非空约束,指定列的值不能保护空值NULL
UNIQUE	唯一约束,表中一列或多个组合列的值与其他各列互不相同,Oracle中最多能够有32列组合
PRIMARY KEY	主键约束,标注表中行的唯一性
FOREIGN KEY	外键约束,指定表中列的值来自于另一个表中的主键约束的列
CHECK	指定列值必须满足的条件

Oracle通过使用主键约束(Primary Key)、唯一值约束(Unique)和非空值约束(NOT NULL)等实现实体完整性;通过使用外键约束(Foreign Key)实现参照完整性;通过使用数据类型(Data Type)、默认值(Default)、检查约束(Check)、空值或非空值约束(NULL|NOT NULL)等方式实现用户自定义完整性。

用户可以在建表的同时定义约束,也可以在建表之后再定义约束;用户可以给约束命名,也可以由Oracle服务器自动生成约束的名字,一般以SYS_Cn开头;可以定义列级的约束,也可以定义表级的约束。在建表的同时定义约束的语法形式如下。

```
CREATE TABLE [schema.]table
             (column datatype [DEFAULT expr]
             [column_level_constraint],
             …
             [, table_level_constraint][, …]);
```

其中,column_level_constraint用来定义列级约束,table_level_constraint用来定义表级约束。

定义列级约束的语法格式为

```
column [CONSTRAINT constraint_name] constraint_type, …
```

定义表级约束的语法格式为

```
column, …
  [CONSTRAINT constraint_name] constraint_type(column, …), …
```

如上例创建表 DEPT 的同时定义两个约束，其中在 name 列上定义列级的唯一约束并命名为 dept_name_uniq，在 ID 列上定义表级的主键约束并命名为 dept_id_pk，则带约束的 CREATE TABLE 语句如下。

```
CREATE TABLE dept
                (ID    NUMBER(2),
                 NAME  VARCHAR2(20) CONSTRAINT dept_name_uk UNIQUE,
                 LOC   VARCHAR2(15),
                 CREATE_DATE DATE DEFAULT SYSDATE,
                 CONSTRAINT dept_id_pk PRIMARY KEY(id));
```

1）非空约束

非空(NOT NULL)约束确保表中指定列不能包含空值。没有使用 NOT NULL 约束的列默认包含空值。NOT NULL 约束必须定义在列级上。若 HR 模式的员工表 employee_id 是主键约束的列，则其继承了非空约束；员工表的 last_name，email，hire_date 和 job_id 都是非空约束的列，每个员工的这几项信息均不能为空。员工表的定义形式如下。

```
CREATE TABLE EMPLOYEES
         (…,
         last_name VARCHAR2(20) NOT NULL,
         email VARCHAR2(25) CONSTRAINT emp_email_nn NOT NULL,
         job_id VARCHAR2(10) CONSTRAINT emp_job_id_nn NOT NULL,
         Hire_date DATE NOT NULL,
         …);
```

2）唯一约束

唯一(UNIQUE)约束要求表中的列或者组合列值是唯一的，即 UNIQUE 约束的列或组合列在表中不能出现 2 行相同的值。UNIQUE 约束的列如果没有进行 NOT NULL 约束时允许输入 NULL 值，并且可以多次输入 NULL 值，因为 Oracle 服务器认为空值(NULL)不等于任何值，即空值永远满足 UNIQUE 约束。

UNIQUE 约束可以定义为列级约束，也可以定义为表级约束。进行人力资源管理时，要求每个员工的邮箱非空，且互不相同，此时就需要使用 NUIQUE 关键字定义唯一约束。定义为列级约束(也可以同时为约束命名)的简单形式可以如下。

```
CREATE TABLE EMPLOYEES
         (…,
```

```
        email VARCHAR2(25) UNIQUE NOT NULL,
        …);
```

定义为表级约束(也可以同时为约束命名)的简单形式可以如下。

```
CREATE TABLE EMPLOYEES
        (…,
        email VARCHAR2(25) NOT NULL,
        …,
        [CONSTRAINT emp_email_uk ]UNIQUE(email));
```

UNIQUE 约束可以定义为表级约束,可以为该约束命名,也可以运行 Oracle 服务器自动命名,但 NOT NULL 只能定义为列级约束。

3)主键约束

主键(PRIMARY KEY)约束的可以是一个列或者组合列。主键约束的列中不能出现 NULL,每个表只能定义一个主键约束。主键约束的列或组合列的值要求唯一且非空。

主键约束既可以定义为列级约束,也可以定义为表级约束;既可以使用 CONSTRAINT 关键字命名该约束,也可以由 Oracle 服务器自动命名。员工表的 employee_id 为主键约束的列,定义形式可以如下。

```
CREATE TABLE employees
        (employee_id NUMBER(4) [CONSTRAINT emp_id_pk ] PRIMARY KEY,
        …);
```

或

```
CREATE TABLE employees
        (employee_id NUMBER(4),
        …,
        [CONSTRAINT emp_id_pk ] PRIMARY KEY(employee_id));
```

4)外键约束

定义外键(FOREIGN KEY)约束必须使用 REFERENCES 指定所参照的表及列。定义为列级约束的语法格式为

```
[CONSTRAINT constraint_name ]FOREIGN KEY REFERENCES table(column)
[ON DELETE CASCADE|ON DELETE SET NULL]
```

定义为表级约束的语法格式为

```
[CONSTRAINT constraint_name ]FOREIGN KEY(column)
REFERENCES table(column) [ON DELETE CASCADE|ON DELETE SET NULL]
```

REFERENCES 关键字标注出所参照的表名(称为父表,相应地把约束所在的表称为子表)及列名;ON DELETE CASCADE 选项指明,在父表中删除一行时,子表中关联的行会级联删除;ON DELETE SET NULL 选项指明,在父表中删除一行时,子表中关

联的行会被赋予 NULL；没有使用任何选项 ON DELETE CASCADE 或 ON DELETE SET NULL 的情况下，若子表中有关联的数据，则父表无法进行删除操作。

如在创建员工表时，员工表中的 department_id 是外键约束的列，如定义列级约束，可以使用如下语句。

```
CTEATE TABLE employees
        (…,
         department_id NUMBER(4) CONSTRAINT
                    emp_deptid_fk FOREIGN KEY
                    REFERENCES departments(department_id),
                   …);
```

外键约束同样可以定义为表级约束，应使用如下语句。

```
CTEATE TABLE employees
            (employee_id NUMBER(6) PRIMARY KEY,
             …,
             department_id NUMBER(4),
             CONSTRAINT emp_deptid_fk FOREIGN KEY(department_id)
                       REFERENCES departments(department_id),
             CONSTRAINT emp_email_uk UNIQUE(email));
```

5）检查约束

检查(CHECK)约束用来定义表中的每一行必须满足的一个条件，一个列上可以定义多个 CHECK 约束，并且 Oracle 没有限制 CHECK 约束的个数。CHECK 约束不能定义在伪列上，如 CURRVAL、NEXTVAL、LEVEL、ROWNUM 等，也不能在调用 SYSDATE、UID、USER 和 USERENV 函数时定义 CHECK 约束。

CHECK 约束既可以定义为列级约束，也可以定义为表级约束。如员工工资必须大于 0，就可以使用 CHECK 约束实现。

```
CTEATE TABLE employees
  (…,
  salary NUMBER(8, 2) CONSTRAINT emp_salary_min CHECK(salary>0),
  …);
```

6）违反约束检查

如果用户在表中的列上定义了约束，在对表中数据进行操作时，Oracle 服务器会检查是否违反了约束的规则，违反约束时会返回错误信息。如部门表中不存在部门编号为 33 的部门，那么在员工部门发生调动时，不能将一个员工的部门编号修改为部门表中不存在的数据。如下面的更新语句是错误的。

```
UPDATE employees
SET department_id=33
WHERE employee_id=155;
```

Oracle 服务器返回错误信息，如图 5.97 所示。

```
任务已完成，用时 0.032 秒
在行: 1 上开始执行命令时出错 -
UPDATE employees
SET department_id = 33
WHERE employee_id = 155
错误报告 -
SQL 错误: ORA-02291: 违反完整约束条件 (HR.EMP_DEPT_FK) - 未找到父项关键字
02291. 00000 - "integrity constraint (%s.%s) violated - parent key not found"
*Cause:    A foreign key value has no matching primary key value.
*Action:   Delete the foreign key or add a matching primary key.
```

图 5.97 违反完整性约束的情况 1

再如，删除员工表中部门编号为 80 的部门，由于员工表中的部门编号是外键约束的列，其参照的就是部门表中的主键列 department_id，员工表中存在部门编号为 80 的员工，且在定义外键约束时没有使用选项 ON DELETE CASCADE 或 ON DELETE SET NULL，删除时 Oracle 服务器报错。

```
DELETE FROM departments
WHERE department_id=80;
```

Oracle 服务器返回错误信息，如图 5.98 所示。

```
任务已完成，用时 0.018 秒
在行: 1 上开始执行命令时出错 -
DELETE FROM departments
WHERE department_id = 80
错误报告 -
SQL 错误: ORA-02292: 违反完整约束条件 (HR.EMP_DEPT_FK) - 已找到子记录
02292. 00000 - "integrity constraint (%s.%s) violated - child record found"
*Cause:    attempted to delete a parent key value that had a foreign
           dependency.
*Action:   delete dependencies first then parent or disable constraint.
```

图 5.98 违反完整性约束的情况 2

使用上面的 CREATE 语句创建的表是一个空表，表中没有任何数据，需要通过 INSERT 语句向表中插入行，可以一次插入一行，也可以使用带子查询的 INSERT 语句一次插入多行数据(数据来自于其他表)。为简便操作，Oracle 支持在 CREATE TABLE 语句中使用子查询，通过使用子查询创建表，创建表的同时插入另一表中的数据(通过子查询获得)。使用子查询创建表的语句形式如下。

```
CREATE TABLE [schema.]table
             [(column[, column[, …]])]
AS subquery;
```

其中，table 是新建表的名字；column 和建空表中的意义相同，可以包括列名、默认值、数据类型、长度以及约束情况；subquery 是一个 SELECT 语句，用于将查询结果插入新建表中。

可以定义新建表中的列名，也可以使用子查询中的默认列名，如果在 CREATE TABLE 后指定新列名，此时指定的列数要和子查询 SELECT 子句列表中的数据一致。

列的定义可以仅包含列名和默认值；如果没有给出列定义，列名将和子查询 SELECT 子句列表中的列名一致；新建表列的数据类型和 NOT NULL 约束会自动传递过来；但其他类型的约束都不会被新表继承，即使是主键约束隐含的 NOT NULL 约束，也不会被新表继承；如果子查询的 SELECT 子句中使用了表达式，在没有显示定义列的情况下，必须为该表达式指定列别名，否则服务器会报错。如：

```
CREATE TABLE dept80
AS
SELECT employee_id, last_name, salary * 12, hire_date
FROM employees
WHERE department_id=80;
```

Oracle 服务器返回 ORA-00998 错误，信息为"必须使用列别名命名此表达式"，如图 5.99 所示。

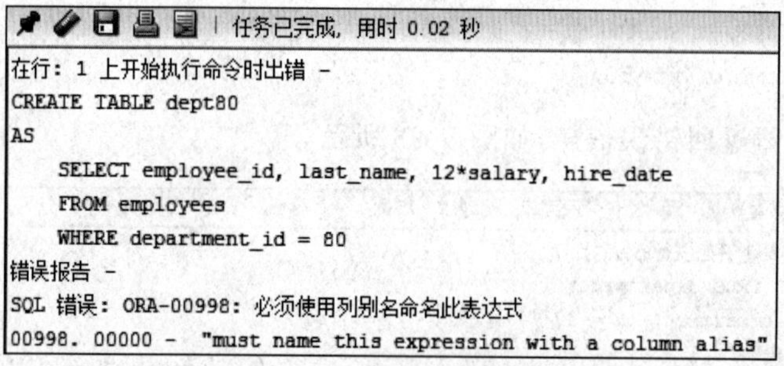

```
任务已完成，用时 0.02 秒
在行: 1 上开始执行命令时出错 -
CREATE TABLE dept80
AS
    SELECT employee_id, last_name, 12*salary, hire_date
    FROM employees
    WHERE department_id = 80
错误报告 -
SQL 错误: ORA-00998: 必须使用列别名命名此表达式
00998. 00000 -  "must name this expression with a column alias"
```

图 5.99　表达式必须指定列别名

解决办法有两种：一种是在子查询的 SELECT 子句中为表达式指定列别名；另一种是在 AS 关键字前显示给出新建表的列定义。

2. 修改表

表创建以后，可以通过 DML 修改表中的数据，但不能使用 DML 修改表的定义或结构。修改表的定义或结构需要使用 DDL 的语句 ALTER TABLE。使用 ALTER TABLE 语句可以添加、删除、修改表中列、约束等的定义。

1) 使用 ALTER TABLE 语句修改表的列

使用 ALTER TABLE 语句可以进行添加列、修改列的定义、物理删除列、逻辑删除列、重命名列等操作。

(1) 使用 ADD 子句添加列。

在 ALTER TABLE 语句中使用 ADD 子句可以添加新列，语法格式如下。

```
ALTER TABLE [schema.]table
ADD (column datatype [DEFAULT expr]
    [, column ddatatype], …);
```

每次可以添加一个列，也可以同时添加多个列。以 dept80 表为例，添加新列 job_id，VARCHAR2 类型，长度为 10，则可以使用如下语句。

```
ALTER TABLE dept80
ADD (job_id VARCHAR2(10));
```

新添加的列在数据检索时自动成为该表的最后一列。

(2) 使用 MODIFY 子句修改列。

在 ALTER TABLE 语句中使用 MODIFY 子句修改已经存在的列，语法格式如下：

```
ALTER TABLE [schema.]table
MODIFY (column datatype [DEFAULT expr]
    [, column ddatatype], …);
```

每次可以修改一个列，也可以同时修改多个列，可以改变列的数据类型、长度以及默认值。以 dept80 表为例，修改 last_name 列的类型为 VARCHAR2，长度为 30，则可以使用如下语句。

```
ALTER TABLE dept80
MODIFY(last_name VARCHAR2(30));
```

修改列定义时，需要注意的是：任何情况下都可以增加数据的宽度与精度；只有在空表、该列只有空值、已经存在值的宽度都不超过减少后的宽度这 3 种情况下才能减少列的宽度；只有在该列为空值时才能修改列的数据类型；可以将一个列的类型从 CHAR 类型改变为 VARCHAR2 类型；只有在该列只有空值或不改变列宽度时才能从 VARCHAR2 类型改变为 CHAR 类型；指定列的默认值仅影响后续插入表中的数据。

(3) 使用 DROP COLUMN 子句删除列。

在 ALTER TABLE 语句中使用 DROP COLUMN 子句删除用户不再需要的列，语法格式如下。

```
ALTER TABLE [schema.]table
DROP [COLUMN](column[, column][, …]);
```

每次可以删除一个列，也可以同时删除多个列，COLUMN 关键字可选，如删除 dept80 表的 job_id 列，则可以使用如下语句。

```
ALTER TABLE dept80
DROP(job_id);
```

无论表中该列是否包含数据，都可以使用 DROP COLUMN 删除；删除的列不能被恢复；不能删除所有列，需要至少保留一个列；如果没有添加 CASCADE 选项，被其他表参照的主键列不能被删除；如果表中该列数据非常多，删除此列会比较费时，此时使用 SET UNUSED 子句逻辑删除该列，然后再物理删除可以提高效率。

(4) 使用 SET UNUSED 子句逻辑删除列。

在数据量较大或数据库被频繁访问的高峰期，使用 DROP COLUMN 子句删除列会影响数据库的性能，此时可以使用 SET UNUSED 子句将该列设置为不可用，然后再进行物理删除，这样对数据库的性能影响较小。SET UNUSED 子句实现给指定的列设置为不可用状态，相当于做了一个标记，但没有从物理上删除，一般称为逻辑删除，但 SET UNUSED 同 DROP COLUMN 一样是不可撤销的操作，不可逆，不可恢复。在 ALTER TABLE 语句中使用 SET UNUSED 子句的语法格式如下。

```
ALTER TABLE [schema.]table
SET UNUSED [COLUMN] (column[, column][, …]);
```

每次可以逻辑删除一个列，也可以同时逻辑删除多个列，将其标记为不可用状态，COLUMN 关键字可选。逻辑删除的列在使用 SELECT * 进行查询以及在使用 DESCRIBE 命令显示表结构时都不会显示。

如逻辑删除 dept80 表的 job_id 列，则可以使用如下语句。

```
ALTER TABLE dept80
SET UNUSED(job_id);
```

使用 DROP UNUSED COLUMNS 子句可以物理上删除所有不可用的列，语法格式如下。

```
ALTER TABLE [schema.]table
DROP UNUSED COLUMNS;
```

2）使用 ALTER TABLE 语句修改表的约束

使用 ALTER TABLE 语句可以进行添加列约束、修改列的约束、删除列约束等操作。假设下面的操作使用表 emp2（一张使用子查询 SELECT * FROM employees 创建的表）和 dept2（一张使用子查询 SELECT * FROM departments 创建的表）。

（1）使用 ADD 子句添加列约束。

在 ALTER TABLE 语句中使用 ADD 子句可以添加列约束，语法格式如下。

```
ALTER TABLE [schema.]table
ADD [CONSTRAINT constraint_name]
CONSTRAINT_TYPE (column);
```

使用此语句可以给指定表的指定列添加约束，可以显示使用 CONSTRAINT 关键字给约束命名，也可以默认使用 Oracle 服务器自动命名；CONSTRAINT_TYPE 是约束的类型，可以是 UNIQUE、PRIMARY KEY、FOREIGN KEY 或 CHECK 条件；在缺省 CONSTRAINT 关键字时，同种类型的约束每次可以添加到一个列上，也可以同时添加到多个列上；但添加 NOT NULL 约束不能使用 ADD 子句。要使用 MODIFY 子句，以 emp2 表为例，为 employee_id 添加主键约束，可以使用如下语句。

```
ALTER TABLE emp2
ADD CONSTRAINT emp2_employee_id_pk PRIMARY KEY(employee_id);
```

(2) 使用 MODIFY 子句修改列约束。

在 ALTER TABLE 语句中使用 MODIFY 子句修改列上定义的约束，添加 NOT NULL 约束必须用 MODIFY，不能用 ADD，语法格式如下。

```
ALTER TABLE [schema.]table
MODIFY column CONTRAINT_TYPE;
```

每次仅可以修改一个列的约束，如将 emp2 表的 job_id 列添加 NOT NULL 约束，需要使用如下语句。

```
ALTER TABLE emp2
MODIFY job_id NOT NULL;
```

也可以使用 MODIFY 子句添加表的主键约束，如将 dept2 表的 department_id 定义为主键约束，可以使用 MODIFY 子句实现。

```
ALTER TABLE dept2
MODIFY department_id PRIMARY KEY;
```

在添加修改外键约束时，可以使用 ON DELETE CASCADE 或 ON DELETE SET NULL 选项，如将 emp2 表的 manager_id 列定义为外键约束，参照自身表的 employee_id 主键列，可以使用如下语句。

```
ALTER TABLE emp2
ADD CONSTRAINT emp2_manager_id_fk FOREIGN KEY(manager_id)
    REFERENCE emp2(employee_id) ON DELETE SET NULL;
```

ON DELETE SET NULL 选项使得 emp2 表中某个是经理的员工被删除后，所有该员工的下级员工的 manager_id 均被置为空值，而 ON DELETE CASCADE 选项则会级联删除。

(3) 使用 DROP CONSTRAINT 子句删除约束。

在 ALTER TABLE 语句中使用 DROP CONSTRAINT 子句删除约束，语法格式如下。

```
ALTER TABLE [schema.]table
DROP PRIMARY KEY | UNIQUE (column) |
    CONSTRAINT constraint_name [CASCADE];
```

每次仅可以删除一个约束；由于每个表上最多只有一个主键约束，故无须事先查询主键约束的名字，直接使用 DROP PRIMARY KEY 子句即可删除该表上的主键约束；同样，DROP UNIQUE (column) 可以删除指定列上的唯一约束；使用 DROP CONSTRAINT 子句可以删除指定名称的约束；CASCADE 选项用于删除与所删除的约束级联相关的约束。

如删除 emp2 表 employee_id 列上的主键约束 emp2_employee_id_pk，可以使用如下语句。

```
ALTER TABLE emp2
```

```
DROP CONSTRAINT emp2_employee_id_pk;
```

上例删除了 emp2 表上的主键，是根据约束的名字删除，下面是与之等价的语句。

```
ALTER TABLE emp2
DROP PRIMARY KEY;
```

(4) 使用 DISABLE、ENABLE 子句使约束失效、生效。

在 ALTER TABLE 语句中使用 DISABLE CONSTRAINT 子句使约束失效，语法格式如下。

```
ALTER TABLE [schema.]table
DISABLE CONSTRAINT constraint_name [CASCADE];
```

该语句使指定的约束失效，约束对后续数据不再起作用。CASCADE 选项使得依赖于此约束的其他约束级联失效。若主键约束和唯一约束失效后，将会删除该列上的索引。如使 emp2 上的外键约束 emp2_manager_id_fk 失效，则可以使用如下语句。

```
ALTER TABLE emp2
DISABLE CONSTRAINT emp2_manager_id_fk;
```

反过来，使用 ENABLE CONSTRAINT 子句可以将失效的约束再次生效，若将主键约束和唯一约束重新生效，则相应约束的列上将会自动建立唯一索引。如将 emp2 上的外键约束 emp2_manager_id_fk 重新生效，则可以使用如下语句。

```
ALTER TABLE emp2
ENABLE CONSTRAINT emp2_manager_id_fk;
```

(5) 使用 CASCADE CONSTRAINTS 在删除列时级联删除约束。

在 ALTER TABLE 语句的 DROP COLUMN 子句中可以使用 CASCADE CONSTRAINTS 级联删除约束，语法格式如下：

```
ALTER TABLE [schema.]table
DROP COLUMN column CASCADE CONSTRAINTS;
```

该语句删除了和 column 列级联的约束，CASCADE CONSTRAINTS 必须和 DROP COLUMN 子句结合使用，主要用于主键约束或唯一约束的列被删除后，则级联删除参照了上述列的其他约束。如删除 emp2 表的主键 employee_id，并级联删除与之相关的约束，可以使用如下语句。

```
ALTER TABLE emp2
DROP COLUMN employee_id CASCADE CONSTRAINTS;
```

3) 使用 ALTER TABLE 语句将表置于只读状态

有时候个别表中的数据非常重要或对某个表中数据进行备份等维护性操作时，不允许用户修改该表中的数据，也不能改变表的结构，此时可以使用 ALTER TABLE 语句将表置于只读状态，此时任何用户均不能在该表上执行 DML 和 DDL 的语句，语法格式如下。

```
ALTER TABLE [schema.]table READ ONLY;
```

处于只读状态的表，可以使用 ALTER TABLE 语句重新改为读写状态，语法格式如下。

```
ALTER TABLE [schema.]table READ WRITE;
```

3. 截断表

前面数据操作中可以使用缺省 WHERE 子句的 DELETE 语句删除表中的所有行，用法如下。

```
DELETE FROM [schema.]table;
```

DELETE 语句是 DML 的语句，删除表中的数据后，还可以通过执行 ROLLBACK 语句进行回滚，撤销删除操作。

用户可以使用 DDL 的 TRUNCATE 语句进行表的截断，其作用是删除表中的所有行，清空表中的内容。TRUNCATE 语句影响表的内容，但不影响表的结构。TRUNCATE 是 DDL 的语句，不能通过执行 ROLLBACK 回滚，删除的内容不能恢复，并且在执行时，Oracle 服务器不会提示警告信息。TRUNCATE 语句的语法格式如下。

```
TRUNCATE TABLE [schema.]table;
```

如截断表 dept80，可以使用语句 TRUNCATE TABLE dept80;实现。

截断表的操作效率非常高，是在瞬间就能完成的操作，和表中的数据量没有关系，无论表中的数据有百万行，还是一行也没有。

但使用 DELETE 删除表中的数据，执行效率和删除的行数有密切关系，可能花费几秒、几分钟，甚至几个小时。尤其是使用 DELETE 语句删除表中所有数据时，会给数据库造成巨大的压力，而 TRUNCATE 操作就不会对数据库性能造成任何影响，要么全部删除，要么什么也不删除。

4. 删除表

TRUNCATE TABLE 语句可以删除表中的所有行，同时保持表结构不变。DROP TABLE 语句既可以删除表中的数据，同时还会删除表的定义，其语法格式如下。

```
DROP TABLE [schema.]table [PURGE];
```

如果没有指定模式名，则删除当前用户模式下的表名为 table 的表，同 TRUNCATE 一样，Oracle 服务器对 DROP TABLE 操作也不给出任何警告信息，直接会删除，并且 DROP TABLE 不是 DML 的语句，不能通过 ROLLBACK 回滚，其操作不可逆。在没有使用 PURGE 选项的情况下，DROP TABLE 把表删除到回收站（Oracle 的 RECYCLE BIN）中，可以通过 FLASHBACK 闪回操作恢复任何已经删除的表，但若使用了 PURGE 选项，则删除不再经过回收站，不能恢复。如永久删除表 dept80，可以使用如下语句。

```
DROP TABLE dept80 PURGE;
```

5. 闪回表

Oracle 闪回表能够使用 FLASHBACK TABLE 语句将表恢复到指定的时间点。数据库处于联机状态时,可以恢复表数据以及相关联的索引和约束,取消对指定表的更改。

闪回表是一种自助服务修复工具,用于恢复表中的数据以及相关的属性(如索引或视图)。如果用户意外删除表中的重要行,然后希望恢复已删除的行,则可以使用 FLASBABLETABLE 语句将表还原到删除之前的状态,并查看表中的缺失行。

使用 FLASHBACK TABLE 语句时,可以将表及其内容恢复到之前的某个时间或 SCN。其中,SCN 是与数据库的每个更改相关联的整数值,它是数据库中唯一的增量数。每次提交事务时,都会记录一个新的 SCN。

可以在一个或多个表上调用闪回表操作,甚至在不同模式中的表中调用。通过提供有效的时间戳,指定要还原的时间点。默认情况下,在所有涉及表的闪回操作期间禁用数据库触发器。通过指定 ENABLE TRIGGERS 子句,可以重载此默认行为,从而启用触发器。FLASHBACK TABLE 语句的语法格式如下。

```
FLASHBACK TABLE [schema.]table[, [schema.]table]…
TO {TIMESTAMP | SCN} expr
[{ENABLE | DISABLE} TRIGGERS];
```

在没有使用 PURGE 选项的情况下,删除的表可以恢复,如使用 DROP TABLE dept80;语句删除了表 dept80,则还可以使用如下的 FALSHBACK 语句恢复。

```
FLASHBACK TABLE dept80 TO BEFORE DROP;
```

在设置表的 ROW MOVEMENT 选项为 ON 状态时,事务提交后的数据仍可恢复到事务开始前的状态。

5.4.3 管理其他对象

除表之外,Oracle 数据库模式还有很多类型的对象,其中最常用的主要有视图、序列、索引以及同义词。本部分主要介绍这些对象的创建、修改及删除。

1. 视图

视图是一种常用的数据库对象,常用于集中、简化和定制显示数据库中的数据信息,为用户以多种角度观察数据库中的数据提供方便。使用视图还可以呈现和隐藏表中的数据,提供更安全的数据访问。

视图是基于表或其他视图的逻辑表,它可以从一个或多个表中提取数据,看起来同真实的表一样。通过创建表的视图显示表的逻辑子集或数据的组合,所以,视图本身不是物理存在的,它并不包含自己的数据,不占用实际的存储空间,只在数据字典中保存其定义。视图其实类似于一个窗口,通过它可以查看和修改表中的数据。

视图实际上是在一个或多个表上定义的查询，这些表称为基表(base table)。相对于视图引用的基表来说，视图的作用相当于筛选。定义视图的数据可以来自于当前用户模式或其他用户模式下的一个或多个表，也可以是视图。视图有以下几个优点和作用。

(1) 视图限制对数据的访问，因为它仅显示表中选定的列。

(2) 视图可以将复杂的查询简单化，如可以使用视图检索多个表中的数据，而无须用户知道如何编写连接语句。

(3) 视图可以为临时用户和应用程序提供数据独立性。视图可以检索多个表中的数据。

(4) 视图为用户组按其特定的标准访问数据。

视图分为简单视图和复杂视图，二者的区别见表 5.30。

表 5.30　简单视图与复杂视图的区别

特　征	简单视图	复杂视图
基表数目	1个	1个或多个
是否包含函数	否	是
是否包含分组数据	否	是
是否可以通过视图执行 DML 操作	是	否

1) 创建视图

用户只要拥有创建视图(CREATE VIEW)的权限，即可在用户自己的模式下创建视图。如果希望在其他用户模式中创建视图，需要拥有 CREATE ANY VIEW 的系统权限。用户可以通过在 CREATE VIEW 语句中嵌入一个子查询创建视图，其语法形式如下。

```
CREATE [OR REPLACE] [FORCE|NOFORCE] VIEW view
    [(alias[, alias]...)]
AS subquery
[WITH CHECK OPTION [CONSTRAINT constraint]]
[WITH READ ONLY [CONSTRAINT constraint]];
```

其中，子查询可以包含复杂的查询(SELECT)语句，如使用连接、使用分组数据，甚至还可以使用子查询；OR REPLACE 选项说明如果视图已经存在，则替换；FORCE 选项说明即使基表不存在，也要创建该视图；NOFORCE 说明基表不存在就不创建视图，为默认选项；view 为创建视图的名字；alias 为子查询列标题的别名，别名的个数必须与子查询 SELECT 列表中表达式的个数相同，若 SELECT 列表中没有为表达式列指定别名，则必须在关键字 AS 前为视图的每一列命名；AS 是使用子查询创建视图的关键字，不可缺省；subquery 为创建视图指定的子查询，它对基表进行检索；WITH CHECK OPTION 选项说明只有子查询检索的行才能被插入、修改或删除，默认情况下，在插入、更新或删除行之前并不会检查这些行是否能被子查询检索；WITH READ ONLY 选项说明只能对基表进行只读访问，不能通过视图对基表进行 DML 语句操作；constraint 为 WITH

CHECK OPTION 或 WITH READ ONLY 指定约束的名字。

如创建一个视图，命名为 empvu80，包含部门编号为 80 的员工的编号、姓氏和工资，可以使用如下语句创建。

```
CREATE VIEW empvu80
AS
    SELECT employee_id, last_name, salary
    FROM employees
    WHERE department_id=80;
```

视图创建成功后，可以使用 DESCRIBE 命令查看该视图的结构，如图 5.100 所示。

也可以使用 SELECT 语句(SELECT * FROM empvu80;)对该视图进行检索，检索结果如图 5.101 所示。

```
名称          空值       类型
----------- -------- ------------
EMPLOYEE_ID NOT NULL NUMBER(6)
LAST_NAME   NOT NULL VARCHAR2(25)
SALARY               NUMBER(8,2)
```

图 5.100 使用 DESCRIBE 命令查看视图结构

SQL | 提取的所有行：34，用时 0.005 秒

	EMPLOYEE_ID	LAST_NAME	SALARY
1	145	Russell	14000
2	146	Partners	13500
3	147	Errazuriz	12000
4	148	Cambrault	11000

图 5.101 使用 SELECT 语句对视图进行检索

创建视图的子查询中的 SELECT 列表中如果使用了表达式列，则必须为该列指定别名，如创建一个名为 empsal80 的视图，包含部门编号为 80 的员工的编号、姓氏、工资和年薪，可以使用如下语句创建。

```
CREATE VIEW empsal80
AS
    SELECT employee_id, last_name, salary, 12*salary annual
    FROM employees WHERE department_id=80;
```

此处就为子查询中的表达式列 12 * salary 指定了别名 annual，若不指定别名，则 Oracle 服务器会返回错误信息“ORA-00998：必须使用列别名命名此表达式”。也可以在 AS 关键字前为各列指定别名，且别名数必须与子查询 SELECT 列表中表达式的数目相同，上述语句可以改写为

```
CREATE VIEW empsal80
(eid, name, salary, annual)
AS
    SELECT employee_id, last_name, salary, 12*salary
    FROM employees WHERE department_id=80;
```

2) 修改视图

若需要对视图进行修改，实质上就是修改视图的定义，而对视图的基表数据不会产生任何影响，但更改视图后，依赖于该视图的所有视图和 PL/SQL 的程序都将失效。改

变视图的定义使用 CREATE OR REPLACE VIEW 方法，如将上述视图修改为工资大于10000 的员工的信息，则可以使用如下语句。

```
CREATE OR REPLACE VIEW empsal80
(eid, name, salary, annual)
AS
    SELECT employee_id, last_name, salary, 12 * salary
    FROM employees
    WHERE department_id=80 AND salary>0000;
```

3）创建复杂视图

创建视图的子查询可以使用连接查询、组函数以及使用 GROUP BY 子句对数据进行分组汇总，这样创建的视图称为复杂视图。

创建一个名为 dept_sum_vu 的复杂视图，包含部门名称、部门员工的最低工资、最高工资以及平均工资，列名分别指定为 deptid、deptname、minsal、maxsal 以及 avgsal，创建视图的语句如下。

```
CREATE OR REPLACE VIEW dept_sum_vu
(deptid, deptname, minsal, maxsal, avgsal)
AS
    SELECT d.department_name, MIN(e.salary),
        MAX(e.salary), AVG(e.salary)
    FROM employees e JOIN departments d
    ON (e.department_id=d.department_id)
    GROUP BY d.department_name;
```

在创建复杂视图的子查询中使用了组函数、两个基表的连接以及使用了 GROUP BY 子句。对于复杂视图，一般不允许 DML 操作。

4）通过视图更新基表数据

创建视图后，若是简单视图，都可以通过对视图执行 DML 的语句更新基表中的数据，如将编号为 174 的员工工资修改为 12000，可以通过对视图执行 UPDATE 语句实现。

```
UPDATE empsal80 SET salary=12000 WHERE eid=174;
```

一般情况下，简单视图都可以进行更新（包括 INSERT、UPDATE 和 DELETE）操作。但有些情况下，不能通过视图对基表数据进行更新。

有如下情况之一，不能通过视图删除基表中的数据。

(1) 使用了组函数(多行函数，如 SUM、MAX、AVG 等)。

(2) 使用了 GROUP BY 子句。

(3) 使用了 DISTINCT 关键字。

(4) 使用了伪列 ROWNUM。

有如下情况之一，不能通过视图修改基表中的数据。

(1) 使用了组函数(多行函数，如 SUM、MAX、AVG 等)。

(2) 使用了 GROUP BY 子句。

(3) 使用了 DISTINCT 关键字。

(4) 使用了伪列 ROWNUM。

(5) 修改的列由表达式定义。

有如下情况之一，不能通过视图往基表中添加数据。

(1) 使用了组函数(多行函数，如 SUM、MAX、AVG 等)。

(2) 使用了 GROUP BY 子句。

(3) 使用了 DISTINCT 关键字。

(4) 使用了伪列 ROWNUM。

(5) 修改的列由表达式定义。

(6) 基表中主键约束和非空约束的列没有出现在视图中。

若在子查询中使用了 WHERE 子句，则可以在创建视图时使用 WITH CHECK OPTION 选项，避免用户通过视图修改指定检索条件下的数据，如上述创建视图的语句，在最后增加一行 WITH CHECK OPTION，则对视图进行更新操作时必须和子查询的条件一致，否则操作就会终止，返回错误信息"ORA-01402：视图 WITH CHECK OPTION where 子句违规"。如下语句创建的视图，使得在执行更新操作时，需要检查是否满足条件：员工部门编号为 80，且工资大于 10000 元。

```
CREATE OR REPLACE VIEW empsal80
(eid, name, salary, annual)
AS
    SELECT employee_id, last_name, salary, 12 * salary
    FROM employees
    WHERE department_id=80 AND salary>10000
    WITH CHECK OPTION;
```

若想将员工编号为 174 的工资修改为 10000，则使用如下语句。

```
UPDATE empsal80 SET salary=10000 WHERE eid=174;
```

语句执行出错，错误信息如图 5.102 所示。

```
错误报告 -
SQL 错误: ORA-01402: 视图 WITH CHECK OPTION where 子句违规
01402. 00000 -  "view WITH CHECK OPTION where-clause violation"
```

图 5.102 WITH CHECK OPTION 检查约束

为避免用户修改基表数据，创建视图时也可以使用 WITH READ ONLY 选项，把视图设为只读，此时不能通过对视图执行 DML 语句更新基表数据，WITH READ ONLY 用法与 WITH CHECK OPTION 类似。

5) 删除视图

对于不再需要的视图，需要通过 DROP VIEW 语句把视图的定义从数据库中删除。删除视图就是删除视图的定义以及赋予它的全部权限。删除视图的语法格式如下。

```
DROP VIEW [schema.]view [CASCADE CONSTRAINTS];
```

其中,CASCADE CONSTRAINTS 选项用于删除视图时删除约束。如删除名为 empsal80 的视图,应使用如下语句。

```
DROP VIEW empsal80;
```

2. 序列

许多应用程序需要使用唯一数字作为主键值。开发者和数据库用户可以在应用程序中编写代码处理这个需求,也可以使用序列生成唯一的数字。

序列(SEQUENCE)是数据库用户创建的一类多用户共享的对象,能自动产生一组等间隔的连续整数,往往用来生成表的主键值,并保证主键列的值不会重复。

1) 创建序列

创建序列需要指定序列名、升序或降序、序号间隔等信息。使用 CREATE SEQUENCE 语句创建序列,语法形式如下。

```
CREATE SEQUENCE sequence
[INCREMENT BY n]
[START WITH n]
[{MAXVALUE n|NOMAXVALUE}]
[{MINVALUE n|NOMINVALUE}]
[{CYCLE|NOCYCLE}]
[{CACHE n|NOCACHE}]
```

其中,sequence 是序列生成器的名字;INCREMENT BY n 指定相邻两个序列号之间的间隔,默认值为 1;START WITH n 指定生成的第一个序列号,默认值为 1;MAXVALUE n 指定序列能生成的最大值;NOMAXVALUE 指定升序序列的最大值为 10^{27},降序序列为 −1,为缺省选项;MINVALUE n 指定序列生成的最小值;NOMINVALUE 指定升序序列的最小值为 1,降序序列为 -10^{26},为缺省选项;CYCLE 指定序列号循环使用,当序列达到最大值或最小值仍继续生成序列号,当升序序列达到最大值时,下一个生成的值是最小值,当降序序列达到最小值时,下一个生成的值是最大值;NOCYCLE 指定序列不循环使用,当序列号达到最大值或最小值后就不再生成序列号了,为缺省选项;CACHE n 指定预分配的保留在内存中的整数个数,缺省时默认缓存 20 个,使用缓存可以提高获取序列号的效率;NOCACHE 指定不缓存任何整数,这样可以阻止数据库为序列预分配值,从而避免序列产生不连续的情况。

创建一个名为 dept_id_seq 的序列,用于为部门表的主键列生成一个序列号作为部门编号,该序列起于 300,最大序号为 9999,间隔为 10,不允许缓存,不循环使用,则创建该序列的语句如下。

```
CREATE SEQUENCE dept_id_seq
INCREMENT BY 10
START WITH 300
MAXVALUE 9999
NOCACHE
```

```
NOCYCLE;
```

如果生成的序列号用于表的主键，此时一定不要使用 CYCLE 选项。

尽管由序列生成的序列号是连续的，但在实际应用时，会出现序列号不连续的时候，主要有下面 3 种情况。

(1) 回滚事务。

如果用户回滚了一条包含序列的 DML 语句，则该序列号将会丢失。

(2) 系统崩溃。

如果系统崩溃，则缓存的序列号都会丢失。

(3) 另一个表使用了该序列。

序列不是绑定到某一个表的，当用户模式下的其他表、其他用户模式下的表用到该序列值的时候，也会出现序列号不连续的情况。

2) 使用序列

对用户而言，序列中的可用资源是其中包含的序列号，序列提供两个伪列 NEXTVAL 和 CURRVAL 访问序列中的序列号。NEXTVAL 用于返回序列生成的下一个值，CURRVAL 用于返回序列的当前值。

需要注意的是，在第一次引用 CURRVAL 前，必须引用过一次序列的 NEXTVAL 用于初始化序列的值，否则会出现错误提示信息"ORA-08002：序列 *********** 尚未在此会话中定义"。

向部门表中添加一个新部门，使用序列生成一个序列号作为部门编号，部门名称为 ResearchCenter，部门负责人编号为 100，部门所在地址编号为 1700，则实现该功能的语句为

```
INSERT INTO departments
VALUES (dept_id_seq.NEXTVAL, 'ResearchCenter', 100, 1700);
```

可以使用 CURRVAL 查看序列的当前值，如：

```
SELECT dept_id_seq.CURRVAL FROM dual;
```

3) 修改序列

Oracle 允许用户使用 ALTER SEQUENCE 语句修改序列，但不能修改序列的初值，序列的最小值不能大于当前值，序列的最大值不能小于当前值。

如修改序列 dept_id_seq 的最小值为 10、最大值为 5000、间隔为 20，并且序列号可循环使用。

```
ALTER SEQUENCE dept_id_seq
INCREMENT BY 20
MINVALUE 10
MAXVALUE 5000
CYCLE;
```

4) 删除序列

对于数据库中不再使用的序列，应及时将其删除。删除序列使用 DROP

SEQUENCE 语句,其语法形式如下。

```
DROP SEQUENCE sequence;
```

该语句用于删除名为 sequence 的序列,如将上述的 dept_id_seq 序列删除,应使用如下语句。

```
DROP SEQUENCE dept_id_seq;
```

3. 索引

如果要提高数据检索查询的性能,应该考虑创建索引。还可以使用索引强制列或列集合的唯一性。

索引是用户创建用来提高数据查询性能的一类数据库对象,可以独立于表而存在,可以存放在与表不同的表空间。索引中存有索引关键字和指向表中数据的指针,通过使用指针提高检索的效率,对索引进行的 I/O 操作比对表进行操作要少很多。索引一旦被建立,就将被 Oracle 系统自动维护。查询语句中不用指定使用哪个索引。索引可以显式地创建,也可以由 Oracle 的服务器自动创建。如果没有在某个列上创建索引,则在检索该列数据时将扫描整个表。

1) 索引的类型

索引按照索引列数的多少可以分为单列索引和复合索引。索引根据数据的组织形式可以分为 B 树索引和位图索引。

从 Oracle 索引的功能和特征以及索引的列值是否唯一,可以把索引分为唯一索引和非唯一索引。

唯一索引(Unique Index)是由 Oracle 服务器自动创建的索引,当用户在表上定义了主键约束和唯一值约束的列后,Oracle 服务器会自动在该列上创建索引,索引的名字就是相应约束的名字。

非唯一索引(Nonunique)是由用户通过使用 CREATE INDEX 语句创建的索引,索引的名字由用户指定。如为了提高多表连接查询的性能,用户可以在外键约束的列上创建索引。

用户也可以显式使用 CREATE INDEX 语句创建唯一索引,但 Oracle 不推荐用户创建唯一约束,而是由服务器自动创建。

2) 创建索引

用户可以使用 CREATE INDEX 语句在表的一列或多列上创建索引。创建索引的语法格式如下。

```
CREATE [UNIQUE] [BITMAP]INDEX index
ON table (column[, column[, …]]);
```

其中,index 是索引的名字,table 是表的名字,column 是表中被索引的列名;UNIQUE 选项指定创建索引的列值必须是唯一的;BITMAP 选项指定该索引为每个不同的键值,而不是每一行创建一个位图,位图索引存储位图的键值和键值关联的

ROWID。

如为了提高用户检索员工表姓氏列的效率，可以在该表上建立如下索引。

```
CREATE INDEX emp_last_name_idx
ON employees (last_name);
```

并不是索引创建的越多越好，执行的每一条 DML 语句提交后，创建在该表上的索引就必须由 Oracle 的服务器进行更新，索引越多，Oracle 服务器维护这些索引的开销就越大，如果该表频繁进行更新(DML)操作，就会得不偿失。一般情况下，满足下列条件的列上要创建索引。

(1) 该列包含大范围的值。

(2) 该列包含大量的空值。

(3) 该列在 WHERE 子句或连接条件中使用频繁。

(4) 表很大但被频繁访问的数据很少。

3) 删除索引

在索引不再使用时，或很少查询会使用到该索引时，就需要将该索引删除。从数据字典中删除索引，需要使用 DROP INDEX 语句，其语法格式如下。

```
DROP INDEX index;
```

此语句用于删除指定名称为 index 的索引。如删除名为 emp_last_name_idx 的索引的语句为

```
DROP INDEX emp_last_name_idx;
```

4. 同义词

可以使用同义词为对象提供替代名称，相当于表、视图、索引等模式对象的一个别名。与视图类似，同义词并不占用实际的存储空间，只在数据字典中保存其定义。使用同义词时，Oracle 将其解释成其对应的模式对象的名称。使用同义词，可以屏蔽对象所有者、对象名，缩短对象名的长度，从而简化对象的访问。

创建同义词使用 CREATE SYNONYM 语句，其语法格式如下。

```
CREATE [PUBLIC] SYNONYM synonym
FOR [schema.]object;
```

其中，PUBLIC 用于创建一个为 PUBLIC 用户组所拥有的、所有用户都能访问的公有同义词；若缺省 PUBLIC 选项，则创建一个专有同义词(也称为私有同义词)，仅创建它的用户所拥有，当前用户可以控制其他用户是否有权限访问属于自己的同义词。为自己能访问的其他模式对象定义同义词，必须在对象名称前用模式名限定，缺省模式名，则默认为当前用户模式下的对象创建同义词。

如 SYS 用户为 HR 模式下的员工表创建一个所有用户都能访问的同义词，命名为 emp，则创建同义词的语句如下。

```
CREATE PUBLIC SYNONYM emp
FOR hr.employees;
```

所有用户都可以使用 emp，同访问 hr. employees 相同，如所有用户可以使用如下的语句查询 HR 模式下的员工的姓氏和工资。

```
SELECT last_name, salary FROM emp;
```

同义词创建后，不能对同义词进行修改或改变它的定义，只能删除。删除同义词使用 DROP SYNONYM 语句，其语法格式如下。

```
DROP [PUBLIC] SYNONYM synonym;
```

其中，PUBLIC 选项用于删除公有同义词，只有数据库管理员(DBA)才能删除公有同义词，非管理员用户只能删除自己用户模式下的同义词。

如 HR 用户不能删除公有同义词 emp，而系统管理员用户 SYS 可以删除。删除公有同义词 emp 的语句为

```
DROP PUBLIC SYNONYM emp;
```

5.4.4 使用数据字典管理对象

表是由用户创建的，用来存储业务数据的一类对象，如 HR 模式下的员工表、部门表等。Oracle 数据库中还有一种表和视图的集合，称为数据字典。数据字典包含有关数据库的信息，是数据的数据，也就是元数据，它描述了数据库的物理与逻辑存储及相应的信息。数据字典是 Oracle 服务器创建和维护的，就像数据库中的其他数据一样。数据字典类似于表和视图的结构。数据字典对终端用户、语言程序设计者和数据库管理员等所有用户来说都是一个非常重要的管理数据库的工具。使用数据字典可以检索元数据，也可以用来创建模式对象的报告。

数据字典是只读的，用户仅可以使用 SELECT 语句查询它的表和视图。使用数据字典可以查询数据库中所有模式对象(包括表、视图、索引、序列、同义词、过程、函数、程序包、触发器等)的定义、列的默认值、完整性约束信息、Oracle 用户名称、每个用户被授予的权限和角色以及数据库的其他信息。

1. 数据字典结构

数据字典由表和视图组成，其中表用来存储数据库有关的信息，只有 Oracle 服务器可以读写，用户很少直接访问。视图用来存储数据字典中表的信息，这些视图将表中的数据使用连接和 WHERE 子句进行简化，进而转换成有用的信息。大多数用户访问的是数据字典的视图，而不是表。Oracle 的 SYS 用户拥有数据字典所有的表和视图，Oracle 的其他所有用户都不能修改 SYS 用户模式下的任何数据和对象，因为这种行为可能危及数据的完整性。

Oracle 的数据字典有静态和动态之分。静态数据字典在用户访问数据字典时不会

发生改变,但动态数据字典是依赖于数据库性能的,反映数据库运行的一些内在信息,所以,访问这类数据字典时往往不是一成不变的。

静态数据字典中的视图有 3 类,它们包含相似的信息,通过不同的前缀区分,前缀分别为 USER、ALL 和 DBA。动态数据字典是 Oracle 一些潜在的由系统管理员用户(如 SYS)维护的表和视图,在数据库运行时,它们会不断进行更新,这些视图提供了关于内存和磁盘的运行情况,一般只能对其进行只读访问,不能修改它们,这些视图命名一般以 V_$ 开头。数据字典视图命名及其描述见表 5.31。

表 5.31 数据字典视图命名及其描述

前缀	描　述
USER	用户视图(用户模式下的数据、用户拥有的数据)
ALL	扩展用户视图(用户能访问的数据)
DBA	数据库管理员视图(每个用户模式下的数据)
V_$	和性能相关的数据

如 USER_OBJECTS 包含用户拥有的或用户创建的对象信息,ALL_OBJECTS 包含用户能访问的对象信息,DBA_OBJECTS 包含所有用户拥有的对象信息。

DICTIONARY 视图本身包含用户可以访问的数据字典视图的名字及其简单描述,可以使用 DESCRIEB DICTIONARY 查看 DICTIONARY 视图的结构,如图 5.103 所示。

可以使用下面的查询语句查询所有数据字典视图的名字及其描述信息。

```
SELECT * FROM dictionary;
```

检索结果如图 5.104 所示。

其中,TABLE_NAME 在数据库中都是以大写字母存储的。

运用好数据字典视图,可以让数据库管理员和数据库开发人员更好地了解数据库的全貌,对于数据库优化、管理等有极大的帮助。

```
名称          空值 类型
----------- -- ---------------
TABLE_NAME     VARCHAR2(128)
COMMENTS       VARCHAR2(4000)
```

图 5.103 DICTIONARY 结构

	TABLE_NAME	COMMENTS
246	USER_TABLES	(null)
247	USER_AW_PS	(null)
248	USER_REPGROUPED_COLUMN	(null)

图 5.104 DICTIONARY 结构

2. 通过数据字典视图查看对象、表、列及约束信息

每个用户都可以通过 USER_OBJECTS 视图查询当前用户模式下的对象名称、ID、对象类型(如表、视图、索引等)、创建日期、最后修改日期、当前状态等。通过 ALL_OBJECTS 视图,用户可以查询自己可以访问的对象信息。如查询当前用户模式下所有的对象名称、类型、创建日期以及状态,可以使用如下语句。

```
SELECT object_name, object_type, created, status
FROM USER_OBJECTS;
```

检索结果如图 5.105 所示。

	OBJECT_NAME	OBJECT_TYPE	CREATED	STATUS
4	SYS_C0011449	INDEX	29-3月 -18	VALID
5	SECURE_EMPLOYEES	TRIGGER	11-9月 -14	INVALID
6	SECURE_DML	PROCEDURE	11-9月 -14	VALID
7	REG_ID_PK	INDEX	11-9月 -14	VALID
8	REGIONS	TABLE	11-9月 -14	VALID

图 5.105　通过 USER_OBJECTS 视图查询用户模式下的对象信息

如果当前用户仅需查询表视图等常用对象名称及类型，可以使用 CAT 视图，该视图仅包含两列 TABLE_NAME 和 TABLE_TYPE。其实，CAT 视图是 USER_CATALOG 的同义词，该视图仅可以查询当前用户拥有的表、视图、序列和同义词，而不包含其他对象。

使用 USER_TABLES 视图，可以查询当前用户模式下的表的信息，包括表名、所在表空间名称等，该视图具有同义词 TABS。可以使用如下语句查询当前用户下的表名信息。

```
SELECT table_name FROM user_tables;
```

检索结果如图 5.106 所示。

	TABLE_NAME
1	COUNTRIES
2	REGIONS
3	LOCATIONS

图 5.106　通过 USER_TABLES 视图查询用户下的所有表的名称

可以使用 USER_TAB_COLUMNS 视图查询用户表中列的信息，包括列名、数据类型、长度、默认值、是否为空等，数值型(NUMBER)还可以查看宽度与精度。下面的语句可以查询员工表中列的信息。

```
SELECT column_name, data_type, data_length, nullable, data default
FROM user_tab_columns
WHERE table_name='EMPLOYEES';
```

可以使用视图 USER_UNUSED_TAB_COLUMNS 查看设置为不可用(逻辑删除)列的信息。

使用 USER_CONSTRAINTS 视图，可以查看用户定义在表上的约束信息，包括约束名称、约束类型、约束所在表、检查条件、当前状态、外键约束所参考的主键约束名称、删除规则等，还可以通过 USER_CONS_COLUMNS 查看约束所定义的列。如查看员工表上所定义的约束名称、约束类型、搜索条件、完整性约束 (外键)参考的约束名称、删除规则、当前状态，可以使用如下语句。

```
SELECT constraint_name, constraint_type, search_condition,
       r_constraint_name, delete_rule, status
FROM user_constraints
WHERE table_name='EMPLOYEES';
```

检索结果如图 5.107 所示。

	CONSTRAINT_NAME	CONSTRAINT_TYPE	SEARCH_CONDITION	R_CONSTRAINT_NAME	DELETE_RULE	STATUS
3	EMP_HIRE_DATE_NN	C	"HIRE_DATE" IS NOT NULL	(null)	(null)	ENABLED
4	EMP_EMAIL_NN	C	"EMAIL" IS NOT NULL	(null)	(null)	ENABLED
5	EMP_LAST_NAME_NN	C	"LAST_NAME" IS NOT NULL	(null)	(null)	ENABLED
6	EMP_MANAGER_FK	R	(null)	EMP_EMP_ID_PK	NO ACTION	ENABLED

图 5.107 通过 USER_CONSTRAINTS 视图查询约束信息

其中,约束类型可以是以下几种。

(1) C,定义在表上的检查约束或非空约束。

(2) P,主键约束。

(3) U,唯一约束。

(4) R,参照完整性,外键约束。

(5) V,定义视图时使用了 WITH CHECK OPTION 选项。

(6) O,定义视图时使用了 WITH READ ONLY 选项。

可以对视图 USER_CONSTRAINTS 和 USER_CONS_COLUMNS 进行连接,查询约束的名称、类型、约束所在的列名称等信息。

3. 通过数据字典视图查看其他常用对象信息

可以通过视图 USER_VIEWS 查看视图的名称及定义,如

```
SELECT view_name, text FROM USER_VIEWS;
```

使用 USER_SEQUENCES 视图可以查看定义的序列名称、最小值、最大值、间隔、是否循环标记、缓冲区大小、下一个值等信息。

使用 USER_INDEXES 视图可以查看用户的索引名称、索引类型、创建索引的表以及是否唯一索引等。使用 USER_IND_COLUMNS 视图可以查看索引所在的表及列的信息,如查询定义在员工表上的索引名称、表名称、列名称以及是否唯一索引信息,语句如下。

```
SELECT index_name, i.table_name, column_name, uniqueness
FROM user_indexes i JOIN user_ind_columns
USING (index_name)
WHERE i.table_name='EMPLOYEES';
```

检索结果如图 5.108 所示。

使用 USER_SYNONYMS 视图可以查询用户定义的同义词信息,如

```
SELECT * FROM user_synonyms;
```

	INDEX_NAME	TABLE_NAME	COLUMN_NAME	UNIQUENESS
4	EMP_JOB_IX	EMPLOYEES	JOB_ID	NONUNIQUE
5	EMP_DEPARTMENT_IX	EMPLOYEES	DEPARTMENT_ID	NONUNIQUE
6	EMP_EMP_ID_PK	EMPLOYEES	EMPLOYEE_ID	UNIQUE
7	EMP_EMAIL_UK	EMPLOYEES	EMAIL	UNIQUE

图 5.108　通过 USER_INDEXES 和 USER_IND_COLUMNS 视图查询索引信息

检索结果如图 5.109 所示。

	SYNONYM_NAME	TABLE_OWNER	TABLE_NAME	DB_LINK	ORIGIN_CON_ID
1	E	HR	EMPLOYEES	(null)	3

图 5.109　通过 USER_SYNONYMS 视图查询同义词信息

使用 USER_TAB_PRIVS 视图可以查看存储在当前用户模式下所有表的权限信息，如查询当前用户对员工表的权限信息。

```
SELECT * FROM user_tab_privs WHERE table_name='EMPLOYEES';
```

检索结果如图 5.110 所示。

	GRANTEE	OWNER	TABLE_NAME	GRANTOR	PRIVILEGE	GRANTABLE	HIERARCHY	COMMON	TYPE
8	OE	HR	EMPLOYEES	HR	REFERENCES	NO	NO	NO	TABLE
9	OE	HR	EMPLOYEES	HR	SELECT	NO	NO	NO	TABLE
10	OE	HR	JOB_HISTORY	HR	SELECT	NO	NO	NO	TABLE
11	PUBLIC	SYS	HR	HR	INHERIT PRIVILEGES	NO	NO	NO	USER

图 5.110　通过 USER_TAB_PRIVS 视图查询权限信息

4. 使用动态数据字典视图

动态数据字典在数据库运行时，它们会不断进行更新，这些视图提供了关于内存和磁盘的运行情况，只有数据库管理员才能访问这些视图，这些视图命名一般以 V_$ 开头。下面对几个主要的动态性能视图进行介绍。

V_$ACCESS 视图显示数据库中当前锁定的对象及访问它们的会话，可以显示访问对象的会话 ID(SID)、对象的拥有者(OWNER)、对象名称(OBJECT)、对象类型(TYPE)等，如查询 HR 模式下被锁定的访问对象及访问它们的会话信息，可以使用如下语句。

```
SELECT sid, owner, object, type
FROM v_$access
WHERE owner='HR';
```

检索结果如图 5.111 所示。

	SID	OWNER	OBJECT	TYPE
3	45	HR	DBMS_SQL	CURSOR
4	368	HR	ALL_SYNONYMS	CURSOR
5	45	HR	USER_OBJECTS	CURSOR
6	368	HR	ALL_OBJECTS	CURSOR

图 5.111　通过 V_$ACCESS 视图查询锁定对象的访问信息

V_ $ SESSION 视图列出当前会话的详细信息；V_ $ ACTIVE_INSTANCES 视图主要描述当前数据库下的活动的实例的信息；V_ $ CONTEXT 视图列出当前会话的属性信息，包括表空间名称、属性值等；V_ $ ACTIVE_SESSION_HISTORY 视图用来描述当前活动会话的历史记录；V_ $ ACTIVE_SERVICES 视图用来列出当前活动的服务名称、ID 等信息。

5. 为表和列添加注释

为了查询和使用方便，用户可以给表、视图或列添加注释，并可以通过数据字典视图查询相关的注释信息。

为表、视图或列添加注释用 COMMENT 语句。添加注释的语法格式如下。

```
COMMENT ON {TABLE table | COLUMN table.column}
IS 'comment information';
```

如为 HR 模式下的员工表添加注释，应使用如下语句。

```
COMMENT ON TABLE employees
IS 'Employees Information: Table of HR Schema';
```

为员工表的列 last_name 添加注释，应使用如下语句。

```
COMMENT ON COLUMN employees.last_name
IS 'Last_name Information: Last_name of Employee';
```

删除注释仍需要使用 COMMENT 语句，但注释信息为空字符串，如删除员工表的注释，应使用如下语句。

```
COMMENT ON TABLE employees
IS '';
```

查看表、视图或列的注释信息可以使用的视图包括 USER_TAB_COMMENTS、ALL_TAB_COMMENTS、USER_COL_COMMENTS 以及 ALL_COL_COMMENTS。

5.5 小　　结

本章介绍了 SQL 的发展史、SQL 的特点以及标准化，并以 HR 模式为例详细介绍了 Oracle 数据库的 SQL 语句，通过数据查询语言语句(SELECT)、数据操纵语言语句(INSERT、UPDATE、DELETE)、事务控制语言语句(如 SAVEPOINT、ROLLBACK、COMMIT 等)实现对数据库中数据的查询、更新等操作，通过数据定义语言语句(包括 CREATE、ALTER、DROP、TRUNCATE 等)实现对数据库模式对象的管理操作，包括创建、修改以及删除等。

第6章 chapter 6

Oracle PL/SQL 程序设计基础

PL/SQL(Procedural Language/SQL,SQL 过程语言扩展)是 Oracle 专有的第三代程序设计语言(3GL),专为无缝处理 SQL 命令而设计。它具有通常的程序结构(如 if-then-else 和循环)以及用于用户界面设计的工具,在 Oracle 中用于编写语句块,以实现复杂的功能。在 PL/SQL 语句中,可以像编程语言一样定义变量、常量,编写结构化程序语句结构(如条件判断语句、循环语句)。在 PL/SQL 代码中,可以嵌入对 SQL 的调用。PL/SQL 应用程序可以使用 SQL 从数据库中检索一行或多行,然后依据其内容执行各种操作,也可以使用 SQL 将行写回数据库。在 PL/SQL 代码中还可以对语句操作进行异常处理以及事务控制,以保证数据的准确性。PL/SQL 在数据库中存储和编译,在 Oracle 可执行文件中运行,继承 Oracle 数据库的强健性、安全性和可移植性。

6.1 PL/SQL 概述

PL/SQL 是一种应用在数据库中的程序设计语言。它和其他的程序设计语言一样可以定义变量和常量,有赋值语句和表达式,有分支、循环等程序设计结构,可以在程序中嵌入 SQL 语句是它区别于其他程序设计语言的特点。应用程序设计者或数据库开发者可以把一些运行在数据库中的业务逻辑通过数据操作和查询语句定义在 PL/SQL 程序块中,通过逻辑判断、循环等操作实现复杂的功能。

6.1.1 PL/SQL 简介

SQL 是用于访问和修改关系数据库中数据的主要语言,只有几个语句。下在先来看一条语句。

```
SELECT employee_id, last_name, department_id, salary FROM employees;
```

该 SQL 语句简单明了、功能清晰,但想对条件方式检索的任何数据进行修改,就会遇到 SQL 的局限性,如对每个检索到的员工,检查其所在部门和工资,根据部门的整体效益和员工个人的工资,从而为员工提供不同的奖金。

针对此问题,必须先执行前面的 SQL 语句,得到检索的结果数据集,并将逻辑应用到数据集中。不同的部门效益不同,员工的奖金也不同,一个简单的解决方案就是为每个部门编写一个 SQL 语句，为该部门的员工发放奖金。但需要注意的是，在决定奖金数额前，还需要先检查员工个人的工资，因为员工的奖金不仅和部门的效益有关，还和员工个人的工资有关。这就使得问题的解决有点复杂，如果有条件语句，能像其他高级语言一样编程，那就容易多了。

PL/SQL 就是为满足上述需求而设计的，代表面向过程化的语言与 SQL 的结合，是对 SQL 的过程化语言扩展，是 Oracle 公司访问 Oracle 数据库的标准数据访问语言，是 SQL 与过程化程序设计的无缝集成。

PL/SQL 定义了一个用于编写代码的块结构，使用这种结构更容易维护和调试代码，可以很容易理解程序单元的流程和执行。PL/SQL 也提供了现代软件工程的特性，如数据封装、异常处理、信息隐藏和面向对象等，它为 Oracle 服务器和各种工具集提供了最先进的编程方式，像其他高级语言一样，为程序设计提供所有有效的过程化结构，如有变量、常量、数据类型等，具有条件语句和循环相同的控制结构，编写的程序具有可重用性。

Oracle 数据库服务器执行 PL/SQL 块的环境主要包括 PL/SQL 引擎、过程语句执行器和 SQL 语句执行器三部分。PL/SQL 块包含过程语句和 SQL 语句，共两种类型的语句，当数据库开发人员将 PL/SQL 块提交到服务器时，PL/SQL 引擎首先对 PL/SQL 进行解析，分别标识出过程语句和 SQL 语句，将过程语句传递到过程语句执行器执行，将 SQL 语句传递到 SQL 语句执行器执行。图 6.1 给出了 PL/SQL 的执行环境。

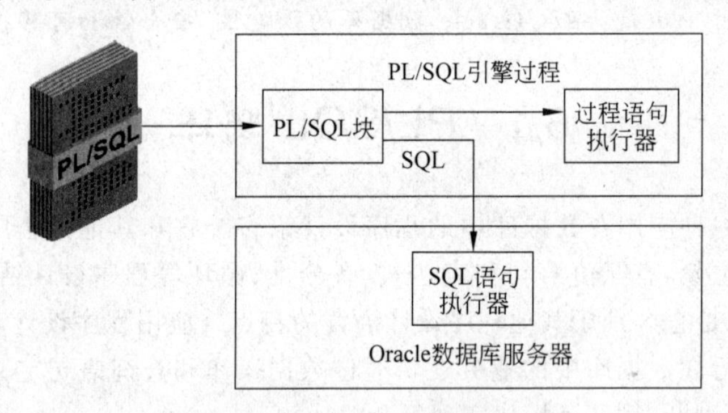

图 6.1　PL/SQL 的执行环境

Oracle 的应用程序开发工具都包含一个 PL/SQL 引擎，开发工具将 PL/SQL 块传递给本地的 PL/SQL 引擎，过程语句都是在客户端本地执行的，只有 SQL 语句会传递到 Oracle 服务器上的 SQL 语句执行器运行。

PL/SQL 具有如下的优点与特征。

1. SQL 与程序设计结构的完美集成

PL/SQL 最重要的优点是程序设计结构与 SQL 的集成。SQL 是一种非过程化的语言，当执行一条 SQL 语句时，需要告诉服务器做什么，但不能指定服务器怎么做。PL/SQL 把 SQL 语句与控制语句和条件语句集成在一起，可以更好地控制 SQL 语句的执行。

2. 提高性能

没有 PL/SQL 的时候，无法将多个 SQL 语句组合成一个逻辑整体，尤其是在设计一个应用程序流程时，需要执行多个 SQL 语句，而这些 SQL 语句是每次一条发送到服务器的，多条语句要发送多次，每一条 SQL 语句都会通过网络向服务器发送请求，从而增加了网络流量，降低了性能，尤其是在 C/S 模式下。

有了 PL/SQL，情况就会变得完全不一样，PL/SQL 可以将多个 SQL 语句合并为一个逻辑单元，应用程序将整个逻辑块，而不是每次发送一条 SQL 语句到数据库服务器，这样就大大降低了数据库响应的次数。如果某应用需要执行很多条 SQL 语句，就可以应用 PL/SQL 块将 SQL 语句组合，从而一次发送到 Oracle 数据库服务器执行。

3. 模块化程序开发

所有 PL/SQL 程序最基本的单元都是块。多个程序块可以是一个序列，也可以嵌套在其他块中，每一块都可以作为一个模块进行开发。模块化程序开发具有如下优点。

(1) 块中可以对逻辑相关的语句分组。

(2) 可以在较大的块中嵌套块，从而开发功能更强大的程序。

(3) 可以将应用程序分解成多个更小的块，从而将复杂的应用简单化。

(4) 便于维护和调试代码。

在 PL/SQL 中，模块化是通过过程、函数和程序包实现的。

4. 与 Oracle 应用程序及工具的集成

Oracle PL/SQL 引擎集成在多种 Oracle 应用程序及工具中，如 Oracle 表单(Oracle Forms)、报表(Oracle Reports)等。当使用这些工具进行开发时，客户端的 PL/SQL 引擎将会处理 PL/SQL 的过程语句，只有 SQL 语句才会发送到数据库服务器。

5. 可移植性

能够运行 Oracle 服务器的任何操作系统和平台都可以运行 PL/SQL 程序，用户无须对新环境进行定制，只编写程序包，并创建相关的库，即可移植到不同的平台进行重用。

6. 异常处理

PL/SQL 允许数据库开发者有效地处理异常，用户可以自定义单独的块对异常进行处理。

PL/SQL 与 SQL 具有相同的数据类型和表达式，并在此基础上有一定的扩展。

6.1.2 PL/SQL 块结构与类型

PL/SQL 是结构化程序设计语言。块是 PL/SQL 程序中最基本的单元。每个 PL/SQL 块由 3 部分组成：声明部分、执行部分和异常处理部分。下面给出了 PL/SQL 块的基本结构,其中声明部分和异常处理部分是可选的,执行部分是必需的。

```
DECLARE(可选)
    -声明部分:声明变量、常量、类型、游标、用户定义的异常等
BEGIN(必需)
    -执行部分:SQL 语句和 PL/SQL 过程语句构成的程序主要部分
EXCEPTION(可选)
    -异常处理部分:当程序出现异常时进行捕获并处理
END;(必需)
```

其中,声明部分是可选的,以关键字 DECLARE 开始,在执行部分开始前结束;执行部分是必需的,以关键字 BEGIN 开始,以关键字 END 结束,本部分至少需要一条语句,关键字 END 后需要使用分号(;)结束,且执行部分可以嵌套任意数量的 PL/SQL 块;异常处理部分也是可选的,以关键字 EXCEPTION 开始,嵌套在执行部分中。

在一个 PL/SQL 块中,关键字 DECLARE、BEGIN、EXCEPTION 都不能以分号结束,而关键字 END、所有的 SQL 语句和 PL/SQL 过程语句必须以分号结束。

声明部分声明的所有变量、常量、游标、用户定义的异常都可以在执行部分和异常处理部分中被引用;声明部分中可以使用 SQL 语句从数据库中检索数据,也可以使用 PL/SQL 过程语句对块中的数据进行处理;异常处理部分指定在执行部分出现错误或异常情况时需要执行的操作。

一个 PL/SQL 程序包含一个或多个块,这些块可以独立存在,也可以嵌套在另一个块中。PL/SQL 程序由 3 种类型的块组成,分别为匿名块、过程和函数。其定义形式如图 6.2 所示。

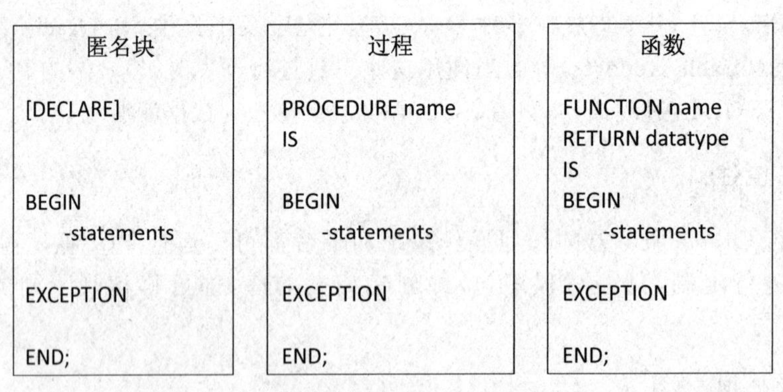

图 6.2　PL/SQL 块类型

匿名块是未命名的块,在运行时被执行。匿名块不存储在数据库中,如果要再次执行相同的块,必须重写该块,并在执行时重新进行编译。由于块是匿名的,每次执行后该块就不再存在,开发者不能调用以前写过的匿名块。

过程和函数都称作子程序,它们是匿名块的有益补充,是存储在数据库中被命名的 PL/SQL 块。由于子程序已经命名,且存储在数据库中,开发者可以随时调用它们,可以将子程序声明为过程或函数,通常使用函数执行一些操作,而使用函数进行计算并返回一个值。

函数和过程类似，不同的是，函数必须有返回值，而过程没有。

6.1.3 创建 PL/SQL 匿名块

数据库开发者可以在 SQL *Plus 和 SQL Developer 环境下创建 PL/SQL 程序块，本书以 SQL Developer 为例，打开 SQL Developer 开发环境，连接数据库，在打开的 SQL 工作区中创建 PL/SQL 块。

PL/SQL 没有内置的输入和输出功能，因此需要使用预定义的 Oracle 程序包进行输入和输出。使用 DBMS_OUTPUT 包的过程 PUT_LINE 显示一行需要输出的信息，只需要将需要输出的信息作为参数传递给 PUT_LINE 过程，该过程就会输出参数的值。

要生成输出，在 SQL Developer 和 SQL *Plus 中都可以显式地使用命令 SET SERVEROUTPUT ON 设置，不显式输出使用命令 SET SERVEROUTPUT OFF 进行设置。在 SQL Developer 中也可以通过单击"查看"菜单下的"DBMS 输出"菜单项，此时会在脚本输出窗口下面打开一个 DBMS 输出窗口，但是此时该窗口是灰色的，单击"DBMS 输出"区域左上角的连接符号✚，选择输出需要的连接，再单击"确定"按钮就可以看见输出了。

如编写一个 PL/SQL 匿名块，显示一行信息"This is my first PL/SQL program!"。

```
BEGIN
   DBMS_OUTPUT.PUT_LINE('This is my first PL/SQL program! ');
END;
```

执行结果如图 6.3 所示。

```
PL/SQL 过程已成功完成。
This is my first PL/SQL program!
```

图 6.3 PL/SQL 执行结果

6.2 简单 PL/SQL 程序

6.2.1 PL/SQL 变量

在 PL/SQL 中可以声明变量，并在 SQL 语句和 PL/SQL 语句中使用它们。变量主要用来存储数据，并对存储的值进行操作。变量还可以存储任意的 PL/SQL 对象，如类型、游标和子程序等。变量具有可重用性。变量一旦声明，就可以在应用程序中反复使用，也可以在各种语句中引用它们。

1. 变量命名规则

声明变量时，需要对其命名，并通过变量名引用它们。变量的命名需满足如下规则。

(1) 必须以字母开头。

(2) 长度不超过 30 个字符。

(3) 只能包括如下符号：A～Z,a～z,0～9,_,$,#。

(4) 不能使用 Oracle 的保留字(如 SELECT、ORDER 等)。

变量命名要有实际意义,做到见文知义;变量命名应避免和用户模式下的表名、列名等对象名相同;为了增强程序的可读性和可维护性,建议每行声明一个变量。

声明后的变量可以在执行部分使用,并可以赋予其新值;也可以作为参数传递给 PL/SQL 的子程序,同样也可用来存储函数返回的结果。

2. 变量声明

PL/SQL 变量需在 PL/SQL 块的声明部分进行声明,并为其指定数据类型,声明时还可以为其指定初始值并施加非空约束。变量在使用前必须进行声明。声明变量的语法格式如下。

```
identifier [CONSTANT] datatype[(size)] [NOT NULL] [:=|DEFAULT expr];
```

其中,identifier 为变量名;CONSTANT 指定该标识符为常量,用于约束其值不能发生变化,常量在声明时必须初始化;datatype 是声明变量的类型,与 SQL 中的数据类型相同,可以是标量类型、复合类型、引用类型和大对象类型,也可以是 PL/SQL 扩展的游标或异常类型;size 用于指定变量的宽度;NOT NULL 约束该变量不能为空值,NOT NULL 约束的变量必须初始化;expr 是用来为变量初始化的表达式,可以是常量、变量,也可以是包含运算符和函数的表达式,与 SQL 中的表达式相同,未初始化变量的值为空值;声明时初始化变量可以使用赋值运算符(:=),也可以使用 DEFAULT 关键字。

下例使用了未初始化的变量,其值为 NULL。

```
DECLARE
    v_name VARCHAR2(20);
BEGIN
    DBMS_OUTPUT.PUT_LINE('My name is: ' || v_name);
    v_name :='Zhang San';
    DBMS_OUTPUT.PUT_LINE('My name is: '|| v_name);
END;
```

```
PL/SQL 过程已成功完成。
My name is:
My name is:Zhang San
```

图 6.4 PL/SQL 执行结果

程序执行结果如图 6.4 所示。

上例中的变量 v_name 可以在声明部分初始化,并在执行部分修改它的值。PL/SQL 对常量字符串与日期型数据的引用方法与 SQL 相同。

3. 使用%TYPE 声明变量

PL/SQL 中声明的变量主要用来保存和操作存储在数据库中的数据,当声明的变量用来保存表的列值时,必须确保变量的数据类型和精度是正确的,可以通过使用 DESCRIBE 命令得到列的数据类型及精度。如果不能保证正确,在程序执行过程中将会运行错误。设计大型程序时,这可能非常耗时,并且容易出错。

比显式指定变量的数据类型和精度更好的一种方式是使用类型属性%TYPE。%TYPE就是根据已经声明的变量或数据库中的列声明一个新变量,如果变量中存储的值是从数据库的表中得到的,那么声明这种变量通常使用类型属性%TYPE。使用%TYPE声明变量时,应当在%TYPE前以表名和列名作为前缀修饰符。如果引用前面声明的变量声明新变量,应当以已声明的变量名作为前缀修饰符。

使用类型属性%TYPE声明变量,有以下好处。

(1) 避免数据类型和精度不匹配造成的错误。

(2) 避免为声明的变量显式指定数据类型。

(3) 列定义发生变化后,无须修改变量的声明。

使用类型属性%TYPE声明变量的语法格式如下。

```
identifier table.column | existed_variable_name%TYPE;
```

其中,identifier是声明的变量名;table.column是根据表table的列column声明变量;existed_variable_name是根据已经存在的变量名声明变量。如:

```
emp_name  employees.last_name%TYPE;
income NUMBER(7, 2);
min_income income%TYPE;
```

这里,emp_name就是根据员工表employees的列last_name声明的变量,其类型与精度均与last_name相同;min_income与income的类型与精度相同。

数据库中非空(NOT NULL)约束的列不适用于%TYPE声明的变量。也就是说,即使使用数据库中非空约束的列声明了一个变量,该变量并不继承非空约束,仍然可以为其赋予空值(NULL)。

6.2.2 在PL/SQL中使用函数

Oracle的函数也都可以在PL/SQL中使用,所有函数都可以用在PL/SQL的SQL语句中,但DECODE函数和组函数不能用在PL/SQL的过程语句中。如:

```
stringlen INTEGER(5);
content VARCHAR2(80) :='This is a very long character string';
stringlen :=LENGTH(content);
d NUMBER(10, 2) :=ROUND(MONTHS_BETWEEN(SYSDATE, '15-3月-14'), 2);
```

6.2.3 嵌套PL/SQL块

PL/SQL提供块嵌套的能力,可以在执行部分的任何位置嵌套PL/SQL块,使整个嵌套的PL/SQL看起来像一条语句;如果PL/SQL块的执行部分包含多个逻辑独立的功能,则可以将执行部分划分为多个PL/SQL块,每个块实现一个独立的功能;异常处理部分也可以包含嵌套的PL/SQL块。

不同块声明的变量,其作用域也不同,PL/SQL 块中声明的变量,其作用域就是从变量的声明开始到其所在语句块的结束,当变量超出了其作用域,PL/SQL 解释程序就会自动释放该变量的存储空间。如:

```
DECLARE
    var_outer VARCHAR2(20) :='OUTER VARIABLE';
BEGIN
    DECLARE
        var_inner VARCHAR2(20) :='INNER VARIABLE';
    BEGIN
        DBMS_OUTPUT.PUT_LINE(var_inner);
        DBMS_OUTPUT.PUT_LINE(var_outer);
    END;
        DBMS_OUTPUT.PUT_LINE(var_outer);
END;
```

在上例中,外层 PL/SQL 块的执行部分嵌套了另一个 PL/SQL 块,每个块中均声明了变量,var_outer 是外层 PL/SQL 声明的变量,其作用域从声明位置开始到外层 PL/SQL 块结束,故在嵌套的内层 PL/SQL 块内可以使用,在嵌套块结束后仍可访问;var_inner 是内层 PL/SQL 声明的变量,其作用域从声明位置开始到声明它的内层 PL/SQL 块结束。

```
PL/SQL 过程已成功完成。
INNER VARIABLE
OUTER VARIABLE
OUTER VARIABLE
```

图 6.5 PL/SQL 嵌套块及变量作用域

程序执行结果如图 6.5 所示。

若在 PL/SQL 块及其嵌套的 PL/SQL 块中使用了同名的变量,内层 PL/SQL 中声明的变量将屏蔽外层声明的同名变量。如:

```
DECLARE
    var_outer_name VARCHAR2(20) :='Mike';
    var_birth DATE :='12-7月-82';
BEGIN
    DECLARE
        var_inner_name VARCHAR2(20) :='John';
        var_birth DATE :='21-11月-16';
    BEGIN
        DBMS_OUTPUT.PUT_LINE('Outer_name:' || var_outer_name);
        DBMS_OUTPUT.PUT_LINE('Inner_name:' || var_inner_name);
        DBMS_OUTPUT.PUT_LINE('Date of birth:' || var_birth);
    END;
        DBMS_OUTPUT.PUT_LINE('Date of birth:' || var_birth);
END;
```

程序执行结果如图 6.6 所示。

```
PL/SQL 过程已成功完成。
Outer_name:Mike
Inner_name:John
Date of birth:21-11月-16
Date of birth:12-7月 -82
```

图 6.6 PL/SQL 嵌套块及变量作用域

内层 PL/SQL 块中输出的 var_birth 是内层声明的变量的值,内层 PL/SQL 块结束后输出的 var_

birth 是外层声明的变量的值。

如果在内层需要使用外层声明的与内层重名的变量，可以通过对外层 PL/SQL 块命名的方式实现，对外层 PL/SQL 块使用限定标识符，在内层 PL/SQL 块中使用外层同名的变量就可以使用限定标识符作前缀限定使用。为 PL/SQL 块命名的语法格式如下。

```
BEGIN<<qualified_identifier>>
PL/SQL 块
END qualifier_identifier;
```

上例中，可以对外层 PL/SQL 块命名 outer，然后在内层中通过 outer. var_birth 应用外层声明的此变量，程序如下。

```
BEGIN<<outer>>
    …
        DBMS_OUTPUT.PUT_LINE('Date of birth:' || outer.var_birth);
    END;
        …
END;
END outer;
```

6.2.4 在 PL/SQL 中使用 SQL 语句

PL/SQL 程序中可以使用 SQL 语句，通过使用 SELECT 语句检索数据，使用 DML 语句更新数据库中的数据，使用 TCL 语句进行事务控制。PL/SQL 块的 END 关键字表示 PL/SQL 块的结束，而不是事务的结束，在 PL/SQL 中仍需要使用事务控制语句 COMMIT 和 ROLLBACK 终止一个事务。

1. 在 PL/SQL 中使用 SELECT 语句

在 PL/SQL 中可以使用 SELECT 语句检索数据，其语法格式如下。

```
SELECT select_list
INTO {variable[, variable][, …] | record }
FROM table
[WHERE condition];
```

其中，select_list 至少包含一列，可以包含 SQL 表达式、单行函数或组函数；variable 用来存储检索结果的标量类型的变量；record 用来存储检索结果行数据的记录；table 指定检索数据来源的表；condition 由列名、表达式、常量、比较运算符构成，也包含 PL/SQL 中的变量和常量。

PL/SQL 中的每一个 SQL 语句都须以分号(;)结束；检索的每一个值都必须使用 INTO 子句保存到指定的变量中；INTO 子句中变量的个数要和 SELECT 子句列表中列的数目一致，并且相应位置上的数据类型也要兼容；WHERE 子句是可选的，但使用 INTO 子句的情况下要求检索结果只能有一行，此时往往需要使用 WHERE 子句限定，检索结果超过一行就会返回错误信息"实际返回的行数超出请求的行数"，若检索结果为空，则返回错误信息"未找到任何数据"。

如编写 PL/SQL 程序，查询并输出工资低于 2200 元的员工姓氏，程序如下。

```
DECLARE
  var_name employees.last_name%TYPE;
BEGIN
  SELECT last_name INTO var_name
  FROM employees
  WHERE salary<2200;
  DBMS_OUTPUT.PUT_LINE('工资低于 2200 的员工为：'||var_name);
END;
```

员工表中工资低于 2200 元的只有一人，Olson 的工资为 2100 元/月，程序执行结果如图 6.7 所示。

```
PL/SQL 过程已成功完成。
工资低于2200元的员工为: Olson
```

图 6.7　PL/SQL 中使用 SELECT 语句

员工表中不存在工资低于 2000 元的员工，上例中，若将 2200 改为 2000，则检索结果为空，此时 Oracle 服务器返回的错误信息如图 6.8 所示。

```
错误报告 -
ORA-01403: 未找到任何数据
ORA-06512: 在 line 4
01403. 00000 -  "no data found"
*Cause:    No data was found from the objects.
*Action:   There was no data from the objects which may be due to end of fetch.
```

图 6.8　SELECT 语句检索结果集为空的情况

员工表中存在多名工资低于 2500 元的员工，上例中，若将 2200 改为 2500，则检索结果不止一行，此时 Oracle 服务器返回的错误信息如图 6.9 所示。

```
错误报告 -
ORA-01422: 实际返回的行数超出请求的行数
ORA-06512: 在 line 4
01422. 00000 -  "exact fetch returns more than requested number of rows"
*Cause:    The number specified in exact fetch is less than the rows returned.
*Action:   Rewrite the query or change number of rows requested
```

图 6.9　SELECT 语句检索结果集不止一行的情况

在 PL/SQL 块的 SQL 语句中可以使用组函数，如查询指定部门员工的工资总和。

```
DECLARE
   var_sumsal employees.salary%TYPE;
   var_deptno NUMBER NOT NULL :=60;
BEGIN
```

```
    SELECT SUM(salary) INTO var_sumsal FROM employees
    WHERE department_id=var_deptno;
    DBMS_OUTPUT.PUT_LINE('部门总工资为: '||var_sumsal);
END;
```

程序执行结果如图 6.10 所示。

```
PL/SQL 过程已成功完成。
部门总工资为: 28800
```

图 6.10 PL/SQL 的 SELECT 语句使用组函数

2. 在 PL/SQL 中使用 DML 语句

在 PL/SQL 中可以使用 DML 语句更新数据库中的数据,使用 INSERT 语句往表中添加行数据,使用 UPDATE 语句修改表中的数据,使用 DELETE 语句删除表中的行。

在部门表中添加一个新部门,部门编号由序列 dept_id_seq 自动生成,部门名称为'AI Lab',部门经理的员工编号为 110,部门地址编号为 1700,可以使用如下的 PL/SQL 程序实现。

```
BEGIN
    INSERT INTO departments
    VALUES(dept_id_seq.NEXTVAL, 'AI Lab', 110, 1700);
END;
```

部门表中新增加了一行编号为 380 的部门。现将新添加的部门经理修改为编号为 117 的员工,可以使用如下的 PL/SQL 程序实现。

```
BEGIN
    UPDATE departments
    SET manager_id=117
    WHERE department_id=380;
END;
```

将新添加的部门删除,可以使用如下的 PL/SQL 程序实现。

```
BEGIN
    DELETE FROM departments
    WHERE department_id=380;
END;
```

3. 在 PL/SQL 中使用 DDL 语句

在 PL/SQL 中不能直接使用 DDL 语句,如 CREATE TABLE、ALTER TABLE 或 DROP TABLE。PL/SQL 支持早期绑定,就相当于程序设计语言的处理包括两个阶段(编译阶段和运行时阶段),PL/SQL 的早期绑定就是编译阶段确定语法、语义方面的错误。而 PL/SQL 应用程序创建对象等 DDL 操作是在运行时通过传递值的方式实现的,不属于早期绑定，所以 PL/SQL 中不能直接使用 DDL 语句，这些语句称为动态 SQL 语句。PL/SQL 通过使用 EXECUTE IMMEDIATE 语句执行动态 SQL 语句，语法格式如下。

```
EXECUTE IMMEDIATE dynamic_sql;
```

如删除表 dept2 的程序如下。

```
DECLARE
    var_sql VARCHAR(20) :='DROP TABLE dept2';
BEGIN
    EXECUTE IMMEDIATE var_sql;
END;
```

在 PL/SQL 中也不能直接执行 DCL 语句，如 GRANT、REVOKE 等，也要通过使用动态 SQL 执行它们。

6.3 PL/SQL 控制结构

PL/SQL 支持使用多种控制结构改变 PL/SQL 语句块中语句的逻辑流程，包括 IF 语句、CASE 表达式、LOOP 循环结构以及 CONTINUE 语句共 4 种。

6.3.1 IF 语句

PL/SQL 中的 IF 语句结构类似于其他过程语言的 if 语句，它允许 PL/SQL 根据条件选择执行的操作。PL/SQL 的 IF 语句用法如下。

```
IF condition THEN
    statements;
[ELSIF condition THEN
    statements;]
[ELSE
    statements;]
END IF;
```

其中，condition 是一个布尔类型变量或能得到 TRUE、FALSE 或 NULL 的条件表达式；THEN 为条件表达式是 TRUE 时，引出后续操作的关键字；statements 由一条或多条 SQL 语句或 PL/SQL 语句组成，可以包含其他的逻辑结构，只有在 THEN 所关联的 IF 子句的 condition 为 TRUE 时才执行；ELSIF 在第一个 IF 子句中的 condition 为 FALSE 或 NULL 时，用于引出另一个选择分支的关键字；ELSE 为以前所有由 IF 和 ELSIF 子句中的条件均不为 TRUE 时，引出后续默认操作的关键字；END IF 用户标记 IF 语句的结束，必须以分号(;)结尾。

在 IF 语句中，ELSIF 和 ELSE 子句都是可选的，甚至可以包含多个 ELSIF 子句，但最多只能有一个 ELSE 子句。

指定员工编号,输出该员工的工资,并通过工资判断其收入所属等级。如果工资高于12000,则输出高收入,否则若工资高于5000,则输出中等收入,否则输出低收入。PL/SQL程序如下。

```
DECLARE
    var_empid employees.employee_id%TYPE :=117;
    income employees.salary%TYPE;
BEGIN
    SELECT salary INTO income FROM employees
    WHERE employee_id=var_empid;
    DBMS_OUTPUT.PUT_LINE('INCOME:'||income);
    IF income>12000 THEN
        DBMS_OUTPUT.PUT_LINE('HIGH INCOME!');
    ELSIF income>5000 THEN
        DBMS_OUTPUT.PUT_LINE('MIDDLE INCOME!');
    ELSE
        DBMS_OUTPUT.PUT_LINE('LOW INCOME!');
    END IF;
END;
```

程序执行结果如图6.11所示。

```
PL/SQL 过程已成功完成。
INCOME:2800
LOW INCOME!
```

图6.11 在PL/SQL中使用IF语句

6.3.2 CASE 表达式

PL/SQL中的CASE表达式和C/C++程序设计语言中的switch语句类似,是一种多分支的选择结构。CASE表达式的一般结构如下。

```
CASE selector
    WHEN expression1 THEN result1
    WHEN expression2 THEN result2
    …
    WHEN expressionN THEN resultN
    [ELSE result+1]
END;
```

其中,CASE关键字标识CASE语句开始;selector选择器决定哪个WHEN子句应该被执行;每个WHEN子句都包含一个expression以及与之关联的一个或多个可执行语句;ELSE子句是可选的,在前面所有的WHEN子句中的expression都不匹配选择器selector时执行此处的语句;END是标志CASE语句结束的关键字。

选择器selector只会计算一次,然后顺序执行WHEN子句,比较WHEN子句中expression与选择器selector的值,如果二者相等,那么与该WHEN子句相关的语句就会执行,并且随后所有的WHEN子句均不会计算。如果任何WHEN子句的表达式都不匹配选择器的值，则执行 ELSE 子句中的语句。

输入员工收入，判断该员工的收入等级(job_grades，从低到高分为 A～E 5 级)。

```
DECLARE
    var_level CHAR;
    var_sal job_grades.lowest_sal%TYPE;
    var_grade VARCHAR2(20);
BEGIN
    SELECT sal_level INTO var_level
    FROM job_grades
    WHERE &var_sal BETWEEN lowest_sal AND highest_sal;
    var_grade :=CASE var_level
                WHEN 'A' THEN 'Lowest Level'
                WHEN 'B' THEN 'Low level'
                WHEN 'C' THEN 'Middle Level'
                WHEN 'D' THEN 'High Level'
                WHEN 'E' THEN 'Highest Level'
                ELSE 'Out of Range! '
                END;
    DBMS_OUTPUT.PUT_LINE('Your Salary:'||var_grade);
END;
```

若输入工资收入为 8500，则程序执行结果如图 6.12 所示。

```
PL/SQL 过程已成功完成。
Your Salary:Middle Level
```

图 6.12 在 PL/SQL 中使用 CASE 表达式

在上面的 CASE 语句中，是比较 WHEN 子句中表达式和选择器的值是否相等，属于等值比较，实际应用中往往用到不等比较，此时可以使用带任意搜索条件的 CASE 表达式，语法格式如下。

```
CASE
    WHEN search_condition1 THEN result1
    WHEN search_condition2 THEN result2
    …
    WHEN search_conditionN THEN resultN
    [ELSE result N+1]
END;
```

带搜索条件的 CASE 表达式没有选择器，WHEN 子句中包含搜索的条件，CASE 表达式顺序执行 WHEN 子句，直到遇到第一个搜索条件为 TRUE 的 WHEN 子句止，执行与之关联的可执行语句，然后终止 CASE 表达式；如果任何 WHEN 子句的搜索条件均不为 TURE，则执行 ELSE 子句中的语句。

上例通过输入员工工资收入，根据收入等级表中的等级范围，即可判断该员工的收入等级，程序如下。

```
DECLARE
    var_sal NUMBER(7, 2) :=&sal;
    var_grade VARCHAR2(20);
BEGIN
    var_grade :=CASE
        WHEN var_sal BETWEEN 2000 AND 3999 THEN 'Lowest Level'
        WHEN var_sal BETWEEN 4000 AND 7999 THEN 'Low level'
        WHEN var_sal BETWEEN 8000 AND 14999 THEN 'Middle Level'
        WHEN var_sal BETWEEN 15000 AND 24999 THEN 'High Level'
        WHEN var_sal BETWEEN 25000 AND 50000 THEN 'Highest Level'
        ELSE 'Out of Range! '
    END;
    DBMS_OUTPUT.PUT_LINE('Your Salary:'||var_grade);
END;
```

6.3.3 循环语句

循环主要是在满足退出条件前，多次重复执行一个语句或一个语句序列，PL/SQL提供多个语句实现循环。循环是一种非常重要的结构，也是一种常用的程序控制结构。PL/SQL 提供了 3 种类型的循环。

基本循环：在没有总体条件的情况下执行重复的操作。

FOR 循环：根据迭代次数控制循环的执行。

WHILE 循环：根据满足的条件控制循环的执行。

EXIT 语句用来终止循环的执行。基本循环中因为没有循环执行的总体条件，所以必须使用 EXIT 语句。

1. 基本循环

基本循环是通过关键字 LOOP 实现的循环，该循环没有总体的条件，必须使用 EXIT 语句终止循环的执行，语法格式如下。

```
[<<label_name>>]
LOOP
    statement1;
    …
    EXIT [WHEN condition];
END LOOP[ label_name];
```

其中，LOOP 是引出循环的关键字；END LOOP 是循环结束的标识；LOOP 和 END LOOP 之间的部分为循环体；EXIT 是终止循环的关键字，WHEN 子句是可选的，EXIT WHEN 是在条件 condition 为 TRUE 时终止循环；缺省 WHEN 子句时，循环体遇到 EXIT 语句退出循环的执行；lable_name 是循环标签，相当于为该循环命名，在循环嵌套时常能用到。

基本循环允许循环体至少执行一次，即使进入循环体时已经满足了退出条件。基本循环必须使用 EXIT 语句终止循环的执行，如果基本循环中没有使用 EXIT 语句，将造成死循环。当使用 EXIT 语句终止循环时，程序流程跳转到 END LOOP 后面的下一条语句。可以单独使用 EXIT 语句，也可以在 IF 语句中执行 EXIT 语句终止循环。EXIT 语句必须放在循环内，也可以附加一个 WHEN 子句启用循环终止的条件，当程序流程遇到 EXIT 语句时，将会判断 WHEN 子句中的条件，如果该条件为 TRUE，则终止循环的执行。基本循环中可以包含多个 EXIT 语句，程序流程遇到第一个满足条件的 EXIT 语句时退出循环。

如编写 PL/SQL 程序，向部门表中添加 3 个部门，部门编号使用序列自动生成，部门名称分别为 RearchCenter1、RearchCenter2、RearchCenter3，其他信息为空。

```
DECLARE
    var_dept_name departments.department_name%TYPE;
    var_count NUMBER(2) :=1;
BEGIN
    LOOP
        var_dept_name :='RearchCenter' || var_count;
        INSERT INTO departments(department_id, department_name)
        VALUES (dept_id_seq.NEXTVAL, var_dept_name);
        EXIT WHEN var_count>=3;
        var_count :=var_count +1;
  END LOOP;
END;
```

EXIT 语句可以放在循环体的任何位置，基本循环直到遇到 EXIT WHEN 中的条件为 TRUE 时，才会终止循环的执行。如果 EXIT WHEN 放在循环体的最后，直到循环体语句执行结束后才会检查条件，循环至少执行一次。如果 EXIT WHEN 语句放在循环体开始的地方(任何其他可执行语句之前)，如果条件为 TRUE，则循环直接退出，循环体一次也不执行。

上例中的 EXIT WHEN var_count >=3;等价于如下的 IF 语句。

```
IF var_count>=3
    EXIT;
END IF;
```

2. WHILE 循环

WHILE 循环用来重复执行一个语句序列，直到控制条件不再为 TRUE 止，在每次循环开始前，先判断控制循环的条件，当条件不为 TRUE(包括 FALSE 和 NULL)时终止循环。WHILE 循环的用法如下。

```
[<<label_name>>]
WHILE condition LOOP
    statement1;
```

```
    statement2;
    ...
END LOOP[ label_name];
```

其中，condition 是一个布尔型变量或能得到布尔值（TRUE、FALSE 或 NULL）的表达式；statement 是循环体语句，可以是 PL/SQL 语句或 SQL 语句；如果控制条件中的变量在循环体执行完毕后没有发生任何变化，则条件仍然为 TRUE，循环不会终止 LOOP、END LOOP、label_name 的意义与基本循环相同。

上例中的基本循环可以使用 WHILE 循环实现，程序如下（循环语句）。

```
WHILE var_count<=3 LOOP
     var_dept_name :='RearchCenter' || var_count;
     INSERT INTO departments(department_id, department_name)
     VALUES (dept_id_seq.NEXTVAL, var_dept_name);
     var_count :=var_count +1;
END LOOP;
```

3. FOR 循环

FOR 语句实现的循环和基本循环以及 WHILE 语句实现的循环结构相同，在 LOOP 关键字之前有一个控制语句，用来设置 PL/SQL 执行循环的次数。FOR 循环的语法如下。

```
[<<label_name>>]
FOR counter IN [REVERSE] lower_bound ... upper_bound LOOP
    statement1;
    statement2;
    ...
END LOOP[ label_name];
```

其中，计数器 counter 是一个隐式声明的整型变量，每执行一次循环体，其值自动增加 1 或减少 1（使用 REVERSE 关键字），直到达到上界（upper_bound）或下界（lower_bound）为止；IN 为标记变量 counter 上下界的关键字；REVERSE 使计数器 counter 每次循环从上界到下界递减，使用 REVERSE 关键字的情况下，仍然是下界在前，上界在后；lower_bound 指定 counter 的下界，upper_bound 指定 counter 的上界。

counter 是 FOR 循环隐式声明的变量，无须在声明部分进行声明；counter 仅能在 FOR 循环体语句中使用，且不能被赋值。

Lower_bounder 和 upper_bound 是循环范围的下界和上界，二者可以是常量、变量，也可以是表达式，但都必须计算成整数，如果不是整数，会四舍五入成整数；循环范围包含上下界，如果下界大于上界，则不执行循环体语句，若上界和下界相等，则循环体仅执行一次；上界和下界均不能为空值。

上例的程序用 FOR 循环实现如下。

```
DECLARE
```

```
    var_dept_name departments.department_name%TYPE;
BEGIN
    FOR var_counter IN 1...3 LOOP
        var_dept_name :='RearchCenter' || var_count;
        INSERT INTO departments(department_id, department_name)
        VALUES (dept_id_seq.NEXTVAL, var_dept_name);
  END LOOP;
END;
```

FOR 循环形式上比基本循环和 WHILE 循环更简洁，如果已知循环执行的次数，则使用 FOR 循环，如果循环至少执行一次，往往使用基本循环，如果已知循环执行所满足的条件，则要使用 WHILE 循环。

4. 循环嵌套

和其他高级语言一样，PL/SQL 也支持循环嵌套。基本循环、WHILE 循环和 FOR 循环这 3 种循环语句之间可以相互嵌套，并可以嵌套多层。用户可以对循环进行标记，并在 EXIT 语句中使用循环标记注明终止哪层的循环。上面循环语句语法格式中的 label_name 就是循环标记，如果标记了循环，则可以在结束循环的 EXIT 语句中包含标记名称(可选)，以清楚表示终止指定标记的循环。

下面的程序为在循环嵌套的情况下使用 EXIT 语句退出指定的循环。

```
…
BEGIN
  <<Outer_loop>>
  LOOP
    …
    <<Mid_loop>>
    LOOP
      …
      <<Inner_loop>>
      LOOP
        …
        EXIT WHEN …;  --仅退出 Inner_loop
        EXIT Mid_loop WHEN …;  --退出 Mid_loop
        EXIT Outer_loop WHEN …;  --退出 Outer_loop
      END LOOP Inner_loop;
      …
    END LOOP Mid_loop;
    …
  END LOOP Outer_loop;
END;
```

上例中首先使用了三重循环，从外到内分别标记为 Outer_loop、Mid_loop 和 Inner_loop，然后在 Inner_loop 中使用了 EXIT 语句，在不同条件下退出不同的循环。

5. CONTINUE 语句

EXIT 语句用于终止循环的执行，和它相对的是 CONTINUE 语句。CONTINUE 语句是跳过循环体剩余的语句而重新开始下一次循环体的执行，此时的意义同 C/C++ 中的 continue 语句相同。

CONTINUE 语句的语法如下。

```
LOOP
    ...
    CONTINUE WHEN condition;
    ...
END LOOP;
```

在 condition 值为 TRUE 时，跳过循环体中其后的所有语句，重新开始下一次循环，如下例。

```
DECLARE
    var_sum NUMBER :=0;
BEGIN
    FOR i IN 1..5 LOOP
        var_sum :=var_sum +i;
        DBMS_OUTPUT.PUT_LINE( Before CONTINUE sum:'|| var_sum);
        CONTINUE WHEN i>3;
        var_sum :=var_sum +i;
        DBMS_OUTPUT.PUT_LINE( After CONTINUE sum:'|| var_sum);
    END LOOP;
END;
```

程序执行结果如图 6.13 所示。

```
Before CONTINUE sum:1
After CONTINUE sum:2
Before CONTINUE sum:4
After CONTINUE sum:6
Before CONTINUE sum:9
After CONTINUE sum:12
Before CONTINUE sum:16
Before CONTINUE sum:21
```

图 6.13　循环中使用 CONTINUE 语句

在上例中，FOR 循环中使用了 CONTINUE 语句，当 i 小于或等于 3 时，循环体中的两个输出语句都会执行，但当 i 大于 3 时，CONTINUE 后面的输出语句就不再执行了。

使用 CONTINUE WHEN 子句，是跳过本循环体剩余语句从而开始下一次循环。但在嵌套的循环中，可以在 CONTINUE 语句中使用循环标记，从而标注下一次循环可以从外层的循环开始，如下例。

```
DECLARE
  var_sum NUMBER :=0;
BEGIN
<<Outer_loop>>
  FOR i IN 1..5 LOOP
```

```
    var_sum :=var_sum +i;
    DBMS_OUTPUT.PUT_LINE('Outer sum:'|| var_sum);
    FOR j IN 1..5 LOOP
      CONTINUE Outer_loop  WHEN MOD(i+j,2)=0;
      var_sum :=var_sum +j;
      DBMS_OUTPUT.PUT_LINE('Inner sum:'|| var_sum);
    END LOOP;
  END LOOP Outer_loop;
END;
```

程序执行结果如图 6.14 所示。

上例中使用了带循环标记的 CONTINUE 语句,在满足 WHEN 子句中的条件(i+j 能被 2 整除)时,循环直接跳转到下一次的外层循环。

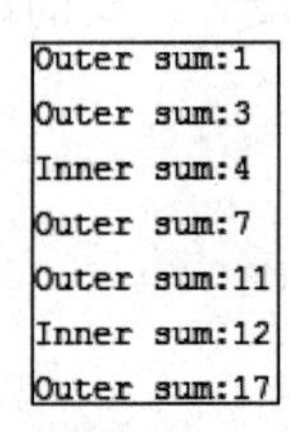

图 6.14 带循环标记的 CONTINUE 语句

6.4 游标

在 PL/SQL 块中可以执行 SQL 语句从数据库中检索一行数据,并使用 INTO 子句将检索到的数据存储到指定的变量。执行 SQL 语句时,Oracle 服务器会分配一块称作上下文区域的私有内存区处理 SQL 语句,SQL 语句在该区域中被解析和处理。处理 SQL 语句需要的信息以及 SQL 语句处理结束后所检索到的结果信息都存储在该区域,该区域由 Oracle 服务器进行内部管理,它不受用户控制。

游标就是指向这块内存区域的指针,用来处理 SELECT 语句的结果集。PL/SQL 支持两种类型的游标:隐式游标和显式游标。

6.4.1 隐式游标

隐式游标由 Oracle 服务器创建和管理,用户不能访问,当 PL/SQL 程序块执行一条 SQL SELECT 语句或 DML 语句时,就会自动创建一个隐式游标。

使用 SQL 游标属性,可以检测 SQL 语句运行的结果。隐式游标有表 6.1 所示的 3 种游标属性。

表 6.1 隐式游标属性及功能描述

属性名	功能描述
SQL%FOUND	布尔属性,当最近执行的 SQL 语句返回至少一行时为 TRUE
SQL%NOTFOUND	布尔属性,当最近执行的 SQL 语句没有返回任何行时为 TRUE
SQL%ROWCOUNT	表示最近执行的 SQL 语句所影响的行数,是一个整数值

可以在 PL/SQL 块的执行部分，通过执行适当的 SQL 语句测试 SQL%FOUND、SQL%NOTFOUND 和 SQL%ROWCOUNT 的值。在检测游标的属性值时，如果 DML 的语句在执行完成后没有影响任何行，PL/SQL 也不会返回错误；但如果 PL/SQL 执行的 SELECT 语句没有返回任何行，则会返回异常。游标属性都是以 SQL 为前缀的，这些属性与 PL/SQL 自动创建的隐式游标一块使用，用户并不需知道游标的名字。

SQL%NOTFOUND 的值与 SQL%FOUND 正好相反，SQL%FOUND 为 TRUE 时，SQL%NOTFOUND 为 FALSE，SQL%NOTFOUND 属性常被用作循环结束的条件。

游标属性尤其是在 UPDATE 和 DELETE 语句没有影响任何行时非常有用，因为在这些情况下 PL/SQL 不会返回异常。

编写 PL/SQL 程序，指定部门编号，删除该部门下的所有员工，输出删除的员工数目，PL/SQL 程序如下。

```
DECLARE
    var_id NUMBER := 300;
BEGIN
    DELETE FROM employees
    WHERE department_id=300;
    DBMS_OUTPUT.PUT_LINE(SQL%ROWCOUNT || ' employees deleted!');
END;
```

由于部门表中不存在编号为 300 的部门，所以员工表中就不存在部门编号为 300 的员工，那么删除部门编号为 300 的员工数目为 0，显然程序运行结果应该为 0 employees deleted!

6.4.2 显式游标

Oracle 服务器在私有 SQL 区域存储 SQL 语句执行的结果，程序员可以使用显式游标命名该区域，并访问存储在此区域的信息。显式游标是由程序员创建和管理的，当需要从数据库表中检索多行数据时，就需要声明一个显式游标指向检索结果集的存储区。

在这种情况下，程序员可以根据业务需求显式地声明一个游标。声明游标放在 PL/SQL 块的声明部分。然后在 PL/SQL 块的执行部分通过指定的语句对检索结果集进行处理。

当执行的 SELECT 语句返回多行结果时，需要在 PL/SQL 块中声明一个显式游标，从而处理 SELECT 语句返回的每一行。由多行查询返回的数据行的集合称为活动结果集，它的大小就是满足检索条件的行数。显式游标就是指向活动结果集当前行的指针，如图 6.15 所示，在程序中使用显式游标可以一次处理一行。

显式游标具有如下功能。

- 从第一行开始对查询结果逐行进行处理。
- 跟踪当前正在处理的行。
- 在 PL/SQL 块中手动控制显式游标。

对显式游标进行操作，一般操作流程包含 4 步，如图 6.16 所示。

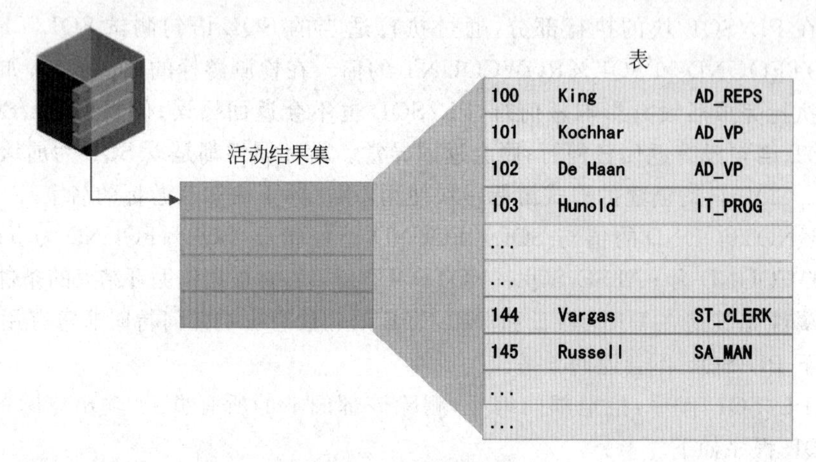

图 6.15 显式游标示意图

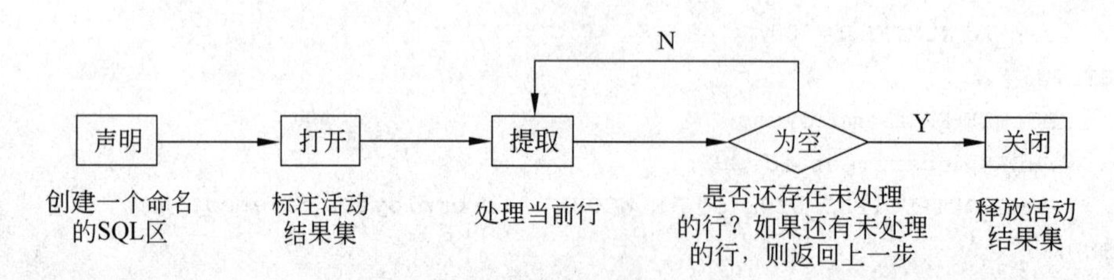

图 6.16 显式游标操作流程图

第 1 步，在 PL/SQL 程序块的声明部分，通过关联一个查询声明一个游标。

第 2 步，打开游标。使用 OPEN 语句打开游标，即执行与该游标关联的查询语句，并绑定所引用的变量，得到活动结果集，此时可以通过游标提取结果集中的数据。

第 3 步，使用 FETCH 语句通过游标提取数据。从图 6.16 显示的流程看，每次提取一行并处理，提取完成后都要对游标进行测试，如果还有要处理的行，则循环执行这一步，否则转第 4 步。

第 4 步，关闭游标。使用 CLOSE 语句关闭游标，并释放活动结果集占用的内存空间。此时可以重新打开游标并建立一个新的活动结果集。

在 PL/SQL 程序块的执行部分对游标进行操作。对游标的操作简单来说就是打开游标，对检索结果集中的行进行处理，然后关闭游标，其流程如图 6.17 所示。

第 1 步，使用 OPEN 语句打开游标，执行与该游标关联的查询，标注查询的活动结果集，此时游标指向结果集的第一行。

第 2 步，使用 FETCH 语句提取当前行，并将游标移动到下一行，直到所有行提取完毕或不再满足指定条件为止。

第 3 步，使用 CLOSE 语句释放游标。

声明游标的语法形式如下。

```
CURSOR cursor_name IS
    select_statement;
```

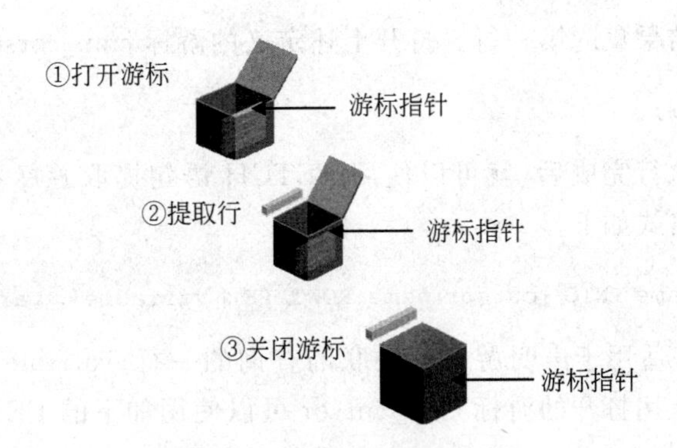

图 6.17 显示游标执行过程

其中,cursor_name 是 PL/SQL 游标的名字;select_statement 是游标关联的 SELECT 语句,可以是任何有效的 SELECT 语句,也可以包含连接、子查询等,还可以在该 SELECT 语句中使用 ORDER BY 子句。

游标的活动结果集由声明游标的 SELECT 语句确定,和 PL/SQL 执行部分中 SELECT 语句必须有 INTO 子句不同,声明游标的 SELECT 语句不能包含 INTO 子句。主要原因是,此处仅对游标进行声明,并没有检索游标中的任何行,但在 FETCH 语句中要使用到 INTO 子句。

如声明一个名为 emp_cursor 的游标,用来检索部门编号为 80 的员工编号和姓氏,声明语句如下。

```
DECLARE
    CURSOR emp_cursor IS
        SELECT employee_id, last_name FROM employees
        WHERE department_id=80;
```

声明游标时,也可以使用变量,如:

```
DECLARE
    dept_id departments.department_id%TYPE :=80;
    CURSOR emp_cursor IS
        SELECT employee_id, last_name FROM employees
        WHERE department_id=dept_id;
    var_empid employees.employee_id%TYPE;
    var_lname employees.last_name%TYPE;
```

以上代码在游标关联的 SELECT 语句中使用了变量 dept_id,这里的变量被认为是绑定变量,必须在声明游标前声明,这些变量在打开游标时仅被检查一次。游标关联的 SELECT 语句可以返回多行结果,也可以仅返回一行,甚至可以不返回任何行。

对游标进行操作,需要在 PL/SQL 的执行部分先打开游标。打开游标的语法格式为

```
OPEN cursor_name;
```

OPEN 语句会解析该游标关联的 SELECT 语句,为其动态分配内存。打开游标后,

将指针定位到活动结果集的第一行。打开上述定义的游标 emp_corsor 的语句为

```
OPEN emp_cursor;
```

打开游标语句执行完成后，就可以使用 FETCH 语句提取游标指针所指向行(当前行)的数据了，语法格式如下。

```
FETCH cursor_name INTO {cursor_name%ROWTYPE | variable[, variable] …};
```

其中，%ROWTYPE 适用于声明游标所关联的查询的一行；variable 是用来存储游标当前行数据的变量。上述打开的游标 emp_cursor 可以使用如下的 FETCH 语句提取当前行的数据。

```
FETCH emp_cursor INTO var_empid, var_lname;
```

游标使用完成后，需要将其关闭，以释放活动结果集占用的内存。关闭游标的语法格式为

```
CLOSE cursor_name;
```

关闭游标 emp_cursor，使用语句 CLOSE emp_cursor;。

6.4.3 使用复合数据类型

标量类型的变量只能存储一个值，而复合类型的变量可以存储多个标量类型或复合类型的值。PL/SQL 中主要有两种类型的复合数据类型，即 PL/SQL 记录和 PL/SQL 集合。

PL/SQL 记录是由相关但并不相似的数据组成的逻辑单元。PL/SQL 记录可以有不同的类型，如可以定义一个记录保存员工的详细信息，包括存储数值型的员工编号、字符型的员工姓名、日期型的员工入职日期等。通过创建存储员工详细信息的记录，将员工信息作为一个整体的逻辑单元，这将使得数据访问和操作更容易。

PL/SQL 集合是相同类型数据的集合。PL/SQL 提供了 3 种类型的集合，包括索引表或关联数组、嵌套表和可变数组。

在用来存储逻辑相关但不同数据类型的值时，需要使用 PL/SQL 记录。如创建一个记录存储员工的详细信息时，每条记录提供特定员工的信息，所以这些信息是逻辑相关的。

当用来存储多个同种数据类型的值时，需要使用 PL/SQL 集合。这里的数据类型可以是标量类型，也可以是复合类型。如可以定义一个集合存储所有员工的姓名，可能存储了 n 个名字，任意两个名字之间并没有什么逻辑关系，如果说有关系，则这些名字之间的关系仅是它们都是员工的名字。集合类似于编程语言 C/C++ 和 Java 中的数组。

1. PL/SQL 记录

记录由一组逻辑相关的、存储在字段中的数据项组成，每一项都有自己的名字和数据类型，每一项的数据类型都可以是标量类型、记录类型或集合类型。记录可以被初始

化，也可以定义为非空约束，没有初始化的字段默认为空值；在定义字段的时候也可以使用 DEFAULT 关键字，从而为该字段指定默认值；在 PL/SQL 程序块的声明部分定义记录类型，并由用户定义该类型的变量；记录可以嵌套，也就是记录的一个字段也可以是记录类型。

1) PL/SQL 记录的定义

PL/SQL 记录类型的定义形式如下。

```
TYPE type_name IS RECORD
    (field_declaration[, field_declaration] …);
```

PL/SQL 记录字段声明的定义形式如下。

```
field_name {field_type | variable%TYPE | table.column%TYPE | table%ROWTYPE}
    [[NOT NULL] {:= | DEFAULT } expr]
```

其中，type_name 是为定义的记录类型起的名字，可以使用该名字声明记录类型的变量；field_name 是记录中字段的名字；field_type 是字段的数据类型，可以是 PL/SQL 支持的任意类型，也可以由类型属性%TYPE、%ROWTYPE 定义；expr 是用来给指定字段初始化的表达式；NOT NULL 约束指定该字段的值不能为空值。

记录中字段的声明方式和声明变量类似，每个字段都有唯一的名字和特定的数据类型。

定义了记录类型后，就可以定义该记录类型的变量，语法结构如下。

```
identifier type_name;
```

引用记录中的字段，需要使用点(.)运算符。引用记录字段的一般形式如下。

```
identifier.field_name
```

2) PL/SQL 记录示例

编写 PL/SQL 程序，定义一个记录类型，包括员工的姓氏、工作职位以及工资，查询编号为 174 的员工信息并显示。

```
DECLARE
    TYPE emp_record IS RECORD
        (name employees.last_name%TYPE,
        job employees.job_id%TYPE,
        sal employees.salary%TYPE);
    emp emp_record;
BEGIN
    SELECT last_name, job_id, salary INTO emp
    FROM employees WHERE employee_id=174;
    DBMS_OUTPUT.PUT_LINE(emp.name || ' ' || emp.job || ' ' || emp.sal);
END;
```

程序执行结果如图 6.18 所示。

```
Abel SA_REP 11000
```

图 6.18 使用 PL/SQL 记录

上例中定义了包含 3 个字段的记录，其一般结构如图 6.19 所示。

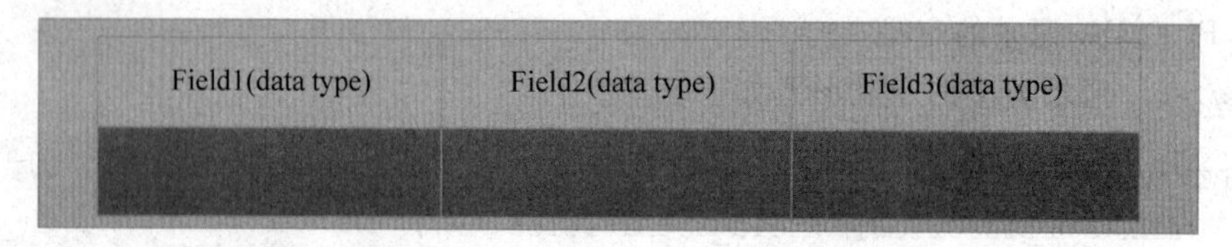

图 6.19 包含 3 个字段的记录结构

上例中定义了记录类型的变量 emp，存储了编号为 174 的员工对应的信息。记录变量 emp 的结构如图 6.20 所示。

Field1(data type)	Field2(data type)	Field3(data type)
name VARCHAR2(25)	job VARCHAR2(10)	salary NUMBER(8, 2)
Abel	SA_REP	11000

图 6.20 记录变量 emp 的结构

3）PL/SQL 类型属性%ROWTYPE

类型属性%TYPE 根据表的列或已经定义的变量声明新变量，该变量具有与表列相同的数据类型和宽度与精度。%TYPE 的优点就是列发生变化后，无须修改该变量。同时，如果该变量用于任何计算的表达式，则不必担心精度的问题。

类型属性%ROWTYPE 用于声明一个记录类型的变量，该记录可以存储表或视图的一整行。记录中的字段来自于表或视图的列，并与它们具有相同的名字和数据类型。记录还可以存储从游标或游标变量获取的整行数据。使用%ROWTYPE 声明记录类型变量的语法格式如下。

```
identifier table|view%ROWTYPE;
```

声明了上述记录后，使用 identifier. column 引用记录中的字段。

可以采用下面的方式声明一个存储员工所有信息的记录。

```
emp_record employees%ROWTYPE;
```

使用%ROWTYPE 属性进行记录声明时，无须确认数据库中表的结构，并使得 PL/SQL 的程序更易于维护，当表的结构修改时，使用%ROWTYPE 能确保声明的变量的数据类型能随着表的变化而动态变化。例如，若使用 DDL 语句修改了表中的列，那么相关的 PL/SQL 程序单元就会失效，当程序重新编译时，它会反映到新的表结构上。

当检索表中的整行数据时，%ROWTYPE 属性特别有用，此时无须再为 SELECT *

语句检索的每个列声明一个变量。

使用带子查询的 CREATE TABLE 语句创建一个空表 retired_emps，用来存储退休的员工信息。

```
CREATE TABLE retired_emps
AS
    SELECT employee_id id, last_name name, job_id,
           hire_date, TO_DATE(NULL) leave_date, salary,
           commission_pct comm, department_id deptid
    FROM employees
    WHERE employee_id=1000; --不存在的员工
```

假设指定编号(以 174 为例)的员工退休了，需要把退休的员工信息添加到退休员工表 retired_emps 中，请编写 PL/SQL 程序块实现上述功能。

```
DECLARE
    empid employees.employee_id%TYPE :=174;
    emp_rec employees%ROWTYPE;
BEGIN
    SELECT * INTO emp_rec FROM employees
    WHERE employee_id=empid;
    INSERT INTO retired_emps
    VALUES (emp_rec.employee_id, emp_rec.last_name, emp_rec.job_id,
          emp_rec.hire_date, SYSDATE, emp_rec.salary,
          emp_rec.commission_pct,emp_rec.department_id);
END;
```

也可以在 INSERT 语句中使用%ROWTYPE 声明的变量将一个记录插入表中。如上例的程序可以修改如下。

```
DECLARE
    empid employees.employee_id%TYPE :=174;
    emp_rec retired_emps%ROWTYPE;
BEGIN
    SELECT employee_id, last_name, job_id, hire_date,
           SYSDATE, salary, commission_pct, department_id
    INTO emp_rec FROM employees
    WHERE employee_id=empid;
    INSERT INTO retired_emps
    VALUES emp_rec;
END;
```

还可以使用%ROWTYPE 声明的变量更新表中的整行数据，如将退休员工表中编号为 174 的员工工资增长 10%，实现此功能的 PL/SQL 程序如下。

```
DECLARE
```

```
    emp_id retired_emps.id%TYPE :=174;
    emp_rec retired_emps%ROWTYPE;
BEGIN
    SELECT * INTO emp_rec FROM retired_emps
    WHERE id=emp_id;
    emp_rec.salary :=emp_rec.salary * 1.1;
    UPDATE retired_emps
    SET ROW=emp_rec          --更新整行,该程序仅为验证此功能
    WHERE id=emp_id;
END;
```

2. PL/SQL 集合

PL/SQL 集合是相同类型数据的集合。PL/SQL 提供了 3 种不同的集合类型：INDEX BY 表(也称作关联数组)、嵌套表和可变数组。

1) INDEX BY 表

INDEX BY 表是用户定义的一种复合数据类型(集合)。INDEX BY 表可以使用主键值作为索引存储数据,其中键值不一定是连续的。INDEX BY 表是键-值对的集合,也就是说,INDEX BY 表仅有两列。

一是整型或字符型的列作为主键使用。使用整型类型时,可以使用 NUMBER 类型,也可以使用 BINARY_INTEGER 或 PLS_INTEGER,BINARY_INTEGER 或 PLS_INTEGER 占用的存储空间比 NUMBER 类型少,运算速度比 NUMBER 类型快。该主键列也可以使用 VARCHAR2 类型或其子类型。

一是标量类型或记录类型的列,用来存储值。若是标量类型的列,仅可以存储一个值;若是记录类型的列,则可以存储多个值。

INDEX BY 表在大小上是没有限制的,但依赖于该列的数据类型。若使用 PLS_INTEGER 类型,表的大小受限于 PLS_INTEGER 所能表示的最大值,其值可以为正数,也可以为负数。PLS_INTEGER 所能表示数的范围为－2147483647～2147483647。

创建 INDEX BY 表的语法格式如下。

```
TYPE type_name IS TABLE OF          --声明类型
    {column_type | variable%TYPE | table.column%TYPE} [NOT NULL]
    | table%ROWTYPE
    [INDEX BY PLS_INTEGER | BINARY_INTEGER | VARCHAR2(size)];
identifier type_name;               --声明变量
```

先声明一个表类型,再声明该类型的一个变量。其中,NOT NULL 约束将阻止给该表中的元素赋予空值;不能在声明的时候初始化 INDEX BY 表;在创建 INDEX BY 表的时候,也不会对该表进行自动填充;INDEX 表中可以包含任意标量类型的元素或复合类型的元素,其必须在 PL/SQL 中编程对 INDEX BY 表进行填充,然后再使用它们。使用 INDEX BY 表的语法格式如下。

```
INDEX_BY_table_name(index)      --标量类型
```

```
INDEX_BY_table_name(index).field        --复合类型
```

如创建一个索引表,用来存储员工的姓氏。

```
DECLARE
    TYPE empname_table_type IS TABLE OF
         employees.last_name%TYPE
         INDEX BY PLS_INTEGER;
    empname_table empname_table_type;
BEGIN
    empname_table(1) :='Smith';
    empname_table(21) :='Abel';
    IF empname_table.EXISTS(1) THEN
       …
END;
```

访问 INDEX BY 表,需要通过内置的一些过程或函数进行操作。INDEX BY 表的常用方法及其功能描述见表 6.2。

表 6.2　INDEX BY 表的常用方法及其功能描述

方法名称	功能描述
EXISTS(key)	返回一个布尔值,若给定 key 值存在,则返回 TRUE
PRIOR(key)	返回给定 key 值的上一个 key 值,若给定 key 值不存在,则返回 NULL
COUNT[()]	返回 INDEX BY 表的当前总行数
NEXT(key)	返回给定 key 值的下一个 key 值,若该值不存在,则返回 NULL
FIRST[()]	返回 INDEX BY 表的第一个 key 值,若表为空,则返回 NULL
LAST[()]	返回 INDEX BY 表的最后一个 key 值,若表为空,则返回 NULL
DELETE([key])	删除指定 key 值的记录,若该值不存在,则不执行任何操作;若缺省 key 值,则删除所有元素

INDEX BY 表也可以存储记录类型的值或表的整行数据。下面定义了一个存储员工全部信息的 INDEX BY 表。

```
DECLARE
    TYPE emp_table_type IS TABLE OF
         employees%ROWTYPE
         INDEX BY PLS_INTEGER;
    emp_table emp_table_type;
```

emp_table 的每个元素都是一个记录,表示员工表中的一个员工,若将一个编号为 114 的员工插入 INDEX BY 表索引值为 3 的记录,则可以使用如下语句。

```
SELECT * INTO emp_table(3) FROM employees WHERE employee_id=114;
```

若修改索引值为 3 的员工工资为 12000,则使用如下方式。

```
emp_table(3).salary :=12000;
```

2）嵌套表

嵌套表的功能与INDEX BY表的功能类似，但在实现上，嵌套表与INDEX BY表不同。嵌套表与用户模式下的表级别相同，可以作为一个有效的数据类型使用，也可以作为其他表的一个字段，所以称为嵌套表。嵌套表和INDEX BY表的形式相同，也由两列组成，一般把第一列作为键，但嵌套表的键没有索引，不能为负值，是从1开始的连续整数。嵌套表最大可以存储2GB的数据。可以删除嵌套表中任何位置上的元素，但删除元素过多会使该嵌套表成为键不连续的一个稀疏表，导致访问嵌套表中元素的效率降低。

嵌套表的声明形式如下。

```
TYPE type_name IS TABLE OF
    {column_type | variable%TYPE | table.column%TYPE | } [NOT NULL]
    | table%ROWTYPE;
```

其中，各选项的意义与INDEX BY表相同，该声明与INDEX BY表的声明相比，仅缺少了INDEX BY子句，引用嵌套表中元素的方法也和INDEX BY表相同。

如设计一个存储员工姓氏的嵌套表，并编写PL/SQL程序进行验证。

```
DECLARE
    TYPE empname_type_table IS TABLE OF
        employees.last_name%TYPE;
    empnames empname_type_table;
BEGIN
    empnames :=empname_type_table('King', 'Smith', 'Abel', 'James');
    FOR i IN 1 .. empnames.COUNT() LOOP
        DBMS_OUTPUT.PUT_LINE(empnames(i));
    END LOOP;
END;
```

程序执行结果如图6.21所示。

```
PL/SQL 过程已成功完成。
King
Smith
Abel
James
```

图6.21　嵌套表的使用

如果在操作过程中删除了嵌套表中的部分元素，将会出现键列的值不连续的情况，此时仍然可以使用COUNT方法获得嵌套表中元素的个数，但在上述循环中使用COUNT方法获取嵌套表中的元素信息可能会在程序执行过程中出现异常，Oracle服务器返回“ORA-01403：未找到任何数据”的错误信息。这时需要将上例中的循环改成如下形式。

```
FOR i IN empnames.FIRST() .. empnames.LAST() LOOP
    IF empnames.EXISTS(i) THEN
        DBMS_OUTPUT.PUT_LINE(empnames(i));
    END IF;
END LOOP;
```

3）可变数组

可变数组类似于 PL/SQL 的表，只是大小受限。可变数组与用户模式下的表级别相同，也可以作为一个有效的数据类型使用，可以作为其他表的一个字段。可变数组有固定的上限，在声明的时候必须指定可变数组的大小。和嵌套表类似，可变数组最大也可以存储 2GB 的数据，与嵌套表不同的是，可变数组中的元素不是存储在数据库中，而是存储在连续的内存中。可变数组不能删除指定位置上的元素，但可以使用 DELETE()方法删除所有元素，也可以给指定的元素赋予空值。

声明可变数组的语法形式与嵌套表类似，格式如下。

```
TYPE type_name IS VARRAY(size) OF
    {column_type | variable%TYPE | table.column%TYPE | } [NOT NULL]
    | table%ROWTYPE;
```

其中，VARRAY 是将上述声明的类型指定为可变数组，size 指定了可变数组的大小。可变数组的操作方法也与嵌套表类似，上例的程序可以用可变数组实现。如例子中的嵌套表改为长度为 10 的可变数组，仅把声明部分的 TABLE 关键字改为 VARRAY(10)即可，其他操作完全一样。

6.4.4 使用游标处理检索结果集

因为游标关联的 SELECT 语句可以返回多行结果，也可以仅返回一行，甚至可以不返回任何行。使用游标处理数据时，往往都会用到循环，那什么时候处理结束呢？游标属性及其功能描述见表 6.3。

表 6.3 游标属性及其功能描述

属 性 名	功 能 描 述
%NOTFOUND	布尔属性，当最近执行的 FETCH 语句没有返回行时为 TRUE
%FOUND	布尔属性，当最近执行的 FETCH 语句返回了一行时为 TRUE
%ROWCOUNT	已经处理的行数，是一个整数值
%ISOPEN	布尔属性，如果游标已经打开，则返回 TRUE

1. 使用基本循环处理游标

因为游标主要用来处理返回不止一行的查询，往往使用%NOTFOUND 属性判断是否处理完毕，如编写一个 PL/SQL 程序，输出部门编号为 60 的所有员工的编号和姓氏，程序如下。

```
DECLARE
    CURSOR emp_cursor IS
        SELECT employee_id, last_name FROM employees
        WHERE department_id=60;
    var_empid employees.employee_id%TYPE;
```

```
    var_lname employees.last_name%TYPE;
BEGIN
    OPEN emp_cursor;
    LOOP
        FETCH emp_cursor INTO var_empid, var_lname;
        EXIT WHEN emp_cursor%NOTFOUND;
        DBMS_OUTPUT.PUT_LINE(var_empid || ' ' || var_lname);
    END LOOP;
    CLOSE emp_cursor;
END;
```

程序执行结果如图 6.22 所示。

```
103 Hunold
104 Ernst
105 Austin
106 Pataballa
107 Lorentz
```

图 6.22 使用游标检索数据

使用游标处理数据时,可以在 FETCH 语句中使用记录。一种方法是根据游标选定的列定义记录;另一种更简便的方法是使用%ROWTYPE 属性,使用游标名作前缀定义记录。第二种方法处理活动结果集非常方便,可以很简单地将结果集的一行提取到记录中,这样该行的所有值将分别存储到记录的字段中。

上例的程序可以用记录实现如下。

```
DECLARE
    CURSOR emp_cursor IS
        SELECT employee_id, last_name FROM employees
        WHERE department_id=60;
    emp_record emp_cursor%ROWTYPE;
BEGIN
    OPEN emp_cursor;
    LOOP
        FETCH emp_cursor INTO emp_record;
        EXIT WHEN emp_cursor%NOTFOUND;
        DBMS_OUTPUT.PUT_LINE (emp_record.employee_id || ' '
                                    || emp_record.last_name);
    END LOOP;
    CLOSE emp_cursor;
END;
```

2. 游标 FOR 循环

使用 FOR 循环可以简化对显式游标的处理。FOR 循环可以隐式地声明一个游标记录,并自动打开、提取数据,退出并关闭游标,这种使用 FOR 循环简化处理游标的方法称为游标 FOR 循环。使用游标 FOR 循环的语法格式如下。

```
FOR record_name IN cursor_name LOOP
    statement1;
    statement2;
    …
```

```
END LOOP;
```

其中,record_name 由 FOR 循环隐式声明,无须在声明部分声明;cursor_name 是在声明部分声明的游标名称。循环执行时,自动打开游标,循环每执行一次,自动从结果集中提取一行,在处理完最后一行时,退出循环,并自动关闭游标。

上例用游标 FOR 循环实现如下。

```
DECLARE
    CURSOR emp_cursor IS
        SELECT employee_id, last_name FROM employees
        WHERE department_id=60;
BEGIN
   FOR emp_record IN emp_cursor LOOP
        DBMS_OUTPUT.PUT_LINE (emp_record.employee_id || ' '
                                || emp_record.last_name);
    END LOOP;
END;
```

游标 FOR 循环可以再次简化,使用子查询的游标 FOR 循环可以隐式声明一个游标,而无须在 PL/SQL 的声明部分对游标进行声明。使用子查询的游标 FOR 循环出现在 PL/SQL 的执行部分,语法格式如下。

```
FOR record_name IN (subquery) LOOP
    …
```

其中,record_name 是由 FOR 循环隐式声明的游标记录。subquery 是游标关联的查询,这里子查询必须用圆括号括起来。上例可以通过使用子查询的游标 FOR 循环实现,程序如下。

```
BEGIN
    FOR emp_record IN (SELECT employee_id, last_name
            FROM employees WHERE department_id=60)
    LOOP
        DBMS_OUTPUT.PUT_LINE(emp_record.employee_id || ' '
                            || emp_record.last_name);
    END LOOP;
END;
```

3. 使用游标属性

只有游标打开之后,才能使用 FETCH 语句提取行。在提取行之前,可以使用游标属性%ISOPEN 判断游标是否已打开,若未打开,则使用 OPEN 语句打开该游标。%ISOPEN 的主要用法如下。

```
IF NOT cursor_name%ISOPEN THEN
    OPEN cursor_name;
```

```
END IF;
LOOP
    FETCH cursor_name …
```

%ROWCOUNT 属性获得结果集的总行数，%NOTFOUND 属性往往用来判断检索的结果集是否处理完毕，很多时候，仅处理检索结果集的前几行，此时可以将这两个属性结合起来使用。

如将上例修改为显示部门编号为 80 的工资最高的前 5 个员工的编号和姓氏，则程序可以修改如下。

```
DECLARE
    CURSOR emp_cursor IS
        SELECT employee_id, last_name,salary FROM employees
        WHERE department_id=80
        ORDER BY salary DESC;
    emp_record emp_cursor%ROWTYPE;
BEGIN
    OPEN emp_cursor;
    DBMS_OUTPUT.PUT_LINE(emp_cursor%ROWCOUNT);
    LOOP
        FETCH emp_cursor INTO emp_record;
        EXIT WHEN emp_cursor%ROWCOUNT>5 OR emp_cursor%NOTFOUND;
        DBMS_OUTPUT.PUT_LINE (emp_record.employee_id || ' '
                              || emp_record.last_name);
    END LOOP;
    CLOSE emp_cursor;
END;
```

程序执行结果如图 6.23 所示。

```
145 Russell
146 Partners
147 Errazuriz
168 Ozer
174 Abel
```

图 6.23 使用游标属性

4. 带参数的游标

可以将参数传递给游标，也就是说，可以在一个 PL/SQL 块中多次打开和关闭一个显式游标，每次返回一个不同的活动结果集。对于每一次执行，前面的游标都是关闭的，并用一组新参数重新打开它。

游标声明的每一个形参都必须在 OPEN 语句中具有相应的实参，在声明带参数的游标时，要为形参指定数据类型，但不指定宽度和精度，并在声明游标关联的 SELECT 语句中引用参数的名字。

声明带参数游标的一般形式如下。

```
CURSOR cursor_name [(parameter_name datatype, …)] IS
    select_statement;
```

其中，cursor_name 所声明游标的名字是 PL/SQL 的标识符；parameter_name 是形参的名字;datatype 是参数 parameter_name 的数据类型,标量数据类型;select_statement 是游标关联的查询语句,不能使用 INTO 子句。

在 PL/SQL 块的执行部分,打开游标时,向游标传递一组参数,然后执行游标关联的查询。打开带参数游标的一般形式为

```
OPEN cursor_name(parameter_value, …);
```

关闭带参数游标时,不需要传递参数,一般用法如下。

```
CLOSE cursor_name;
```

如某应用需要多次查询不同部门的员工编号和姓氏,此时就可以使用带参数的游标。实现此功能的 PL/SQL 程序如下。

```
DECLARE
    CURSOR emp_cursor(deptid NUMBER) IS
        SELECT employee_id, last_name FROM employees
        WHERE department_id=deptid;
    …
BEING
    OPEN emp_cursor(50);
    …
    CLOSE emp_cursor;
    OPEN emp_cursor(80);
    …
END;
```

也可以在游标 FOR 循环中使用带参数的游标,如下例。

```
DECLARE
    CURSOR emp_cursor(deptid NUMBER, job VARCHAR2) IS
        SELECT …;
BEGIN
    FOR emp_record IN emp_cursor(80, 'Sales') LOOP …
```

5. 通过游标更新数据

同时连接到同一个数据库的往往不止一个会话,当用游标打开特定的表时,表中的行可能会被更新,只有在重新打开游标后才能看到更新后的数据。数据库开发人员也可以在 PL/SQL 中通过游标修改或删除数据库表中的数据,修改或删除表中的数据前需要先在相关的行上加锁。锁定游标关联的表中的数据,需要在声明游标时使用 FOR UPDATE 子句。

在声明游标时使用 FOR UPDATE 子句的一般形式如下。

```
CURSOR cursor_name IS
    SELECT … FROM … [WHERE …]
    FOR UPDATE [OF column_name(s)][NOWAIT | WAIT n];
```

此处的 FOR UPDATE 子句及其各选项的语法及用法与第 5 章 Oracle SQL 基础中相同。修改或删除游标指向行的数据，必须使用 WHERE CURRENT OF 子句，如通过游标修改数据的用法如下。

```
UPDATE table
SET column=…
WHERE CURRENT OF cursor_name;
```

此处，cursor_name 是已经声明的游标名称，且在声明该游标时使用了 FOR UPDATE 子句。

删除游标指向的行，使用如下语句。

```
DELETE [FROM] table
WHERE CURRENT OF cursor_name;
```

上述通过游标对表中的数据进行修改和删除操作，必须在执行 FETCH 语句提取了游标当前行的数据之后才能执行，否则会返回错误信息“ORA-01410：无效的 ROWID”。

6.5 异常处理

每个 PL/SQL 程序块均由声明部分、执行部分和异常处理 3 部分组成，其中声明部分和异常处理部分是可选的，执行部分是必需的。前面的程序示例大部分都由声明部分和执行部分组成，所有的 SQL 语句和 PL/SQL 过程语句都必须写在执行部分中运行。假定编码做得很好，仅考虑编译错误，则程序均能正常运行。

6.5.1 初识异常

在程序运行过程中，可能会出现一些不可预料的错误，异常处理就是在 PL/SQL 块中处理这些错误。

下面的程序用来检索并输出员工表中姓氏为 Smith 的员工工资。

```
DECLARE
    var_sal employees.salary%TYPE;
BEGIN
    SELECT salary INTO var_sal FROM employees
    WHERE last_name='Smith';
    DBMS_OUTPUT.PUT_LINE('Smith''s salary is:' || var_sal);
END;
```

该程序没有语法上的错误，但在运行时出错，错误信息如图 6.24 所示。

上述程序并没有按照预期的结果运行，本来希望 SELECT 语句仅返回一行，但实际上却返回了多行，这种运行时发生的错误称为异常。当运行出现异常时，PL/SQL 程序块就会终止，此时需要在 PL/SQL 程序中处理这些异常。

```
错误报告 -
ORA-01422: 实际返回的行数超出请求的行数
ORA-06512: 在 line 4
01422. 00000 -  "exact fetch returns more than requested number of rows"
*Cause:    The number specified in exact fetch is less than the rows returned.
*Action:   Rewrite the query or change number of rows requested
```

图 6.24 异常信息

前面已经完成了 PL/SQL 块的声明部分(以关键字 DECLARE 开始)和执行部分(以关键字 BEGIN 开始,并以关键字 END 结束)。此时进行异常处理,还需要一个可选的部分(即异常部分),并以关键字 EXCEPTION 开始。如果异常部分存在,则为 PL/SQL 块的最后一部分。为了保证程序正常运行至结束,需要在执行部分的最后添加异常处理部分,完整代码如下。

```
DECLARE
    var_sal employees.salary%TYPE;
BEGIN
    SELECT salary INTO var_sal FROM employees
    WHERE last_name='Smith';
    DBMS_OUTPUT.PUT_LINE('Smith''s salary is:' || var_sal);
    EXCEPTION
        WHEN TOO_MANY_ROWS THEN
            DBMS_OUTPUT.PUT_LINE('查询结果不止一行,请使用游标! ');
END;
```

程序运行结果如图 6.25 所示。

上例中,在 PL/SQL 程序块中加入异常处理部分后,PL/SQL 程序不会突然终止,当异常发生时,程序流程转移到异常部分,异常处理中的所有语句都被执行,PL/SQL 程序块以正常形式结束。

```
PL/SQL 过程已成功完成。
查询结果不止一行,请使用游标!
```

图 6.25 异常处理

6.5.2 异常处理流程

异常是在运行 PL/SQL 程序块时发生的错误。一个 PL/SQL 块总是在程序抛出一个异常时终止,但可以指定一个异常处理程序,在程序结束前执行特定的操作。异常抛出、捕获及处理的流程如图 6.26 所示。

1. 抛出异常

PL/SQL 支持两种抛出异常的方法: Oracle 服务器隐式抛出异常和程序员显式抛出异常。

当一个 Oracle 错误发生,那么和它关联的异常就会自动抛出。如上例中,在 PL/SQL 程序执行 SELECT 语句从数据库中检索数据,返回了多行,就会产生 ORA-01422 错误,PL/SQL 抛出 TOO_MANY_ROWS 异常。此时将错误转换为预定义的异常。

在实现具体应用程序时,根据业务功能,在程序块中通过执行 RAISE 语句显式地抛

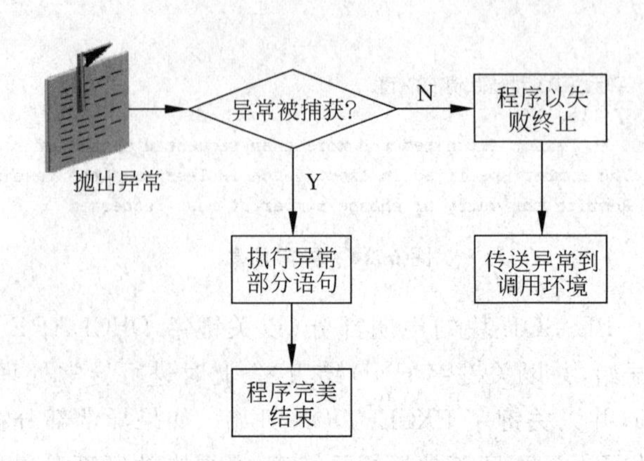

图 6.26 异常抛出、捕获及处理的流程

出异常。显式抛出的异常可以是用户定义的，也可以是系统预定义的，还可以是一些非预定义的标准 Oracle 错误。可以显式地声明异常，并将它们和非预定义的 Oracle 错误关联起来。

2. 处理异常

异常抛出后，有两种处理异常的方式：由异常处理程序捕获异常、将异常传送到调用环境。

PL/SQL 程序中包含了一个异常部分以捕获异常，该异常在 PL/SQL 的执行部分抛出，异常部分相应地有一个与之关联的分支处理该异常。如果异常被成功处理，就不会传送到调用环境，PL/SQL 块正常结束。

如果是执行部分抛出的异常，但异常部分没有与之关联的异常处理，那么 PL/SQL 块将以失败终止，并将异常传送到调用环境，调用环境可以是任何应用程序，如调用 PL/SQL程序的 SQL *Plus 或 SQL Developer 等。

3. 异常类型

PL/SQL 有 3 种类型的异常，基本信息见表 6.4。

表 6.4 异常类型及其功能描述

异常类型	功能描述
预定义异常	无须声明，由 Oracle 服务器预定义，并在程序执行时隐式抛出。经常发生的异常大约有 20 种
非预定义异常	任何其他的标准 Oracle 错误，都需要在声明部分进行声明，由 Oracle 服务器隐式抛出，可以在异常部分捕获并处理
用户自定义异常	开发人员定义的异常情况，在声明部分声明，在执行部分显式使用 RAISE 语句抛出，在异常部分捕获并处理

其中，预定义异常和非预定义异常都由 Oracle 服务器隐式抛出，而用户自定义异常由程序员显式抛出。

6.5.3 异常捕获与处理

异常抛出后，需要在 PL/SQL 程序块的异常处理部分捕获异常，并进行相应的处理。每一个异常处理程序都由一个 WHEN 子句构成，并在该子句中指定异常的名称，然后在其后执行异常抛出后的一系列处理语句。可以在异常部分包含任意数量的处理程序处理特定的异常，但每个特定的异常只能由其中一个处理程序捕获并处理。异常捕获与处理的一般形式为

```
EXCEPTION
    WHEN exception1 [OR exception2 …] THEN
        statements;
    [WHEN exception3 [OR exception4 …] THEN
        statements;
    …]
    [WHEN OTHERS THEN
        statements;
```

其中，EXCEPTION 是开始进入异常处理部分的关键字；WHEN 子句用来处理特定的异常；exception 是预定义异常或用户自定义异常的名字；statements 是用来处理异常的一条或多条 SQL 语句或 PL/SQL 语句；OTHERS 是一个可选的异常处理子句，用来捕获和处理前面没有被显式处理的异常。

异常处理部分仅捕获那些指定的异常，如果没有使用 OTHERS 异常处理程序，则其他异常不会被捕获。WHEN OTHERS 子句用来处理任何尚未处理的异常，所以建议在异常处理部分使用 WHEN OTHERS 子句，如果使用，它必须是最后一个异常处理分支，并且最多只能有一个 WHEN OTHERS 子句。

1. 捕获并处理预定义异常

在相应的异常处理程序中通过引用预定义异常的名字捕获预定义的 Oracle 服务器异常。常见的预定义异常包括：

(1) NO_DATA_FOUND：未找到任何数据。

(2) TOO_MANY_ROWS：实际返回的行数超出请求的行数

(3) INVALID_CURSOR：无效游标。

(4) ZERO_DIVIDE：除数为 0。

(5) DUP_VAL_ON_INDEX：在唯一索引的列上输入重复值。

2. 捕获并处理非预定义异常

非预定义异常类似于预定义异常，在 Oracle 服务器中，它们是标准的 Oracle 错误，但没有被定义。需要使用函数 PRAGMA EXCEPTION_INIT 创建异常，所以这些异常称为非预定义异常。非预定义异常的处理流程如图 6.27 所示。

使用时，需要先对非预定义异常进行声明，然后才能进行捕获。在 PL/SQL 中，

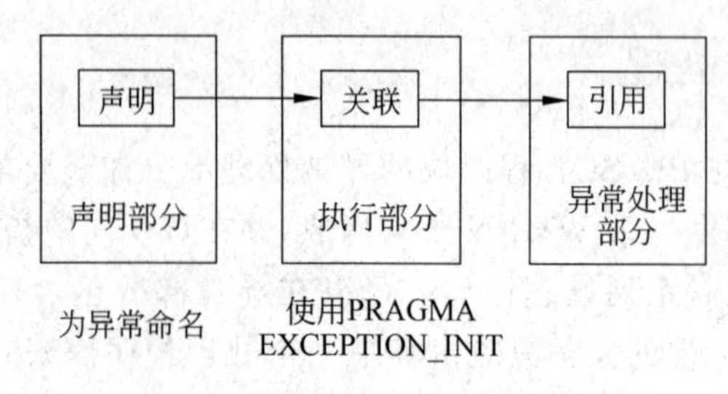

图 6.27 非预定义异常的处理流程

PRAGMA EXCEPTION_INIT 告诉编译器，将异常名称和错误编号关联起来，使得在 PL/SQL 语句块中可以使用名称引用所有的内部异常，为其在 EXCEPTION 语句块中编写特定的处理程序。

关键字 PRAGMA 表示该语句是一个编译器指令，在 PL/SQL 块执行时，它不进行处理。它仅指示 PL/SQL 编译器将块中所有出现的异常名称解释为与之关联的错误编号。

声明时，为异常命名。声明异常的语法格式如下。

```
exception EXCEPTION;
```

声明异常后，要使用 PRAGMA EXCEPTION_INIT 函数将该异常与标准 Oracle 服务器错误编号进行关联，语法格式为

```
PRAGMA EXCEPTION_INIT(exception,error_number);
```

其中，exception 是已经声明的异常名称，error_number 是标准的 Oracle 服务器错误编号。

定义一个插入异常，和 Oracle 错误编号－01400(不能插入空值)关联起来，并举例验证。如部门表，部门名称不能为空，先插入一条部门名称为空的行，捕获该异常并处理，程序如下。

```
DECLARE
    ex_insert EXCEPTION;
    PRAGMA EXCEPTION_INIT(ex_insert, -01400);
BEGIN
    INSERT INTO departments(department_id, department_name)
    VALUES(400, NULL);
EXCEPTION
    WHEN ex_insert THEN
        DBMS_OUTPUT.PUT_LINE('插入操作失败! ');
        DBMS_OUTPUT.PUT_LINE(SQLERRM);
END;
```

程序运行结果如图 6.28 所示。

上例中，SQLERRM 函数用来返回异常对应的错误信息。当一个异常发生时，可以使用两个函数获得异常关联的错误编号和错误信息，它们是 SQLCODE 和 SQLERRM。

```
PL/SQL 过程已成功完成。
插入操作失败!
ORA-01400: 无法将 NULL 插入 ("HR"."DEPARTMENTS"."DEPARTMENT_NAME")
```

图 6.28 非预定义异常处理

SQLCODE 为内置异常返回 Oracle 错误编号,结果为整数值。

SQLERRM 返回错误编号关联的错误信息,结果为字符串。

3. 捕获并处理用户自定义异常

PL/SQL 允许应用程序根据业务需要自定义异常,如提醒用户输入特定的信息,可以定义一个异常处理错误的输入数据。用户自定义异常的处理流程如图 6.29 所示。

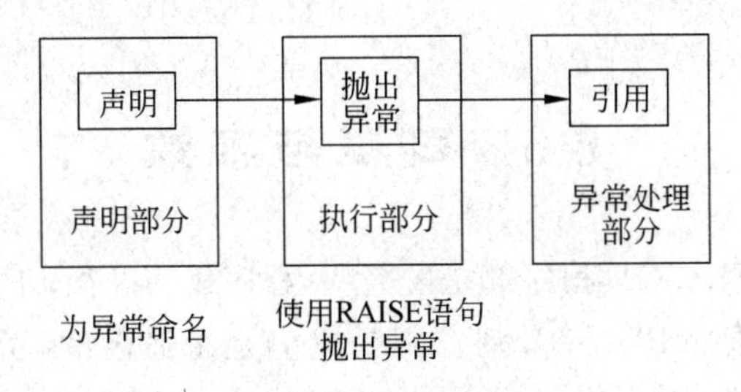

图 6.29 用户自定义异常的处理流程

自定义异常必须在 PL/SQL 块的声明部分声明,在执行部分显式使用 RAISE 语句抛出,在异常处理部分捕获并处理。

声明异常、捕获并处理异常的方式同非预定义异常相同。抛出异常需要显式使用 RAISE 语句,语法格式如下。

```
RAISE exception;
```

在 PL/SQL 块的执行部分执行该语句,抛出名为 exception 的异常,该异常需要在声明部分声明。

如编写一个 PL/SQL 程序,修改某部门的名称,用户提供部门编号和修改后的部门名称。如果提供的部门编号不存在,则不会更新任何行,此时抛出异常并处理,输出错误信息“无效部门编号”,程序如下。

```
DECLARE
    var_deptid NUMBER :=300;
    var_deptname VARCHAR2(20) :='AI-Lab';
    ex_invalid_dept EXCEPTION;
BEGIN
    UPDATE departments
    SET department_name=var_deptname
    WHERE department_id=var_deptid;
    IF SQL %NOTFOUND THEN
        RAISE ex_invalid_dept;
```

```
    END IF;
    COMMIT;
EXCEPTION
WHEN ex_invalid_dept THEN
  DBMS_OUTPUT.PUT_LINE('无效部门编号！');
END;
```

程序运行结果如图 6.30 所示。

```
PL/SQL 过程已成功完成。
无效部门编号!
```

图 6.30 用户自定义异常处理

在异常处理部分，已经捕获的异常可以不进行处理，而再次使用 RAISE 语句抛出，并将该异常传送给调用环境。在异常处理部分再次抛出异常的用法如下。

```
RAISE;
```

6.6 过程与函数

本书前面使用的 PL/SQL 程序都是匿名块，程序仅用一次，不进行保存。顾名思义，匿名块是未命名的可执行 PL/SQL 块。因为它们是未命名的，所以它们既不能重复使用，也不能存储供以后使用。

6.6.1 子程序

过程和函数是命名的 PL/SQL 块，也称为子程序，它们编译后存储在数据库中。可以给 PL/SQL 块命名，命名的程序块称为子程序。过程和函数都是子程序。过程和函数具有类似于匿名块的块结构，也包括如下 3 部分。

1. 可选的声明部分

子程序可以有一个可选的声明部分（没有 DECLARE 关键字），但与匿名块不同的是，子程序的声明部分不是从 DECLARE 关键字开始的，而是紧跟在子程序声明的关键字 IS 或 AS 之后。

2. 必需的执行部分

执行部分是子程序强制存在的部分，主要包含业务逻辑的实现，以关键字 BEGIN 开始，以 END 结束。

3. 可选的异常处理部分

匿名块与子程序的区别见表 6.5。该表同时也突出了子程序的优点。

子程序遵循模块化程序设计原则，创建一个个功能独立的模块，便于灵活管理，提高代码的可重用性。灵活性是通过使用带参数的子程序实现的，根据输入不同的参数使得同样的代码被重用。

表 6.5 匿名块与子程序的区别

匿 名 块	子 程 序
未命名 PL/SQL 块	命名 PL/SQL 块
每次运行都需要编译	仅编译一次
不存储在数据库中	存储在数据库中
不能被其他应用程序调用	可以被其他应用程序调用
没有返回值	函数必须有返回值
不能带参数	可以带参数

由于 PL/SQL 允许 SQL 语句无缝嵌入业务逻辑中，这将导致 SQL 语句分布在代码的各个地方，造成程序维护困难。因此，建议设计应用程序时，将 SQL 逻辑和业务逻辑分开，采用分层程序设计。

(1) 数据访问层：使用 SQL 语句访问数据的子程序。

(2) 业务逻辑层：用于实现业务处理规则的子程序，可能会调用数据访问层的程序。

遵循这种模块化和分层的程序设计原则可以创建更易于维护的代码，尤其是当业务规则发生更改时。

6.6.2 过程

过程是一个可以接收参数的命名 PL/SQL 块。一般来说，使用过程执行特定的操作。其声明包含四部分，分别为过程头、声明部分、执行部分和异常处理部分。可以在一个程序的执行部分或另一个 PL/SQL 块中通过过程名调用另一个过程。过程是编译后存储在数据库中的一个模式对象，可以重复被调用，从而提高程序的可重用性和可维护性。存储在数据库中的过程称为存储过程。

创建过程的语法格式如下。

```
CREATE [OR REPLACE] PROCEDURE procedure_name
[parameter1 [mode] datatype1, parameter2 [mode] datatype2, …]
IS | AS
    [variable_declaration, …]
BEGIN
    --actions;
END [procedure_name];
```

其中，CREATE PROCEDURE 是创建过程的关键字；OR REPLACE 选项用于覆盖同名的过程，若不存在，则创建；procedural_name 是创建过程的名字；parameter 是形参的名字，每一个参数都要为其指定参数模式和数据类型，创建的过程可以有多个参数，参数之间以逗号(,)分隔；mode 是参数模式，共 3 种，分别为 IN、OUT 和 IN OUT，其中 IN 是默认模式；datatype 是参数的数据类型，不能为参数指定宽度与精度，可以使用类型属性% TYPE 声明；IS 或 AS 是创建过程体的关键字，不可缺省；variable_declaration 是声明执行部分中需要用到的局部变量;BEGIN 是过程执行部分的开始;actions 是过程实现功能的语句序列,可以包含各种控制结构;END 或 END procedure_name 是创建过程的结束标志。

参数用于将数据值从调用环境传递到过程(或子程序)。参数在子程序头处声明,位于子程序名和 IS(AS)关键字之间。参数模式及其意义见表 6.6。

表 6.6 参数模式及其意义

参数模式	意义
IN	默认模式,输入参数,将值从调用环境传递到过程,实参可以是常量、变量或表达式,必须有确定的值
OUT	输出参数,用于将过程中的值传递到调用环境,实参必须是变量,但可以未初始化
IN OUT	输入输出参数,调用时将值从调用环境传递到过程,调用结束时将过程中的值再传递到调用环境,实参必须是已经初始化的变量

参数可以被认为是局部变量的一种特殊形式,当调用子程序时,其输入值由调用环境初始化;当子程序向调用方返回时,可能将输出值返回到调用环境。

创建一个不带参数的过程,命名为 add_dept,向部门表中添加一个新部门,部门编号为 320,部门名称为 AI-Lab,输出操作结果的形式为:插入了 X 行。创建过程如下。

```
CREATE PROCEDURE add_dept IS
    var_deptid departments.department_id%TYPE := 320;
    var_deptname departments.department_name%TYPE := 'AI-Lab';
BEGIN
    INSERT INTO departments(department_id, department_name)
    VALUES (var_deptid, var_deptname);
    DBMS_OUTPUT.PUT_LINE('插入了' || SQL%ROWCOUNT || '行');
END;
```

编译该过程,结果如图 6.31 所示。

可以在 PL/SQL 程序块中调用该过程,如:

```
BEGIN
    add_dept;
END;
```

也可以使用 EXECUTE 语句执行过程,如:

```
EXECUTE add_dept;
```

执行该程序,结果如图 6.32 所示。

```
Procedure ADD_DEPT 已编译
```

图 6.31 创建不带参数的过程

```
PL/SQL 过程已成功完成。
插入了1行
```

图 6.32 在匿名 PL/SQL 块中调用过程

这样的过程就把功能限死了，没有实际的意义，为了提高过程的重用性，往往使用参数，根据不同的参数值得到不同的效果。如上例的过程 add_dept 可以带两个参数，一个为部门编号，一个为部门名称。过程的创建代码如下。

```
CREATE OR REPLACE PROCEDURE add_dept
    (deptid NUMBER, deptname VARCHAR2)
IS
BEGIN
    INSERT INTO departments(department_id, department_name)
    VALUES (deptid, deptname);
    DBMS_OUTPUT.PUT_LINE('插入了' || SQL%ROWCOUNT || '行');
END;
```

也可以创建带参数的过程，如给指定编号的员工增加工资，员工编号和工资为参数，且能够返回该员工增加后的工资，创建过程如下。

```
CREATE PROCEDURE add_salary(empid NUMBER, sal IN OUT NUMBER)
IS
BEGIN
    UPDATE employees
    SET salary=salary+sal
    WHERE employee_id=empid;
    SELECT salary INTO sal FROM employees
    WHERE employee_id=empid;
EXCEPTION
    WHEN NO_DATA_FOUND THEN
        DBMS_OUTPUT.PUT_LINE('编号为'|| empid ||'的员工不存在');
    WHEN OTHERS THEN
        DBMS_OUTPUT.PUT_LINE('出现了其他未知异常');
END;
```

这里用了一个 IN OUT 模式的参数 sal，既能作为输入参数，也可以作为输出参数，函数还进行了异常处理。调用该过程为一个编号是 174 的员工增加 500 工资，并输出增加后的工资。PL/SQL 程序如下。

```
DECLARE
    sal employees.salary%TYPE :=500;
BEGIN
    add_salary(174, sal);
    DBMS_OUTPUT.PUT_LINE('增长后的工资为：'||sal);
END;
```

执行该程序，结果如图 6.33 所示。

```
PL/SQL 过程已成功完成。
增长后的工资为: 11500
```

图 6.33 调用带参数的过程

可以删除不再需要的过程。删除过程的语法格式为

```
DROP PROCEDURE procedure_name;
```

如将过程 add_dept 删除,则需使用如下语句。

```
DROP PROCEDURE add_dept;
```

6.6.3 函数

函数是一个命名的 PL/SQL 块,它可以接收参数、能被调用,且必须有返回值。通常,使用函数进行特定的计算,并返回计算的结果。函数必须返回一个值到调用环境,而过程不同,过程可以将 0 个或多个值返回到调用环境。函数的创建形式和过程结构类似,在函数中必须使用 RETURN 子句,在执行部分至少有一条 RETURN 语句,用于向调用环境返回计算结果。

函数和过程一样,可以存储在数据库中作为重复执行的模式对象。存储在数据库中的函数称为存储函数,还可以在客户端应用程序上创建函数。

函数可以作为 SQL 表达式的一部分,也可以作为 PL/SQL 表达式的一部分。在 SQL 表达式中,函数必须遵守特定的规则。在 PL/SQL 表达式中,函数名更像一个变量,其值取决于传递给它的参数。

创建函数的语法格式如下。

```
CREATE [OR REPLACE] FUNCTION function_name
[parameter1 [mode] datatype1, parameter2 [mode] datatype2, …]
RETURN datatype
IS | AS
    [variable_declaration, …]
    BEGIN
    --actions;
    RETURN expression;
END [function_name];
```

其中,CREATE FUNCTION 是创建函数的关键字;RETURN datatype 子句标注函数的返回值类型,出现在参数声明和关键字 IS(AS)之间;RETURN expression;语句是执行部分必须包含的语句,至少出现一条,用于向调用环境返回计算结果;其他选项的意义与过程相同。

过程与函数的主要区别见表 6.7。

表 6.7 过程与函数的主要区别

过 程	函 数
过程调用作为一条单独的 PL/SQL 语句	函数调用可以作为表达式的一部分
在过程头不能使用 RETURN 子句	在函数头必须包含 RETURN 子句
可以通过输出模式参数返回值	必须使用 RETURN 语句返回一个值
可以使用不带值的 RETURN 语句	至少包含一条带值的 RETURN 语句

如创建一个函数，根据员工编号，得到该员工的工资，函数如下。

```
CREATE OR REPLACE FUNCTION get_sal(empid employees.employee_id%TYPE)
RETURN NUMBER
IS
    var_salary employees.salary%TYPE;
BEGIN
    SELECT salary INTO var_salary
    FROM employees WHERE employee_id=empid;
    RETURN var_salary;
END;
```

调用该函数，求编号为 114 的员工工资，并输出，程序如下：

```
BEGIN
    DBMS_OUTPUT.PUT_LINE('员工工资为' || get_sal(114));
END;
```

程序运行结果如图 6.34 所示。

PL/SQL 过程已成功完成。
员工工资为11000

图 6.34 调用函数

必要的时候需要在函数中进行异常处理，如创建一个函数，根据一个员工编号判断该员工的工资是否大于其所在部门的平均工资，若大于，则返回 TRUE，否则返回 FALSE；若这个员工不存在，则返回 NULL，实现该功能的函数如下。

```
CREATE OR REPLACE FUNCTION check_sal(empid NUMBER)
RETURN BOOLEAN
IS
    var_deptid employees.department_id%TYPE;
    var_sal employees.salary%TYPE;
    var_avg_sal employees.salary%TYPE;
BEGIN
    SELECT salary, department_id INTO var_sal, var_deptid
    FROM employees
    WHERE employee_id=empid;
    SELECT AVG(salary) INTO var_avg_sal FROM employees
    WHERE department_id=var_deptid;
    IF var_sal>var_avg_sal THEN
        RETURN TRUE;
    ELSE
        RETURN FALSE;
    END IF;
EXCEPTION
    WHEN NO_DATA_FOUND THEN
        RETURN NULL;
END;
```

通过使用替换变量的方式，输入一个编号，调用该函数，并输出程序运行结果。实现此功能的程序如下。

```
DECLARE
    var_empid employees.employee_id%TYPE := &id;
BEGIN
    IF check_sal(var_empid) IS NULL THEN
        DBMS_OUTPUT.PUT_LINE('员工不存在');
    ELSIF check_sal(var_empid) THEN
        DBMS_OUTPUT.PUT_LINE('员工工资大于部门平均工资');
    ELSE
        DBMS_OUTPUT.PUT_LINE('员工工资不大于部门平均工资');
    END IF;
END;
```

函数可以被其他函数调用，如编写一个函数，通过调用 check_sal 函数，根据一个员工编号判断其工资是否大于部门平均工资，若结果为 NULL，则返回'员工不存在'，若为 TRUE，则返回'大于部门平均工资'，否则返回'不大于部门平均工资'。实现此功能的程序如下。

```
CREATE OR REPLACE FUNCTION getstr(empid NUMBER)
RETURN VARCHAR2
IS
BEGIN
    IF check_sal(empid) IS NULL THEN
        RETURN '员工不存在';
    ELSIF check_sal(empid) THEN
        RETURN '大于部门平均工资';
    ELSE
        RETURN '不大于部门平均工资';
    END IF;
END;
```

也可以在 SQL 语句中调用函数，如查询部门编号为 30 的员工编号、姓氏、工作职位及其工资是否大于部门平均工资信息，实现该功能的 SQL 语句如下。

```
SELECT employee_id, last_name, job_id, salary, getstr(employee_id)
FROM employees
WHERE department_id=30;
```

程序运行结果如图 6.35 所示。

可以删除不再需要的函数，删除函数的语法格式为

```
DROP FUNCTION function_name;
```

如删除函数 get_sal，则使用如下语句。

	EMPLOYEE_ID	LAST_NAME	JOB_ID	SALARY	GETSTR(EMPLOYEE_ID)
1	114	Raphaely	PU_MAN	11000	大于部门平均工资
2	115	Khoo	PU_CLERK	3100	不大于部门平均工资
3	116	Baida	PU_CLERK	2900	不大于部门平均工资
4	117	Tobias	PU_CLERK	2800	不大于部门平均工资
5	118	Himuro	PU_CLERK	2600	不大于部门平均工资
6	119	Colmenares	PU_CLERK	2500	不大于部门平均工资

图 6.35 在 SQL 语句中调用函数

```
DROP FUNCTION get_sal;
```

6.6.4 向过程或函数传递实参

前面的例子在调用过程或函数时，实参的传递是按位置给出的，列出的实参顺序与创建子程序时形参的先后顺序一致，实参与形参的位置一一对应。实质上，子程序调用时，传递参数一共有以下 3 种形式。

1. 按位置

按参数位置传递参数是最常用的一种形式，此时实参与形参的位置一一对应，如果以错误的顺序指定参数（尤其是常量），错误很难被检测到。如果子程序的参数列表发生改变，则必须修改程序代码。那么，调用过程 add_dept 时，可以使用如下语句。

```
add_dept(320, 'Cross-Media Center');
```

2. 按名字

以任意顺序列出实参值，并使用关联运算符将每个实参与其对应形参的名字相关联。PL/SQL 的关联运算符为（=>），此时参数的顺序就不重要了。这种传递参数的方法相当于有较长的注释，使得代码的可读性和可维护性较好，如果参数列表发生变化，则无须修改程序代码。有默认值的参数，可以使得子过程的调用更简洁。调用过程 add_dept 时，还可以使用如下语句。

```
add_dept(deptname=>'Cross-Media Center', deptid=>320);
```

3. 位置和名字混合

上述两种方法可以混合使用，前面的几个实参按照位置依次列出，余下的参数使用关联运算符（=>）按照参数名字给出，适用于参数较多的情况。同样，对于有默认值的参数可以放在最后缺省列出。

子程序的参数可以使用默认值，在创建子程序头的形参列表中，为使用默认值的参数以赋值运算符（:=）或 DEFAULT 关键字为其赋值。如修改新建部门的过程 add_dept，使用 3 个参数，分别为部门编号、部门名称以及所在地址编号，其中部门名称使用默认值'AI-Center'，地址编号使用默认值 1700，创建过程如下。

```
CREATE OR REPLACE PROCEDURE add_dept
    (deptid NUMBER,
    deptname VARCHAR2 DEFAULT 'AI-Center',
    locid NUMBER :=1700)
IS
BEGIN
    INSERT INTO departments
    VALUES (deptid, deptname, NULL, locid);
    DBMS_OUTPUT.PUT_LINE('插入了' || SQL%ROWCOUNT || '行');
END;
```

调用带默认值的子程序时，若使用默认值，则可以缺省实参。也可以按照上面 3 种传递参数的形式调用，下面的过程调用都是正确的。

```
add_dept(330);
add_dept(330, 'New Dept');
add_dept(330, 'New Dept', 2500);
add_dept(330, locid=>2100);
add_dept(locid=>2100, deptid=>330);
add_dept(deptname=>'New Dept', deptid=>330);
add_dept(deptname=>'New Dept', locid=>2100, deptid=>330);
```

上面的过程调用类似于面向对象程序中的重载。

6.6.5 使用数据字典视图

数据字典视图中包含了用户定义的过程、函数等对象信息。当前用户可以使用数据字典视图 USER_PROCEDURES 查看过程、函数等详细信息，如查看当前用户创建的过程、函数等对象信息，使用如下语句。

```
SELECT * FROM user_procedures;
```

可以通过 WHERE 子句限定查询过程或函数的信息，如查询当前用户下所有过程的名字，可以使用如下语句。

```
SELECT object_name FROM user_procedures
WHERE object_type='PROCEDURE';
```

可以使用数据字典视图 user_source 查看过程或函数的详细定义，如查看函数 get_sal 的定义，可以使用如下语句。

```
SELECT text FROM user_source
WHERE name='GET_SAL' AND type='FUNCTION';
```

运行结果如图 6.36 所示。

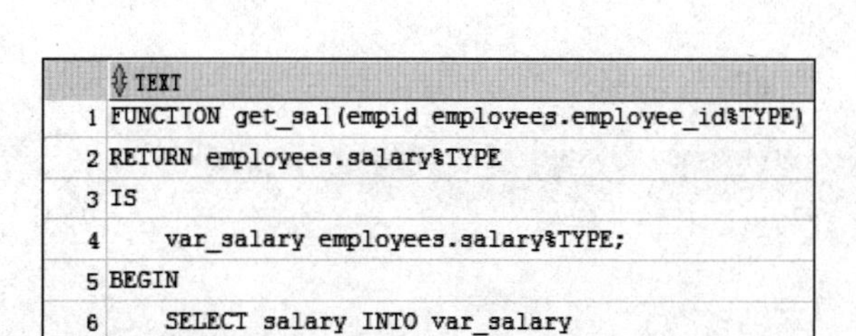

	TEXT
1	FUNCTION get_sal(empid employees.employee_id%TYPE)
2	RETURN employees.salary%TYPE
3	IS
4	var_salary employees.salary%TYPE;
5	BEGIN
6	SELECT salary INTO var_salary
7	FROM employees WHERE employee_id = empid;
8	RETURN var_salary;
9	END;

图 6.36 在数据字典视图中查看函数定义

6.7 小 结

本章介绍了 PL/SQL 的基本语法规则，包括定义常量和变量的方法，以及控制语句的使用，能够在 PL/SQL 中进行异常处理，能够在 PL/SQL 中合理地使用隐式游标和显式游标查询表中的数据，能够使用存储过程和函数对数据库进行操作。

第7章 chapter 7

Oracle 安全管理

数据库的安全性主要包括两方面的含义：一方面是防止非法用户对数据库的访问，未授权的用户不能登录数据库；另一方面是每个数据库用户都有不同的操作权限，只能进行自己权限范围内的操作。Oracle数据库的安全可以分为系统安全性和数据安全性两大类，其中系统安全性是指在系统级控制数据库的存取和使用的机制，包括有效的用户名与口令的组合、用户是否被授权可连接数据库、用户创建数据库对象时可以使用的磁盘空间大小、用户的资源限制、是否启动了数据库审计功能，以及用户可进行哪些系统操作等；数据安全性是指在对象级控制数据库的存取和使用机制，包括用户可存取的模式对象和在该对象上允许进行的操作等。

Oracle的安全管理机制就是通过用户管理、权限管理、角色管理、概要文件管理以及数据库审计实现的。

7.1 用户管理

用户管理，就是具有合法身份的用户才能访问数据库，Oracle数据库初始用户，口令公开，处于锁定状态，需要解锁并重设口令。Oracle数据库的几个主要用户如下。

SYS：是数据库中具有最高权限的数据库管理员，可以启动、修改和关闭数据库，拥有数据字典。

SYSTEM：是一个辅助的数据库管理员，不能启动和关闭数据库，但可以进行其他一些管理工作，如创建用户、删除用户等。

SCOTT：是一个用于测试网络连接的用户，其默认口令为TIGER。

PUBLIC：实质上是一个用户组，数据库中任何一个用户都属于该组成员。要为数据库中每个用户都授予某个权限，只需把权限授予PUBLIC就可以了。

7.1.1 用户的安全属性

为防止非授权用户对数据库进行操作，在创建数据库时，必须用安全属性对用户进行限制。安全属性包括用户身份认证方式、默认表空间、临时表空间、表空间配额、概要文件、账户状态。

1. 用户身份认证方式

数据库身份认证：数据库用户口令以加密方式保存在数据库内部，当用户连接数据库时必须输入用户名和口令，通过数据库认证后才可以登录数据库。

外部身份认证：当使用外部身份认证时，用户的账户由 Oracle 数据库管理，但口令管理和身份验证由外部服务完成。外部服务可以是操作系统或网络服务。当用户试图建立与数据库的连接时，数据库不会要求用户输入用户名和口令，而从外部服务中获取当前用户的登录信息。

全局身份认证：当用户试图与数据库建立连接时，Oracle 使用网络中的安全管理服务器(Oracle Enterprise Security Manager)对用户进行身份认证。Oracle 的安全管理服务器可以提供全局范围内管理数据库用户的功能。

2. 默认表空间

用户在创建数据库对象时，如果没有显式地指明该对象在哪个表空间中存储，系统就会自动将该数据库对象存储在当前用户的默认表空间中。如果没有为用户指定默认表空间，则系统将数据库的默认表空间作为用户的默认表空间。

3. 临时表空间

当用户进行排序、汇总和执行连接、分组等操作时，系统首先使用内存中的排序区 SORT_AREA_SIZE，如果该区域内存不够，则自动使用用户的临时表空间。在 Oracle 12c 中，如果没有为用户指定临时表空间，则系统将数据库的默认临时表空间作为用户的临时表空间。

4. 表空间配额

表空间配额限制用户在永久表空间中可以使用的存储空间的大小，默认情况下，新建用户在任何表空间中都没有任何配额。用户在临时表空间中不需要配额。

5. 概要文件

每个用户都必须有一个概要文件，从会话级和调用级两个层次限制用户对数据库系统资源的使用，同时设置用户的口令管理策略。如果没有为用户指定概要文件，Oracle 将为用户自动指定 DEFAULT 概要文件。

6. 账户状态

在创建用户的同时，可以设定用户的初始状态，包括用户口令是否过期以及账户是否锁定等。任何时候 Oracle 都允许对账户进行锁定或解锁。锁定账户后，用户就不能与 Oracle 数据库建立连接了，必须对账户解锁后才允许用户访问数据库。

7.1.2 创建用户

Oracle 的数据库管理员可以根据系统需要创建用户。创建用户的基本语法格式如下。

```
CREATE USER user_name
IDENTIFIED [BY password|EXTERNALLY|GLOBALLY AS 'external_name']
[DEFAULT TABLESPACE tablespace_name]
[TEMPORARY TABLESPACE temp_tablesapce_name]
[QUOTA n K|M|UNLIMITED ON tablespace_name]
[PROFILE profile_name]
[PASSWORD EXPIRE]
[ACCOUNT LOCK|UNLOCK];
```

上述参数的主要意义如下。

user_name：用于设置新建用户名，在数据库中用户名必须是唯一的。

IDENTIFIED：用于指明用户身份认证方式。

BY password：用于设置用户的数据库身份认证，其中 password 为用户口令。

EXTERNALLY：用于设置用户的外部身份认证。

GLOBALLY AS 'external_name'：用于设置用户的全局身份认证，其中 external_name 为 Oracle 的安全管理服务器相关信息。

DEFAULT TABLESPACE：用于设置用户的默认表空间，如果没有指定，Oracle 将数据库默认表空间作为用户的默认表空间。

TEMPORARY TABLESPACE：用于设置用户的临时表空间。

QUOTA：用于指定用户在特定表空间上的配额，即用户在该表空间中可以分配的限额。

PROFILE：用于为用户指定概要文件，默认值为 DEFAULT，采用系统默认的概要文件。

PASSWORD EXPIRE：用于设置用户口令的初始状态为过期，用户在首次登录数据库时必须修改口令。

ACCOUNT LOCK：用于设置用户初始状态为锁定，默认为不锁定。

ACCOUNT UNLOCK：用于设置用户初始状态为不锁定或解除用户的锁定状态。

注意：创建新用户后，必须为用户授予适当的权限，用户才可以进行相应的数据库操作。例如，授予用户 CREATE SESSION 权限后，用户才可以连接到数据库。

如创建一个用户 user1，口令为 user1，默认表空间为 USERS，在该表空间的配额为 10MB，初始状态为锁定。

```
CREATE USER user1 IDENTIFIED BY user1
DEFAULT TABLESPACE users QUOTA 10M ON users ACCOUNT LOCK;
```

创建一个用户 user2，口令为 user2，默认表空间为 USERS，在该表空间的配额为

10MB;口令设置为过期状态,即首次连接数据库时需要修改口令;概要文件为 example_profile(假设该概要文件已经创建)。

```
CREATE USER user2 IDENTIFIED BY user2
DEFAULT TABLESPACE users
QUOTA 10M ON users
PROFILE example_profile
PASSWORD EXPIRE;
```

7.1.3 修改用户

创建用户后,可以根据需要修改用户信息,其基本语法格式如下。

```
ALTER USER user_name [IDENTIFIED]
[BY password|EXTERNALLY|GLOBALLY AS'external_name']
[DEFAULT TABLESPACE tablespace_name]
[TEMPORARY TABLESPAC Etemp_tablesapce_name]
[QUOTA n K|M|UNLIMITED ON tablespace_name]
[PROFILE profile_name]
[DEFAULT ROLE role_list|ALL[EXCEPT role_list] |NONE]
[PASSWORD EXPIRE]
[ACCOUNT LOCK|UNLOCK];
```

其中,DEFAULT ROLE 参数的意义如下。

role_list:角色列表。

ALL:表示所有角色。

EXCEPT role_list:表示除 role_list 列表中的角色外的其他角色。

NONE:表示没有默认角色。

其他参数的意义与 CREATE USER 相同。

注意:指定的角色必须是使用 GRANT 命令直接授予该用户的角色。

如将用户 user1 的口令修改为 newuser1,同时将该用户解锁,应使用如下语句。

```
ALTER USER user1 IDENTIFIED BY newuser1 ACCOUNT UNLOCK;
```

修改用户 user2 的默认表空间为 NEWORCLTBS,在该表空间的配额为 20MB,在 USERS 表空间的配额为 10MB。

```
ALTER USER user2 DEFAULT TABLESPACE NEWORCLTBS
QUOTA 20M ON NEWORCLTBS
QUOTA 10M ON USERS;
```

7.1.4 删除用户

当一个用户被删除时,其拥有的所有对象也会被删除。删除用户需要使用 DROP USER 语句,操作者必须具有 DROP USER 的权限。若用户拥有数据库对象,则删除用户时必须用 CASCADE 选项，删除用户时将级联删除该用户模式下的所有对象。如果用户模式 USR 下拥有对象，删除时不使用 CASCADE 选项，Oracle 服务器将给出错误信息"ORA-01922：必须指定 CASCADE 以删除'USR'"。

处于连接状态的用户无法删除，若删除处于连接状态的用户，Oracle 服务器将返回错误信息"ORA-01940：无法删除当前连接的用户"。

删除用户的基本语法格式如下。

```
DROP USER user_name [CASCADE];
```

执行流程为：先删除用户拥有的对象，再删除用户，然后将参照该用户对象的其他数据库对象标志为 INVALID。

7.1.5 查询用户信息

可以通过如下数据字典视图查询用户相关的信息。

ALL_USERS：包含数据库所有用户的用户名、用户 ID 和用户创建时间。

DBA_USERS：包含数据库所有用户的详细信息。

USER_USERS：包含当前用户的详细信息。

DBA_TS_QUOTAS：包含所有用户的表空间配额信息。

USER_TS_QUOTAS：包含当前用户的表空间配额信息。

V_ $ SESSION：包含用户会话信息。

V $ OPEN_CURSOR：包含用户执行的 SQL 语句信息。

如查看数据库的所有用户名、默认表空间、临时表空间及其创建日期，可以使用如下语句。

```
SELECT username, default_tablespace,
       temporary_tablespace, created
FROM dba_users;
```

语句执行结果如图 7.1 所示。

	USERNAME	DEFAULT_TABLESPACE	TEMPORARY_TABLESPACE	CREATED
4	SH	EXAMPLE	TEMP	11-9月 -14
5	OE	EXAMPLE	TEMP	11-9月 -14
6	HR	EXAMPLE	TEMP	11-9月 -14
7	SCOTT	USERS	TEMP	11-9月 -14

图 7.1 使用数据字典视图 dba_users 查询用户信息

查看数据库中所有用户名非空的用户会话 ID、会话序列号、登录时间、用户名信息。

```
SELECT sid, serial#, logon_time, username
FROM v_$session
WHERE username IS NOT NULL;
```

语句执行结果如图 7.2 所示。

	SID	SERIAL#	LOGON_TIME	USERNAME
1	49	41673	18-4月 -18	SYS
2	85	42546	18-4月 -18	HR
3	326	32421	18-4月 -18	SYS
4	447	2651	18-4月 -18	HR

图 7.2 使用数据字典视图 v_ $ session 查询会话信息

7.2 权限管理

权限管理就是用户登录后只能进行权限范围内的操作。所谓权限，就是执行特定类型的 SQL 命令或访问其他用户的对象的权利。用户在数据库中可以执行什么样的操作，以及可以对哪些对象进行操作，完全取决于该用户拥有的权限。

操作权限分为系统权限和对象权限两类。系统权限是指在数据库级别执行某种操作的权限，或针对某一类对象执行某种操作的权限，是控制数据库的存取和使用的机制，如启动、停止数据库，修改数据库参数，连接到数据库，以及创建、删除和修改模式对象(如表、视图、索引、过程、函数等)等的权限；对象权限是指对某个特定的数据库对象执行某种操作的权限，如对特定表的插入、删除、修改、查询的权限。

授权方法有两种，即直接授权和间接授权。直接授权就是利用 GRANT 命令直接为用户授权；间接授权是先将权限授予角色，然后再将角色授予用户。

7.2.1 系统权限管理

系统权限一般需要授予数据库管理人员和应用程序开发人员。数据库管理员(DBA)可以将系统权限授予特定的用户，也可以将用户手中的权限收回。

1. 系统权限分类

Oracle 12c 提供多种系统权限，每一种权限分别能使用户进行某种或某类数据库操作。可以通过查询数据字典视图 SYSTEM_PRIVILEGE_MAP 查询 Oracle 数据库中所有的系统权限信息，可以使用 COUNT 函数查询系统权限的个数。

```
SELECT COUNT(*) FROM system_privilege_map;
```

输出结果为 256，也就是说，Oracle 12c 的系统权限有 256 个(随系统权限数目的不同而不同)。

根据用户在数据库中进行的操作，可以将 Oracle 的系统权限分为数据库维护类权限、操作数据库模式对象的权限，以及可以在任意用户模式下进行操作的 ANY 权限。

1) 数据库维护类权限

数据库维护类权限一般是数据库管理员所具有的权限，一般包括创建表空间、修改数据库结构、创建用户、修改用户等进行数据库维护操作的权限，表 7.1 列出了这些维护操作的权限及功能描述。

表 7.1 数据库维护权限及功能描述

系统权限名称	功能描述
ALTER DATABASE	修改数据库结构
ALTER SYSTEM	修改数据库系统的初始化参数
CREATE PUBLIC SYSNONYM	创建公有同义词
DROP PUBLIC SYSNONYM	删除公有同义词
CREATE PROFILE	创建概要文件
ALTER PROFILE	修改概要文件
DROP PROFILE	删除概要文件
CREATE ROLE	创建角色
ALTER ROLE	修改角色
DROP ROLE	删除角色
CREATE TABLESPACE	创建表空间
ALTER TABLESPACE	修改表空间
DROP TABLESPACE	删除表空间
MANAGE TABLESPACE	管理表空间
UNLIMITED TABLESPACE	不受配额限制使用表空间
CREATE SESSION	创建会话,允许用户连接到数据库
ALTER SESSION	修改用户会话
RESTRICTED SESSION	使数据库在受限模式下连接数据库
ALTER RESOURCE COST	修改配置文件中的计算资源消耗方式
CREATE USER	创建用户
ALTER USER	修改用户
DROP USER	删除用户
BECOME USER	成为另一个用户
SELECT ANY DICTIONARY	允许查询以 DBA_开头的数据字典
SYSDBA(系统管理员权限) SYSOPER(系统操作员权限)	STARTUP 启动数据库
	SHUTDOWN 关闭数据库
	ALTER DATABASE MOUNT 加载数据库
	ALTER DATABASE OPEN 打开数据库
	ALTER DATABASE BACKUP CONTROLFILE 备份数据库控制文件
	ALTER DATABASE ARCHIVELOG 修改归档日志
	RECOVER DATABASE 恢复数据库
	CREATE SPFILE/PFILE 创建系统参数文件/参数文件
	WITH ADMIN OPTION 使获得权限的用户可以将权限再授予其他用户

2）操作数据库模式对象的权限

对用户模式下对象进行操作的权限，一般授予数据库开发人员，如创建表、创建索引、创建视图、创建过程等的权限，对当前用户模式下数据库对象进行操作的系统权限仅限于创建对象的权限，没有修改用户模式对象的权限，也没有删除用户模式对象的权限，用户在其模式下创建的对象自动具有修改及删除的权限。表7.2列出了部分数据库模式对象权限及其功能描述。

表7.2 数据库模式对象权限及其功能描述

系统权限名称	功能描述	系统权限名称	功能描述
CREATE CLUSTER	在用户模式下创建簇	CREATE SEQUENCE	创建序列
CTEATE TABLE	创建表	CREATE PROCEDURE	创建过程
CREATE VIEW	创建视图	CREATE TRIGGER	创建触发器
CREATE SYSNONYM	创建私有同义词	CREATE TYPE	创建类型
CREATE INDEX	创建索引		

3）ANY权限

ANY权限允许在任意用户模式下进行操作，如具有CREATE ANY TABLE系统权限的用户可以在任何用户模式下建表，而不具有ANY权限的用户只能在自己的用户模式下进行操作。一般情况下，将ANY权限授予系统管理员或类似于管理员的用户，以便于其管理所有用户的模式对象，但不应该将ANY授予普通用户，以防其影响其他用户的工作。表7.3列出了主要的ANY权限及其功能描述。

表7.3 主要的ANY权限及其功能描述

系统权限名称	功能描述
CREATE ANY CLUSTER	在任何用户模式下创建簇
ALTER ANY CLUSTER	修改任何用户模式下的簇
DROP ANY CLUSTER	删除任何用户模式下的簇
CTEATE ANY TABLE	在任何用户模式下创建表
ALTER ANY TABLE	修改任何用户模式下的表
DROP ANY TABLE	删除任何用户模式下的表
SELECT ANY TABLE	检索任何用户模式下的表
DELETE ANY TABLE	删除任何用户模式下表的行
INSERT ANY TABLE	在任何用户模式下的表中插入行
UPDATE ANY TABLE	修改任何用户模式下的表
BACKUP ANY TABLE	备份任何用户模式下的表
LOCK ANY TABLE	给任何用户模式下的表加锁

续表

系统权限名称	功能描述
FLASHBACK ANY TABLE	闪回任何用户模式下删除的表
CREATE ANY VIEW	在任何用户模式下创建视图
DROP ANY VIEW	删除任何用户模式下的视图
CREATE ANY SYNONYM	在任何用户模式下创建私有同义词
DROP ANY SYNONYM	删除任何用户模式下的私有同义词
CREATE ANY INDEX	在任何用户模式下创建索引
ALTER ANY INDEX	修改任何用户模式下的索引
DROP ANY INDEX	删除任何用户模式下的索引
CREATE ANY SEQUENCE	在任何用户模式下创建序列
ALTER ANY SEQUENCE	修改任何用户模式下的序列
DROP ANY SEQUENCE	删除任何用户模式下的序列
CREATE ANY PROCEDURE	在任何用户模式下创建过程
ALTER ANY PROCEDURE	修改任何用户模式下的过程(重新编译)
DROP ANY PROCEDURE	删除任何用户模式下的过程
EXECUTE ANY PROCEDURE	运行任何用户模式下的过程
CREATE ANY TRIGGER	在任何用户模式下创建触发器
ALTER ANY TRIGGER	修改任何用户模式下的触发器
DROP ANY TRIGGER	删除任何用户模式下的触发器

2. 系统权限的授权

授予系统权限需要使用 GRANT 语句，其语法格式如下。

```
GRANT sys_priv_list
TO user_list|role_list|PUBLIC
[WITH ADMIN OPTION];
```

其中，sys_priv_list 表示系统权限列表，以逗号分隔；user_list 表示用户列表，以逗号分隔；role_list 表示角色列表，以逗号分隔；PUBLIC 表示对系统中的所有用户授权；WITH ADMIN OPTION 选项表示允许系统权限接收者再把此权限授予其他用户。

用户 user1 在创建后还没有任何权限，现授予其连接数据库的权限，应使用如下授权语句。

```
GRANT CREATE SESSION TO user1;
```

用户 user1 被授予连接数据库的权限后，就可以连接数据库，创建会话了，但该用户还没有操作数据库对象的权限，现在需要授予其在自己用户模式创建表、视图、序列、同义词和过程的权限，应使用如下语句。

```
GRANT CREATE TABLE, CREATE VIEW, CREATE SEQUENCE,
      CREATE SYNONYM, CREATE PROCEDURE
TO user1;
```

用户 user1 就具有了在自己模式下操作常见对象的权限，可以创建、修改和删除上述指定的几种类型的对象。

可以通过数据字典视图 USER_SYS_PRIVS 查询当前用户的系统权限，如显示用户名、权限名称以及是否具有 ADMIN_OPTION 选项，可以使用如下语句。

```
SELECT username, privilege, admin_option FROM user_sys_privs;
```

执行结果如图 7.3 所示。

	USERNAME	PRIVILEGE	ADMIN_OPTION
1	USER1	CREATE VIEW	NO
2	USER1	CREATE SYNONYM	NO
3	USER1	CREATE TABLE	NO
4	USER1	CREATE SEQUENCE	NO
5	USER1	CREATE PROCEDURE	NO
6	USER1	CREATE SESSION	NO

图 7.3 查询当前用户系统权限信息

只有 DBA 才应拥有 ALTER DATABASE 系统权限；应用程序开发者一般需要拥有 CREATE TABLE、CREATE VIEW 和 CREATE PROCEDURE 等系统权限；普通用户一般只具有 CREATE SESSION 系统权限。

只有授权时带有 WITH ADMIN OPTION 子句时，用户才可以将获得的系统权限再授予其他用户，即系统权限的传递性。

3. 系统权限的回收

数据库管理员或具有向其他用户授权的用户可以使用 REVOKE 语句将已经授予的系统权限回收，语法格式为

```
REVOKE sys_priv_list FROM user_list|role_list|PUBLIC;
```

如系统管理员要收回 user1 用户创建序列和同义词的权限，应使用如下语句。

```
REVOKE CREATE SEQUENCE, CREATE SYNONYM FROM user1;
```

多个管理员授予用户同一个系统权限后，其中一个管理员回收其授予该用户的系统权限时，该用户将不再拥有相应的系统权限。

为了回收用户系统权限的传递性（授权时使用了 WITH ADMIN OPTION 子句），必须先回收其系统权限，然后再授予其相应（原拥有）的系统权限。

7.2.2 对象权限管理

对象权限是一种对于特定对象(如表、视图、序列、过程、函数或程序包等)执行特定操作的权限,数据库用户拥有对自己模式对象的所有对象权限,故对象权限的管理实质上是数据库管理员或对象所有者对其他用户操作指定对象的权限进行管理。

1. 对象权限分类

每类对象都有一组特定的可授予的权限,如对序列的操作权限只有 SELECT(查询)和 ALTER (修改),UPDATE(修改)、REFERENCES(引用)和插入(INSERT)权限用来限制可更新的列或其子集。常见的对象权限及其功能描述见表 7.4。

表 7.4 常见的对象权限及其功能描述

对象权限	适合对象	功能描述
SELECT	表、视图、序列	查询数据
UPDATE	表、视图	更新数据
DELETE	表、视图	删除数据
INSERT	表、视图	插入数据
REFERENCES	表	在其他表中创建外键时可以引用改变
EXECUTE	过程、函数、程序包	执行 PL/SQL 过程、函数和程序包
READ	目录	读取目录
ALTER	表、序列	修改表或序列结构
INDEX	表	为表创建索引
ALL	具有对象权限的所有模式对象	某个对象的所有权限集合

SELECT 是适用于表和视图的查询数据的权限,也可以限制在列的子集上创建视图,并仅可在该视图上授予 SELECT 权限。授予在同义词上的权限被转换为同义词所引用的对象的权限。

2. 对象权限的授权

授予对象权限的语法格式如下。

```
GRANT obj_priv_list|ALL ON [schema.]object
TO user_list|role_list|PUBLIC
[WITH GRANT OPTION];
```

其中,obj_priv_list 表示对象权限列表,可以同时授予多个权限,权限之间以逗号分隔;ALL 表示所有对象权限;ON 将对象权限授予指定对象的关键字;[schema.]object 表示指定的模式对象,缺省 schema,默认为当前模式中的对象; user_list 表示用户列表,可以将对象权限同时授予多个用户，用户名之间以逗号分隔；role_list 表示角色列表，语法同 user_list；WITH GRANT OPTION 选项表示允许对象权限接收者把此对象权限再授予其他用户。

如将 hr 模式下的 employees 表的 SELECT、UPDATE、INSERT 权限授予用户 user1。

```
GRANT SELECT, UPDATE, INSERT ON hr.employees
TO user1;
```

如将 hr 模式下的 employees 表的 SELECT、UPDATE、INSERT 权限授予 user2 用户。允许 user2 用户再将 employees 表的 SELECT、UPDATE 权限授予其他用户，此时授权时需要使用 WITH GRANT OPTION 选项。

```
GRANT SELECT, UPDATE, INSERT ON hr.employees
TO user2 WITH GRANT OPTION;
```

此时，user2 用户连接数据库后，即可在其会话中将对 hr. employees 的 SELECT、UPDATE 和 INSERT 权限授予其他用户。

针对更新操作的权限，也可以限定用户修改某些特定的列，如对用户 user1 和 user2 授权，将对 hr 模式下部门表的修改操作限定在列部门名称和地址编号上，可以使用如下的授权语句。

```
GRANT UPDATE(department_name, location_id) ON hr.departments
TO user1, user2;
```

3. 对象权限的回收

数据库管理员或具有向其他用户授权的用户可以使用 REVOKE 语句将已经授予的对象权限回收，语法格式

```
REVOKE obj_priv_list|ALL ON [schema.]object
FROM user_list|role_list|PUBLIC;
```

其中，各关键字及参数的意义同授权。多个管理员授予用户同一个对象权限后，其中一个管理员回收其授予该用户的对象权限时，该用户不再拥有相应的对象权限。

为了回收用户对象权限的传递性(授权时使用了 WITH GRANT OPTION 子句)，必须先回收其对象权限，然后再授予其相应的对象权限。

如果一个用户获得的对象权限具有传递性(授权时使用了 WITH GRANT OPTION 子句)，并且给其他用户授权，那么该用户的对象权限被回收后，其他用户的对象权限也被回收。

4. WITH ADMIN OPTION 与 WITH GRANT OPTION

WITH ADMIN OPTION 选项是针对系统权限的，当甲用户授权给乙用户，且激活该选项，则被授权的乙用户具有管理该权限的能力：或者能把得到的权限再授权给其他

用户丙，或者能回收授权出去的权限。

当甲用户收回乙用户的权限后，乙用户曾经授权给丙用户的权限仍然存在。

WITH GRANT OPTION 选项是针对对象权限的，当甲用户授权给乙用户，且激活该选项，则被授权的乙用户具有管理该权限的能力：或者能把得到的权限再授权给丙用户，或者能回收授权出去的权限。

当甲用户收回乙用户的权限后，乙用户曾经授权给丙用户的权限也被回收。

7.2.3 使用数据字典视图查询权限信息

用户被授予的系统权限或对象权限都被记录在 Oracle 的数据字典中，可以通过数据字典视图查询某用户的系统权限或对象权限。表 7.5 给出了与权限相关的主要数据字典视图及其功能描述。

表 7.5 与权限相关的主要数据字典视图及其功能描述

数据字典视图	功 能 描 述
DBA_SYS_PRIVS	包含授予用户或角色的系统权限信息
USER_SYS_PRIVS	包含授予当前用户的系统权限信息
ROLE_SYS_PRIVS	包含授予角色的系统权限信息
SYSTEM_PRIVILEGE_MAP	Oracle 数据库中所有的系统权限信息
DBA_TAB_PRIVS	包含数据库所有对象的授权信息
ALL_TAB_PRIVS	包含数据库所有用户和 PUBLIC 用户组的对象授权信息
USER_TAB_PRIVS	包含当前用户对象的授权信息
ROLE_TAB_PRIVS	包含授予给角色的权限信息
DBA_COL_PRIVS	包含所有字段已授予的对象权限
ALL_COL_PRIVS	包含所有字段已授予的对象权限信息
USER_COL_PRIVS	包含当前用户所有字段已授予的对象权限信息
DBA_SYS_PRIVS	包含授予用户或角色的系统权限信息
USER_SYS_PRIVS	包含授予当前用户的系统权限信息

用户可以通过上述数据字典视图进行权限信息的查询，如查询所有的对象权限，需要使用 DBA_TAB_PRIVS 视图，查询语句如下。

```
SELECT * FROM dba_tab_privs;
```

7.3 角色管理

Oracle 中的权限很多，设置也非常复杂，直接将权限授予用户为数据库管理员正确有效地管理数据库权限带来了困难，而角色就是简化权限管理的一种数据库对象，先将权限授予角色,然后再将角色授予用户,对于很多角色相同的用户来说,授权就变得简单方便多了,如图7.4所示。

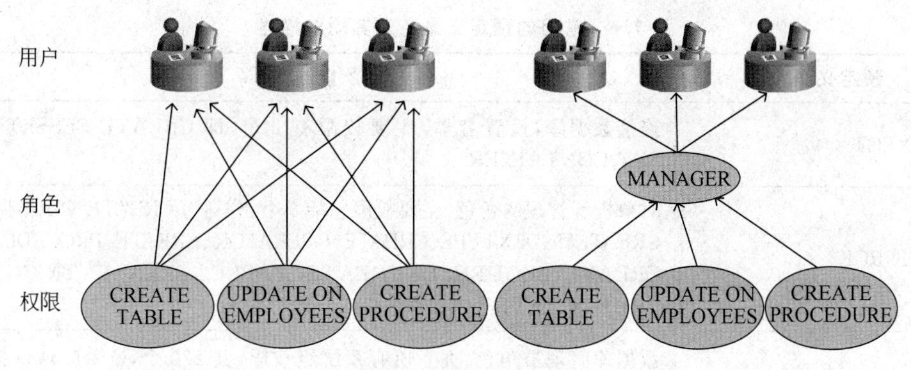

图7.4 角色的优势

所谓角色,就是一系列相关权限的集合。角色权限的授予与回收和用户权限的授予与回收完全相同。

角色对应的权限集合中可以包含系统权限和对象权限。角色也可以直接授予另一个角色,但不能将角色授予自身,也不能循环授权。

7.3.1 预定义角色

预定义角色是指在Oracle数据库创建时由系统自动创建的一些常用的角色,这些角色已经由系统授予了相应的权限。DBA可以直接利用预定义的角色为用户授权,也可以修改预定义角色的权限。

Oracle数据库中有80多个预定义角色。可以通过数据字典视图DBA_ROLES查询当前数据库中所有的预定义角色,通过DBA_SYS_PRIVS查询各个预定义角色具有的系统权限。也可以使用连接查询查看角色具有的权限,其中仅预定义角色DBA就包括200项权限,如:

```
SELECT role, privilege
FROM dba_roles r JOIN dba_sys_privs s
ON r.role=s.privilege ORDER BY role;
```

执行该语句,结果如图7.5所示。

	ROLE	PRIVILEGE
43	DBA	CREATE SYNONYM
44	DBA	CREATE PUBLIC SYNONYM
45	DBA	DROP ANY SEQUENCE
46	DBA	DROP ANY ROLE
47	DBA	AUDIT ANY
48	DBA	DROP ANY PROCEDURE
49	DBA	CREATE ANY TRIGGER
50	DBA	ALTER ANY TRIGGER

图7.5 预定义角色的权限

Oracle 12c 常用的预定义角色有很多,用得较多的有 CONNECT、RESOURCE 以及 DBA。常用的预定义角色及其功能描述见表 7.6。

表 7.6 常用的预定义角色及其功能描述

预定义角色	功 能 描 述
CONNECT	连接数据库,设置容器,主要权限有 2 个,即 CREATE SESSION 和 SET CONTAINER
RESOURCE	对象资源管理的角色,主要权限包括 8 个,分别为 CREATE CLUSTER、CREATE INDEXTYPE、CREATE OPERATOR、CREATE PROCEDURE、CREATE SEQUENCE、CREATE TABLE、CREATE TRIGGER、CREATE TYPE
DBA	数据库管理员角色,拥有所有系统级权限,共 220 个,Oracle 默认拥有 DBA 角色的用户为 SYS 和 SYSTEM,但 DBA 角色没有启动和关闭数据库的权限
CDB_DBA	设置容器角色,包含 SET CONTAINER 权限
PDB_DBA	管理插拔式数据库的角色,主要权限有 3 个,包括 CREATE SESSION、SET CONTAINER 和 CREATE PLUGGABLE DATABASE
IMP_FULL_DATABASE	导入(恢复)数据库角色,包含 BECOME USER、EXECUTE ANY PROCEDURE、GRANT ANY PRIVILEGE 等 80 项权限
EXP_FULL_DATABASE	导出(备份)数据库角色,包含 BACKUP ANY TABLE、EXECUTE ANY PROCEDURE、SELECT ANY TABLE 等 12 项权限

7.3.2 管理角色

如果系统预定义的角色不符合用户的需求,数据库管理员还可以创建更多的角色。

1. 创建角色

使用 CREATE ROLE 语句创建用户自定义角色,CREATE ROLE 语句的语法格式如下。

```
CREATE ROLE role [NOT IDENTIFIED][IDENTIFIED BY password];
```

其中,role 是自定义角色的名称,该名称不能与任何 Oracle 用户或其他角色同名;NOT IDENTIFIED 选项用于指定该角色由数据库授权,使该角色生效时不需要口令,为默认选项;IDENTIFIED BY password 选项用于设置角色生效时的认证口令。

如创建一个数据库验证的角色 manager,语句如下。

```
CREATE ROLE manager;
```

2. 对角色授权

角色建立后,没有任何权限,只有对其授权,才有使用的意义,对角色权限的管理和对用户权限的管理相同。使用 GRANT 语句可以将指定的权限授予角色，如将 CREATE TABLE、CREATE VIEW 权限授予角色 manager，可以使用如下语句。

```
GRANT CREATE TABLE, CREATE VIEW TO manager;
```

3. 回收角色权限

回收角色的权限要有 REVOKE 语句，如将 manager 角色的 CREATE VIEW 回收，应使用如下语句。

```
REVOKE CREATE VIEW FROM manager;
```

4. 启用和禁用角色

只有启用某角色后，拥有该角色的用户才能执行相应的该角色的所有权限操作，而当某角色被禁用时，拥有该角色的用户将不能执行该角色的任何权限操作。因此，可以通过设置角色的生效或失效，动态地改变用户的权限。

使用 SET ROLE 语句为当前数据库会话启用或禁用数据库角色。SET ROLE 语句的语法格式如下。

```
SET ROLE {role [IDENTIFIED BY password]
[, role [IDENTIFIED BY password]] …
| ALL [EXCEPT role[, role]…] | NONE};
```

其中，role 为所设置角色的名称；ALL 选项指定授予当前用户的全部角色生效；EXCEPT role 指定不生效的角色；NONE 选项指定当前会话的全部角色失效。

如果为角色设置了口令，则 SET ROLE 语句中必须包含口令才能使角色生效。分配给用户的默认角色不需要口令，这些角色同没有口令的角色一样在登录时生效。如要使上述创建的角色 manager 生效，应使用如下语句。

```
SET ROLE manager;
```

设置当前用户的所有角色失效，可以使用如下语句。

```
SET ROLE NONE;
```

5. 删除角色

如果不再需要某个角色，或者觉得某个角色设置得不够合理，可以使用 DROP ROLE 语句删除指定的角色，角色被删除后，拥有该角色的用户的权限也同时被收回。删除角色一般由数据库管理员（DBA）操作，基本语法格式如下。

```
DROP ROLE role;
```

该语句用于删除指定角色名称为 role 的角色，如将上述创建的角色 manager 删除，应使用如下语句。

```
DROP ROLE manager;
```

7.3.3 使用数据字典视图查询角色

可以通过查询数据字典视图或动态性能视图获得数据库角色的相关信息。与角色相关的数据字典视图及其描述如表 7.7 所示。

表 7.7 与角色相关的数据字典视图及其描述

视图名称	描述
DBA_ROLES	数据库中的所有角色及其描述
DBA_ROLES_PRIVS	授予用户和角色的角色信息
DBA_SYS_PRIVS	授予用户和角色的系统权限
USER_ROLE_PRIVS	为当前用户授予的角色信息
ROLE_ROLE_PRIVS	授予角色的角色信息
ROLE_SYS_PRIVS	授予角色的系统权限信息
ROLE_TAB_PRIVS	授予角色的对象权限信息
SESSION_PRIVS	当前会话具有的系统权限信息
SESSION_ROLES	当前用户授予的角色信息

7.4 概要文件管理

概要文件用来限制用户使用的系统资源和数据库资源，并管理口令限制。每个用户都必须有一个概要文件。

7.4.1 创建概要文件

如果数据库中没有创建概要文件，将会使用系统默认的概要文件 DEFAULT。用户可以使用 CREATE PROFILE 语句创建新的概要文件。用户必须具有 CREATE PROFILE 的系统权限，才能创建概要文件。创建概要文件的语法格式如下。

```
CREATE PROFILE profile
LIMIT { resource_parameters          --对资源的限制参数
    | password_parameters            --对口令的限制参数
    }...;
```

其中，CREATE PROFILE 是创建概要文件的关键字；profile 是概要文件的名称；LIMIT 是使用限制参数的关键字。

限制参数至少有一项，其一般形式为：parameter_name n | UNLIMITED | DEFAULT，其中 n 表示具体的数字，单位和具体参数有关；UNLIMITED 选项表示无限制；DEFAULT 选项表示使用默认值。

1. 概要文件的作用

概要文件(PROFILE)是数据库和系统资源限制的集合,是 Oracle 数据库安全策略的重要组成部分。利用概要文件,可以限制用户对数据库和系统资源的使用,同时还可以对用户口令进行管理。在 Oracle 数据库创建的同时,系统会创建一个名为 DEFAULT 的默认概要文件。如果没有为用户显式地指定一个概要文件,系统默认将 DEFAULT 概要文件作为用户的概要文件。

2. 资源限制级别和类型

资源限制级别有两级:会话级资源限制和调用级资源限制。会话级资源限制是对用户在一个会话过程中所能使用的资源进行限制;调用级资源限制是对一条 SQL 语句在执行过程中所能使用的资源进行限制。

资源限制类型主要包括 CPU 使用时间、逻辑读、每个用户的并发会话数、用户连接数据库的空闲时间、用户连接数据库的时间、私有 SQL 区和 PL/SQL 区的使用。

3. 启用或停用资源限制

1) 在数据库启动前启用或停用资源限制

将数据库初始化参数文件中的参数 RESOURCE_LIMIT 的值设置为 TRUE 或 FALSE(默认),启用或停用系统资源限制。

2) 在数据库启动后启用或停用资源限制

使用 ALTER SYSTEM 语句修改 RESOURCE_LIMIT 的参数值为 TRUE 或 FALSE,启动或关闭系统资源限制。如:

```
ALTER SYSTEM SET RESOURCE_LIMIT=TRUE;
```

4. 概要文件的参数

1) 资源限制参数

CPU_PER_SESSION:限制用户在一次会话期间可以占用的 CPU 时间总量,单位为百分之一秒。当达到该时间限制后,用户就不能在会话中执行任何操作了,必须断开连接,然后重新建立连接。

CPU_PER_CALL:限制每个调用可以占用的 CPU 时间总量,单位为百分之一秒。当一个 SQL 语句的执行时间达到该限制后,该语句以错误信息结束。

CONNECT_TIME:限制每个会话可持续的最大时间值,单位为分钟。当数据库连接持续的时间超出该设置时,连接被断开。

IDLE_TIME:限制每个会话处于连续空闲状态的最大时间值,单位为分钟。当会话空闲时间超过该设置时,连接被断开。

SESSIONS_PER_USER:限制一个用户打开数据库会话的最大数量。

LOGICAL_READS_PER_SESSION:允许一个会话读取数据块的最大数量,包括从内存中读取的数据块和从磁盘中读取的数据块的总和。

LOGICAL_READS_PER_CALL：允许一个调用读取的数据块的最大数量，包括从内存中读取的数据块和从磁盘中读取的数据块的总和。

PRIVATE_SGA：在共享服务器操作模式中执行 SQL 语句或 PL/SQL 程序时，Oracle 将在 SGA 中创建私有 SQL 区。该参数限制在 SGA 中一个会话可分配私有 SQL 区的最大值。

COMPOSITE_LIMIT：称为“综合资源限制”，是一个用户会话可以消耗的资源总限额。该参数由 CPU_PER_SESSION、LOGICAL_READS_PER_SESSION、PRIVATE_SGA、CONNECT_TIME 综合决定。

2）口令管理参数

FAILED_LOGIN_ATTEMPTS：限制用户在登录 Oracle 数据库时允许失败的次数。一个用户尝试登录数据库的次数达到该值时，该用户的账户将被锁定，只有解锁后才可以继续使用。

PASSWORD_LOCK_TIME：设定当用户登录失败后，用户账户被锁定的时间长度，以天为单位。

PASSWORD_LIFE_TIME：设置用户口令的有效天数。达到限制的天数后，该口令过期，需要设置新口令。

PASSWORD_GRACE_TIME：用于设定提示口令过期的天数。在这几天中，用户将接收到一个关于口令过期需要修改口令的警告。当达到规定的天数后，原口令过期。

PASSWORD_REUSE_TIME：指定一个用户口令被修改后，必须经过多少天后才可以重新使用该口令。

PASSWORD_REUSE_MAX：指定一个口令被重新使用前，必须经过多少次修改。

PASSWORD_VERIFY_FUNCTION：设置口令复杂性校验函数。该函数会对口令进行校验，以判断口令是否符合最低复杂程度或其他校验规则。

如创建一个名为 example_profile 的概要文件，限制每个会话可持续的最长时间为 100 分钟，限制使用该概要文件的用户尝试登录数据库的次数为 6，用户登录失败后，用户被锁定的时间为 10 天。

```
CREATE PROFILE example_profile LIMIT
CONNECT_TIME 100
FAILED_LOGIN_ATTEMPTS 6
PASSWORD_LOCK_TIME 10;
```

7.4.2 修改概要文件

使用 ALTER PROFILE 语句修改概要文件，语法格式为

```
ALTER PROFILE profile
LIMIT { resource_parameters                    --对资源的限制参数
      | password_parameters                    --对口令的限制参数
      }...;
```

该语句中的关键字以及资源限制参数和口令限制参数与CREATE PROFILE语句相同。如修改概要文件example_profile，使得使用该概要文件的用户每10天改变一次口令，应使用如下语句。

```
ALTER PROFILE example_profile LIMIT
PASSWORD_LIFE_TIME 10;
```

执行上述语句后，使用该概要文件的用户在10天后口令就会过期。如果口令过期，就必须在下次登录时修改它，也可以设置概要文件为过期口令指定宽限期，如果宽限期过后还未修改口令，账户就会过期。过期账户需要数据库管理员重新激活。为概要文件example_profile指定过期口令宽限期为5天的语句为

```
ALTER PROFILE example_profile LIMIT
PASSWORD_GRACE_TIME 5;
```

不需要的概要文件可以删除。删除概要文件使用DROP PROFILE语句，语法格式为

```
DROP PROFILE profile;
```

该语句将名为profile的概要文件从数据库中删除。

7.5 数据库审计

审计是监视和记录用户对数据库进行的操作，以供DBA进行统计和分析，通常用于调查可疑活动以及监视与收集特定数据库活动的数据。审计操作类型包括登录企图、对象访问和数据库操作。审计操作项目包括成功执行的语句或执行失败的语句，以及在每个会话中执行一次的语句和所有用户或者特定用户的活动。一条审计记录中包含用户名、会话标识、终端标识、所访问的模式对象名称、执行的操作、操作的完整语句代码、日期和时间戳、所使用的系统权限等。

Oracle 12c推出一套全新的审计架构，称为统一审计功能。统一审计主要利用策略和条件在Oracle数据库内部有选择地执行有效的审计。新架构将现有审计跟踪统一为单一审计跟踪，从而简化了管理，提高了数据库生成的审计数据的安全性。

初始安装的Oracle 12c数据库，为了兼容以前的版本默认启用混合模式，即传统审计和统一审计同时有效。可以通过手动移植到完全的统一审计，也可以使统一审计无效，沿用传统审计。SYS用户可以通过如下的SQL语句，查询统一审计是否有效。TRUE表示完全的统一审计有效。FALSE表示并非是完全的统一审计。

```
SELECT parameter, value FROM v_$option
WHERE parameter='Unified Auditing';
```

该语句的执行结果如图7.6所示。

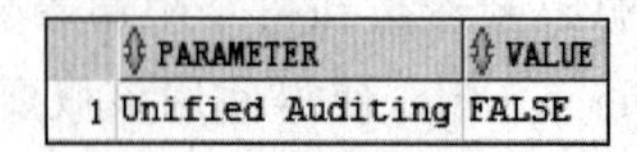

	PARAMETER	VALUE
1	Unified Auditing	FALSE

图 7.6 查看统一审计状态

7.5.1 传统审计

审计始终关注问责制，进行审计通常是为了保护数据库中存储的信息的隐私。随着数据库在企业中和互联网上的普遍使用，对隐私政策和做法的担忧也在持续增加。Oracle Database 提供了深度审计，让系统管理员能够实施增强的保护措施，及时发现可疑活动，做出精心优化的安全应对措施。

Oracle 数据库在其标准版和企业版数据库中均提供了强健的审计支持。审计记录包括有关已审计的操作、执行操作的用户以及操作的时间和日期的信息。审计记录可以存储在数据库审计跟踪中或操作系统上的文件中。标准审计包括有关权限、模式、对象和语句的操作。

Oracle 建议将审计跟踪写入操作系统文件中，这是因为这种配置在源数据库系统上造成的开销较小。要启用数据库审计，应对初始化参数 AUDIT_TRAIL 进行设置。AUDIT_TRAIL 参数及其含义见表 7.8。

表 7.8 AUDIT_TRAIL 参数及其含义

参 数 值	含 义
DB	启用数据库审计并将所有审计记录指向数据库审计跟踪（SYS. AUD$）中，始终写入操作系统审计跟踪的记录除外
DB,EXTENDED	完成 AUDIT_TRAIL=DB 的全部操作并填充 SYS. AUD$ 表的 SQL 绑定和 SQL 文本列
XML	启用数据库审计并将所有审计记录以 XML 格式指向一个操作系统文件
XML,EXTENDED	完成 AUDIT_TRAIL=XML 的全部操作，添加 SQL 绑定和 SQL 文本列
OS(推荐)	启用数据库审计并将所有审计记录指向一个操作系统文件

Oracle 强制审计 SYS 用户的特权操作，如启动和关闭数据库，结果记录在参数 audit_file_dest 指向的. aud 文件中，此时需要指定参数 audit_sys_operations 为 TRUE 和 AUDIT_TRAIL 为 OS。

此外，还应设置以下数据库参数。

1. init. ora 参数 AUDIT_FILE_DEST

该参数为指定操作系统审计跟踪位置的动态参数。UNIX/Linux 上的默认位置为 $ORACLE_BASE/admin/$ORACLE_SID/adump。Windows 上默认为事件日志。为获得更好的性能，它应当引用磁盘上的一个目录，该目录在本地附加到运行 Oracle 实例的主机上。

2. init.ora 参数 AUDIT_SYS_OPERATIONS

启用对用户 SYS 以及使用 SYSDBA、SYSOPER、SYSASM、SYSBACKUP、SYSKM 和 SYSDG 权限进行连接的用户发出操作的审计。审计跟踪数据写入操作系统审计跟踪中。该参数应当设为 TRUE。

7.5.2 统一审计

Oracle 12c 统一审计功能利用策略和条件在 Oracle 数据库内部有选择地执行有效的审计。新的基于策略的语法简化了数据库中的审计管理，并且能够基于条件加速审计。例如，审计策略可配置为根据特定 IP 地址、程序、时间段或连接类型(如代理身份验证)进行审计。此外，启用审计策略时，还可以轻松地将特定模式排除在审计之外。

Oracle 12c 引入了新的角色管理策略和查看审计数据。AUDIT_ADMIN 和 AUDIT_VIEWER 角色为希望指定特定用户管理审计设置和查看审计活动的组织提供了职责分离和灵活性。新架构将现有审计跟踪统一为单一审计跟踪，从而简化了管理，提高了数据库生成的审计数据的安全性。只能使用数据库内置的审计数据管理软件包管理数据，不能使用 SQL 语句直接更新或删除审计数据。Oracle 12c 附带了 3 个配置好的默认策略。Oracle 审计与数据库防火墙(Oracle Audit Vault and Database Firewall, Oracle AVDF)及新的 Oracle 数据库 12c 统一审计集成，以实现审计整合。

Oracle 审计与数据库防火墙(Oracle Audit Vault and Database Firewall, Oracle AVDF)于 2012 年底推出，整合了原来成熟的 Oracle 审计安全库(Oracle Audit Vault)和 Oracle 数据库防火墙(Oracle Database Firewall)的核心功能，支持对操作系统、活动目录以及定制数据源的审计，审计功能得到极大加强，进一步补充了 Oracle 高级安全(Oracle Advanced Security)的功能，有助于在信息安全防护的同时，降低运维成本和操作复杂性。Oracle AVDF 与新的 Oracle 12c 统一审计集成，实现了审计整合。

最新 Oracle AVDF 的主要功能包括：

(1) 数据库活动监视与防火墙：对所有认证版本的 Oracle 及第三方数据库进行 SQL 流量监视，包括 Microsoft SQL Server、SAP Sybase、IBM DB2 和 MySQL；采用独特的 SQL 语法分析方法，将数百万条 SQL 语句分成一些“集群”，以实现卓越的准确性和可扩展性；易于建立白名单、黑名单和异常事件列表，以更好地检测未授权的数据库活动，其中包括 SQL 注入攻击。

(2) 增强的企业级审计功能：可以收集、整合并管理来自 Oracle 和第三方数据库的本地审计及事件日志；还能够通过基于 XML 的审计信息收集插件(Audit Collection Plugin)，收集与整合来自 Microsoft Windows、Microsoft Active Directory、Oracle Solaris 和 Oracle 自动存储管理集群文件系统(Oracle Automatic Storage Management Cluster File System)以及 XML 数据源和表格型审计数据源的审计及事件日志。

(3) 整合的报告与提醒功能：整合的、集中式的储存库存放所有审计及事件日志，以按照预先制定的策略对日志进行实时分析；对所存储过程执行、递归 SQL 及运行活动提供前所未有的可视性；几十种内置报告满足法律规范要求；强大的提醒功能，包括多事件提醒和警示临界值预警。

7.5.3 标准审计

当数据库的审计功能打开后，在语句执行阶段产生审计记录。审计记录包含有审计的操作、用户执行的操作、操作的日期和时间等信息。审计记录可存在数据字典表（称为审计记录）或操作系统审计记录中。数据库审计记录是在 SYS 模式的 AUD $ 表中。可以通过数据字典视图 DBA_AUDIT_TRAIL 查看标准审计的结果，该视图读取 AUD $ 的内容。

Oracle 12c 支持以下 3 种标准审计类型。

(1) 语句审计。按语句审计，对某种类型的 SQL 语句审计，不指定结构或对象。审计语句的成功执行、不成功执行，或者其两者。如审计数据库中所有的 CREATE TABLE、DROP TABLE 以及 TRUNCATE TABLE 语句，执行成功或不成功均可审计，可以使用如下语句：

```
AUDIT TABLE;
```

(2) 权限审计。按权限审计，对执行相应动作的系统权限进行审计。当用户使用了该权限则被审计，对每一用户会话审计语句执行一次或者对语句每次执行审计一次。若执行如下审计语句：

```
AUDIT SELECT ANY TABLE;
```

则使用到 SELECT ANY TABLE 权限的用户在查询其他模式下的表时，其操作将被审计，但用户访问自己模式下的表不会被审计。如将 SELECT ANY TABLE 权限授予用户 user1(GRANT SELECT ANY TABLE TO user1;)，则 user1 在访问 user2 的表时 (SELECT * FROM user2. table;)，查询操作会被审计。

(3) 对象审计。按对象审计，对一特殊模式对象上的指定语句的审计，只审计 ON 关键字指定对象的相关操作，对全部用户或指定用户的活动进行审计。如：

```
AUDIT UPDATE ON hr.employees;
```

将会对所有用户 HR 模式下员工表的 UPDATE 操作进行审计。再如：

```
AUDIT ALTER, DELETE, DROP, INSERT ON hr.employees BY scott;
```

将会对 HR 模式的员工表的 ALTER、DELETE、DROP、INSERT 操作进行审计，但上述语句使用了 BY 子句，故仅对 scott 用户发起的操作进行审计。

7.5.4 细粒度审计

细粒度审计(FGA)让审计策略可以与应用程序表中的列以及生成审计记录所需的条件关联。使用 FGA API 将 FGA 策略分配给应用程序表。访问特定列或者在特定时间段访问表时，可以使用细粒度审计策略创建审计记录。FGA 支持将审计条件与特定列关联，完善了新的 Oracle Database 12c 统一审计。

可在 Oracle Audit Vault and Database Firewall 中捕获和分析细粒度审计创建的审计跟踪记录，自动向安全小组提醒可能的恶意活动。

细粒度审计可以对表或视图上执行的 SELECT、INSERT、UPDATE、DELETE 操作创建审计策略。通过 DBMS_FGA 包对审计策略进行管理。

DBMS_FGA 包中定义了下列 4 个用于精细审计策略管理的子程序，分别为：

(1) ADD_POLICY：创建一个细粒度审计策略。

(2) DROP_POLICY：删除一个细粒度审计策略。

(3) ENABLE_POLICY：启用一个细粒度审计策略。

(4) DISABLE_POLICY：禁用一个细粒度审计策略。

1. 创建细粒度审计策略

使用 DBMS_FGA 包的 ADD_POLICY 子程序可以创建一个细粒度审计策略，该子程序的用法如下。

```
DBMS_FGA.ADD_POLICY(
    object_schema VARCHAR2,              --对象所在模式名称
    object_name VARCHAR2,                --细粒度审计对象名称
    policy_name VARCHAR2,                --细粒度审计策略名称
    audit_condition VARCHAR2,            --审计条件
    audit_column VARCHAR2,               --表中列的名称,可以仅审计某一列
    handler_schema VARCHAR2,             --下一参数 handler_module 的拥有者
    handler_module VARCHAR2,             --过程或函数名称
    enable BOOLEAN,                      --策略状态,是开启(TRUE),还是关闭(FALSE)
    statement_types VARCHAR2,            --被审计的语句类型
    audit_trail BINARY_INTERGER DEFAULT,               --审计信息的保存位置
    audit_column_opts BINARY_INTEGER DEFAULT);         --有两个选项:
                                                       --any_columns, all columns
```

如创建一个细粒度审计策略，名称为 audit_emp_sal，对 hr 模式下员工表中部门编号为 80 的员工工资的查询、修改和删除操作进行细粒度审计，开启审计状态，审计信息保存在数据库中，并且 SQL 语句中使用了替换变量也会在审计信息中记录。创建细粒度审计策略的程序如下。

```
BEGIN
    DBMS_FGA.ADD_POLICY('hr', 'employees', 'audit_emp_sal',
        'department_id=80', 'salary', NULL, NULL, TRUE,
        'select, update, delete',
        DBMS_FGA.DB+DBMS_FGA.EXTENDED, DBMS_FGA.ANY_COLUMNS);
END;
```

2. 启用或禁用细粒度审计策略

细粒度审计策略创建成功后，可以根据需要启用或禁用。启用细粒度审计策略需要

使用DBMS_FGA包的子程序ENABLE_POLICY,用法格式为

```
DBMS_FGA.ENABLE_POLICY(object_schema VARCHAR2,
        object_name VARCHAR2, policy_name VARCHAR2);
```

如启用前面创建的细粒度策略audit_emp_sal,可以使用如下程序。

```
BEGIN
DBMS_FGA.ENABLE_POLICY('hr', 'employees', 'audit_emp_sal');
END;
```

反过来,禁用细粒度审计策略则需要使用DBMS_FGA包的DISABLE_POLICY子程序,使用方法与启用策略方法相同。如将上面启用的细粒度审计策略禁用,则使用如下程序。

```
BEGIN
   DBMS_FGA.DISABLE_POLICY('hr', 'employees', 'audit_emp_sal');
END;
```

3. 删除细粒度审计策略

不需要的细粒度审计策略可以删除,删除时需要使用DBMS_FGA包的子程序DROP_POLICY,用法如下。

```
DBMS_FGA.DROP_POLICY(object_schema VARCHAR2, object_name VARCHAR2, policy_
name VARCHAR2);
```

如将前面创建的细粒度审计策略audit_emp_sal删除,应使用如下程序。

```
BEGIN
   DBMS_FGA.DROP_POLICY('hr', 'employees', 'audit_emp_sal');
END;
```

4. 查询细粒度审计策略

使用数据字典视图可以查询创建的细粒度审计策略及详细信息。与细粒度审计相关的数据字典视图及其描述见表7.9。

表7.9 与细粒度审计相关的数据字典视图及其描述

数据字典视图	描 述
FGA $	当前数据库中创建的细粒度审计策略
FGACOL $	包括细粒度审计策略名称及审计的列信息(在表中的序号)
DBA_FGA_AUDIT_TRAIL	包括细粒度审计的语句等详细信息
FGA_LOG $	细粒度审计详细日志

如上述的细粒度审计策略创建后的审计日志,显示时间戳、模式名称、对象名称、细粒度审计策略名称、SQL语句以及语句类型,应使用数据字典视图dba_fga_audit_trail,

语句如下。

```
SELECT TIMESTAMP, object_schema, object_name, policy_name,
       sql_text, statement_type FROM dba_fga_audit_trail;
```

语句执行结果如图 7.7 所示。

	TIMESTAMP	OBJECT_SCHEMA	OBJECT_NAME	POLICY_NAME	SQL_TEXT	STATEMENT_TYPE
1	25-4月 -18	HR	EMPLOYEES	AUDIT_EMP_SAL	select salary from employeeswhere department_id = 80	SELECT
2	25-4月 -18	HR	EMPLOYEES	AUDIT_EMP_SAL	select salary from employeeswhere department_id = 80	SELECT
3	25-4月 -18	HR	EMPLOYEES	AUDIT_EMP_SAL	select * from employees	SELECT
4	25-4月 -18	HR	EMPLOYEES	AUDIT_EMP_SAL	select * from employees where employee_id = 174	SELECT
5	25-4月 -18	HR	EMPLOYEES	AUDIT_EMP_SAL	update hr.employees set salary = salary/1.2 where employee_id = 174	UPDATE

图 7.7 细粒度审计信息

7.6 小 结

Oracle 数据库中保存了大量的数据，有些数据可能极其重要，涉及核心机密，必须保证这些数据和操作的安全。本章对数据库的安全性及 Oracle 安全管理机制进行了详细阐述，并从用户管理、权限管理、角色管理、概要文件管理以及数据库审计等方面对数据库的安全性进行了详细分析。

第 8 章 chapter 8

Oracle 数据库管理

数据库管理属于数据库维护的范畴，是数据库设计之后的一切数据库管理活动。数据库管理的职责由数据库管理员(DBA)承担，其目的是为数据库用户和应用程序提供一个高可用性、安全可靠、高性能的数据库环境。

Oracle 的数据库管理主要介绍表空间管理、数据文件管理、控制文件管理、日志文件管理以及数据库的备份与恢复等方面的内容。

8.1 表空间管理

从物理上讲，数据库中的数据都是存储在数据文件中的；从逻辑上讲，数据库中的数据存储在表空间中。在 Oracle 中，表空间和数据文件之间存在对应关系，这两个概念往往成对出现。创建数据库的同时需要为其指定使用的表空间。

8.1.1 表空间概述

Oracle 的表空间属于 Oracle 中的存储结构，用于存储数据库对象(如数据文件)的逻辑空间，是 Oracle 中信息存储的最大逻辑单元，其下还包含有段、数据扩展、数据块等逻辑数据类型。表空间是在数据库中开辟的一个空间，用于存放数据库的对象。一个数据库可以由多个表空间组成，可以通过表空间实现对 Oracle 的调优。

每一个 Oracle 数据库都包含名为 SYSTEM 和 SYSAUX 的系统表空间，它们在数据库创建时由 Oracle 自动创建，只要数据库处于开启状态，SYSTEM 表空间一定是联机的。除这两个表空间外，一般还有用于存储临时数据的临时表空间，为确保数据完整性用来存储可撤销数据的撤销表空间以及供几个应用程序使用的专用表空间等。

出于不同的使用需求，Oracle 数据库对表空间设置了不同的状态，通过改变表空间的状态，可以控制表空间的可用性和安全性，也可以为相关的备份与恢复等工作提供保障。表空间的状态主要有以下 3 种。

1. 读写状态

读写(Read-Write)状态是表空间的默认状态，任何具有表空间并拥有相关权限的用户均可读写表空间中的数据。

2. 只读状态

表空间处于只读(Read-Only)状态时,包括DBA在内的任何用户均无法向表空间写入数据,也无法修改表空间中的任何数据。只读状态保证了表空间的数据不被修改,一方面对数据提供了保护,另一方面对数据库中设置静态数据有非常大的好处,可以将不能被修改的静态数据保存在一个单独的表空间中,并将此表空间设置为只读状态,这样既提高了数据的安全性,又减轻了DBA对数据的管理与维护工作。

3. 脱机状态

在数据库中有多个专供应用程序使用的专用表空间时,DBA可以通过将某个专用表空间设置为脱机(Offline)状态,使其暂时不可被用户访问。需要使用该表空间时,再将脱机状态设置为联机状态。这样设置既增强了表空间的可用性,又提高了数据库管理的灵活性。

数据库运行过程中需要SYSTEM表空间的数据支持,故SYSTEM表空间不能被设置为脱机状态和只读状态。同时,临时表空间也不能被设置为只读状态。

8.1.2 创建表空间

使用数据库时,除系统表空间(SYSTEM和SYSAUX)外,数据库管理员可以根据业务需要使用CREATE TABLESPACE语句创建新的表空间。CREATE TABLESPACE语句的语法格式如下。

```
CREATE TABLESPACE tablespace
DATAFILE data_file[SIZE size K|M] [REUSE]
[MAXSIZE size K|M | UNLIMITED][ONLINE | OFFLINE]
[AUTOEXTEND [OFF|ON NEXT size K|M]][PERMANENT | TEMPORARY]
[EXTENT MANAGEMENT [DICTIONARY |LOCAL
[AUTOALLOCATE | UNIFORM [SIZE n [K|M]]]];
```

其中,tablespace为创建的表空间的名称;DATAFILE用于指定表空间中存放数据文件,data_file为数据文件的名称(包括存放路径),SIZE关键字指定数据文件的大小;REUSE选项指明若该数据文件存在,则先删除再创建,若不存在,则直接创建;MAXSIZE|UNLIMITED选项用于指定允许自动扩展时,数据文件的大小,MAXSIZE指定数据文件最大值,UNLIMITED允许无限扩展;ONLINE|OFFLINE选项用于指定表空间状态,ONLINE使表空间处于联机状态(默认项),OFFLINE使表空间处于脱机状态;AUTOEXTEND选项用于指定数据文件的扩展方式,ON为自动扩展,OFF为非自动扩展,若把数据文件指定为自动扩展(ON,默认项),则必须在NEXT后指定具体的大小;PERMANENT | TEMPORARY选项用于指定表空间的类型,PERMANENT表示永久表空间(默认项),TEMPORARY为临时表空间;EXTENT MANAGEMENT DICTIONARY|LOCAL选项用于指定表空间的管理方式,DICTIONARY表示自动管理,LOCAL表示

本地管理(默认项),AUTOALLOCATE 指定表空间由系统管理(默认项),UNIFORM 用于指定 n K|M 字节的统一磁盘大小管理表空间,默认 SIZE 为 1MB。

如创建一个名为 mytbs_01 的表空间,指定表空间的数据文件为 mytbs_01.dbf,存储在'D:\app\'下,大小为 100MB,允许自动扩展,每次 256KB,数据文件最大可扩展至 1024MB,则创建该表空间的语句为

```
CREATE TABLESPACE mytbs_01
DATAFILE 'D:\app\mytbs_01.dbf' SIZE 100M
AUTOEXTEND ON NEXT 256K MAXSIZE 1024M;
```

执行该语句,结果如图 8.1 所示。

```
Tablespace MYTBS_01 已创建。
```

图 8.1 创建表空间

可以从数据字典视图中查询表空间的信息。和表空间相关的数据字典视图主要有 DBA_TABLESPACE 和 DBA_DATA_FILES。DBA_TABLESPACE 存储表空间的基表信息,包括表空间名称、扩展管理方式、段管理方式、内容类型、状态等信息。DBA_DATA_FILES 用来存储表空间中数据库文件的信息,包括数据库文件名称、大小、状态等信息。下面的语句可以查询表空间的主要信息。

```
SELECT tablespace_name, status, contents,
extent_management, segment_space_management
FROM dba_tablespaces;
```

查询结果如图 8.2 所示。

	TABLESPACE_NAME	STATUS	CONTENTS	EXTENT_MANAGEMENT	SEGMENT_SPACE_MANAGEMENT
1	SYSTEM	ONLINE	PERMANENT	LOCAL	MANUAL
2	SYSAUX	ONLINE	PERMANENT	LOCAL	AUTO
3	TEMP	ONLINE	TEMPORARY	LOCAL	MANUAL
4	USERS	ONLINE	PERMANENT	LOCAL	AUTO
5	EXAMPLE	ONLINE	PERMANENT	LOCAL	AUTO
6	MYTBS_01	ONLINE	PERMANENT	LOCAL	AUTO

图 8.2 使用数据字典视图查询表空间信息

如要查询表空间中数据文件的信息,包括数据文件名称、表空间名称、大小(MB)、状态、是否自动扩展、最终扩展大小、联机状态,可以使用如下语句。

```
SELECT file_name, tablespace_name, ROUND(bytes/1024/1024, 0) "SIZE(MB)",
       status, ROUND(maxbytes/1024/1024, 0)"MAXSIZE(MB)", online_status
FROM dba_data_files;
```

查询结果如图 8.3 所示。

	FILE_NAME	TABLESPACE_NAME	SIZE (MB)	STATUS	MAXSIZE (MB)	ONLINE_STATUS
1	D:\APP\FRANK\ORADATA\ORCL\PDBORCL\SYSTEM01.DBF	SYSTEM	270	AVAILABLE	32768	SYSTEM
2	D:\APP\FRANK\ORADATA\ORCL\PDBORCL\SYSAUX01.DBF	SYSAUX	650	AVAILABLE	32768	ONLINE
3	D:\APP\FRANK\ORADATA\ORCL\PDBORCL\SAMPLE_SCHEMA_USERS01.DBF	USERS	5	AVAILABLE	32768	ONLINE
4	D:\APP\FRANK\ORADATA\ORCL\PDBORCL\EXAMPLE01.DBF	EXAMPLE	1282	AVAILABLE	32768	ONLINE
5	D:\APP\MYTBS_01.DBF	MYTBS_01	100	AVAILABLE	1024	ONLINE

图 8.3 使用数据字典视图查询数据文件信息

8.1.3 维护表空间

表空间在创建之后，数据库管理员可以根据需要对表空间进行修改，如修改表空间状态、名称等。修改表空间用到 ALTER TABLESPACE 语句，修改不同信息需要用到不同的子句。

1. 重命名表空间

为表空间重命名，需要在 ALTER TABLESPACE 语句中使用 RENAME TO 子句，语法格式如下。

```
ALTER TABLESPACE tablespace RENAME TO newtablespace;
```

该语句将名为 tablespace 的表空间重命名为 newtablespace，如将表空间 mytbs_01 重命名为 yourtbs_01，可以使用如下语句。

```
ALTER TABLESPACE mytbs_01  RENAME TO yourtbs_01;
```

2. 向表空间中添加数据文件

向表空间中添加数据文件需要用到 ADD DATAFILE 子句，语法格式如下。

```
ALTER TABLESPACE tablespace ADD DATAFILE data_file Option_list;
```

其中，data_file 是向表空间 tablespace 中新添加的数据文件名称；Option_list 是数据文件选项，包括的选项及其意义同 CREATE TABLESPACE 语句。如向表空间 yourtbs_01 中添加一个名为 yourtbs_01.dbf 的数据文件，存储在'D:\app\'下，大小为 10MB，应使用如下语句。

```
ALTER TABLESPACE yourtbs_01
ADD DATAFILE 'D:\app\yourtbs_01.dbf' SIZE 10M;
```

3. 设置表空间联机状态

修改表空间的联机状态，可以使用如下语句。

```
ALTER TABLESPACE tablespace
{ONLINE|OFFLINE [NORMAL | TEMPORARY | INNEDIATE]};
```

其中，ONLINE 使表空间处于联机状态；OFFLINE 使表空间处于脱机状态。脱机状态包含 3 种方式：NORMAL 指正常状态(默认项)，TEMPORARY 指临时状态，IMMEDIATE 指立即状态。

如将表空间 yourtbs_01 设置为脱机状态，应使用如下语句。

```
ALTER TABLESAPCE yourtbs_01 OFFLINE;
```

再使之联机，则应使用如下语句。

```
ALTER TABLESAPCE yourtbs_01 ONLINE;
```

4. 设置表空间的读写状态

设置表空间读写状态的语法格式如下。

```
ALTER TABLESPACE tablespace READ {ONLY | WRITE};
```

其中,READ ONLY 表示把表空间设置为只读状态,只有联机状态的表空间才能设置为只读状态;READ WRITE 表示把表空间设置为读写状态。如将表空间 yourtbs_01 设置为只读状态,应使用如下语句。

```
ALTER TABLESPACE yourtbs_01  READ ONLY;
```

8.1.4 删除表空间

当一个表空间不再需要时,为节省存储空间,可以将其从数据库中删除。删除表空间的操作一般由 SYS 用户完成。删除表空间需要使用 DROP TABLESPACE 语句,删除时可以选择同时删除表空间的段和数据文件。删除表空间的语法格式如下。

```
DROP TABLESPACE tablespace
[INCLUDING CONTENTS [{AND | KEEP} DATAFILES]
[CASCADE CONSTRAINTS]];
```

其中,INCLUDING CONTENTS 表示在删除表空间的同时,删除表空间中的所有数据库对象。如果表空间中有数据库对象,则必须使用此选项;AND DATAFILES 表示删除表空间的同时,删除表空间对应的数据文件,如果不使用此选项,则删除表空间实际上仅是从数据字典和控制文件中将该表空间的有关信息删除,而不会删除操作系统中与表空间对应的数据文件;CASCADE CONSTRAINTS 选项指定删除表空间时级联删除表空间中的完整性约束。

如将表空间 yourtbs_01 删除,并删除表空间中的数据文件,应使用如下语句。

```
DROP TABLESPACE yourtbs_01 INCLUDING CONTENTS AND DATAFILES;
```

8.1.5 临时表空间

临时表空间用于存储临时数据,当用户执行排序、创建索引等操作时,将产生大量的中间结果,这些临时数据首先存储在程序全局区(PGA)中,当 PGA 的大小不足以存储这些数据时,就会用到临时表空间。

一般情况下,创建数据库时,会自动创建一个名为 TEMP 的临时表空间用来存储临时数据,并为用户指定 TEMP 为默认临时表空间。

如果没有为用户指定临时表空间,那么用户在执行排序等操作时将把 SYSTEM 表空间作为临时表空间,并在 SYSTEM 表空间中创建临时段存储临时数据,这样在 SYSTEM 表空间中会出现大量的存储碎片,降低数据库的性能。Oracle 建议为用户指定临时表空间,并使用临时表空间存储临时数据。

临时表空间不同于一般的表空间,当执行完对数据库的操作后,临时表空间的内容会自动清空。也就是说,在临时表空间中只能创建临时段,在数据库关闭时,临时段就会被删除。创建临时表空间使用 CREATE TEMPORARY TABLESPACE 语句,语法格式如下。

```
CREATE TEMPORARY TABLESPACE temp_tablespace
TEMPFILE tempfile SIZE size Option_list;
```

其中,temp_tablespace 为临时表空间的名称;TEMPFILE 子句指定临时表空间使用的临时数据文件 tempfile;SIZE 指定临时文件大小;Option_list 为临时文件选项,意义同 CREATE TABLESPACE,但不能使用 AUTOALLOCATE 选项,其扩展大小必须使用 UNIFORM SIZE 选项指定。

如创建一个名为 mytemptbs_01 的临时表空间,使用临时文件 mytemp.dbf,存储在'D:\app\'下,大小为 20MB,若文件已存在,则清空该文件,采用本地统一(10MB)管理的扩展管理。创建临时表空间应使用如下语句。

```
CREATE TEMPORARY TABLESPACE mytemptbs_01
TEMPFILE 'D:\app\mytemp.dbf' SIZE 20M
EXTENT MANAGEMENT LOCAL UNIFORM SIZE 10M;
```

8.1.6 撤销表空间

Oracle 数据库要确保数据的完整性,当用户执行了 DML 语句后,相关的语句序列会构成一个事务。为保证数据完整性,必要的时候需要进行事务回滚操作,也就是相应的 DML 操作要撤销。回滚事务的结果就是将被修改的数据还原为初始状态,也就是将回滚数据重新写回原来存储的地方。因此,回滚数据也称为 UNDO 数据,这些数据存储在回滚段中。当事务提交成功时,回滚段的数据就失去了意义;当事务提交失败,需要执行回滚操作时,Oracle 数据库服务器将回滚数据从回滚段重新写回数据段,从而保证了数据库数据的一致性。

Oracle 提供一种完全自动的撤销管理机制,用于管理撤销信息和空间。在这种自动管理机制中,用户可以创建一个撤销表空间,服务器自动管理回滚段和空间。

Oracle 数据库创建时,将自动创建一个名为 UNDOTBS1 的撤销表空间,由 Oracle 服务器自动管理。如果没有可用的撤销表空间,系统将回滚数据保存在 SYSTEM 表空间中,同时记录一条警告信息,说明系统在没有撤销表空间的情况下运行,这将导致 SYSTEM 表空间出现大量存储碎片。

用户可以使用 SHOW PARAMETER UNDO 命令查看当前默认撤销表空间的信息,结果如图 8.4 所示。

```
NAME               TYPE    VALUE
------------------ ------- --------
temp_undo_enabled  boolean FALSE
undo_management    string  AUTO
undo_retention     integer 900
undo_tablespace    string  UNDOTBS1
```

图 8.4 撤销管理参数信息

其中，temp_undo_enabled 是 Oracle 12c 新引入的一个概念，临时 UNDO 用于解决临时表空间中临时表上 DML 语句操作涉及的回滚操作，TRUE 表示启用临时 UNDO，FALSE 表示关闭临时 UNDO；undo_management 表示撤销管理方式，AUTO 为自动管理，MANUAL 为人工管理；undo_retention 表示撤销记录保存的最长时间，单位为秒；undo_tablespace 表示当前使用的撤销表空间。

用户可以显式地使用 CREATE UNDO TABLESPACE 语句创建撤销表空间，语法格式如下。

```
CREATE UNDO TABLESPACE undo_tablespace
DATAFILE undo_file SIZE size [REUSE]
[AUTOEXTEND [OFF|ON NEXT size [K|M]]
[MAXSIZE size [K|M]|UNLIMITED];
```

其中，AUTOEXTEND 选项用于指定撤销表空间数据文件的增长方式是否为自动增长，OFF 为不自动增长（默认项），ON 为自动增长（建议选项），NEXT 子句指定自动增长的大小；MAXSIZE 选项用于指定数据文件的最大值，UNLIMITED 关键字指定数据文件没有最大值。

如创建一个名为 myundotbs_01 的撤销表空间，使用数据文件名为 myundofile.dbf，存储在'D:\app\'下，大小为 5MB，若文件已存在，则清空该文件，自动增长，每次 1MB，不限数据文件大小，应使用如下语句。

```
CREATE UNDO TABLESPACE myundotbs_01
DATAFILE 'D:\app\mytemp.dbf' SIZE 5M
AUTOEXTEND ON NEXT 1M
MAXSIZE UNLIMITED;
```

修改和删除撤销表空间的方法与其他表空间方法相同。

8.2 文件管理

Oracle 数据库包含 3 种类型的文件，分别为数据文件、控制文件和日志文件。数据文件用来存储数据库中的数据，包括各种数据库对象和数据。控制文件存放数据库的结构信息。日志文件存放用户执行数据库定义语言和数据库操纵语言语句的记录。保证各种文件的可用性和可靠性是确保 Oracle 数据库可靠运行的前提。

8.2.1 数据文件管理

创建和管理表空间都会用到数据文件。在表空间管理中，已经介绍了向表空间中添加数据文件，除了向表空间中添加数据文件外，还可以删除表空间中的数据文件、移动和重命名数据文件等。

1. 从表空间中删除数据文件

可以从表空间中删除无用的数据文件。删除数据文件要在 ALTER TABLESPACE

语句中使用 DROP DATAFILE 子句，语法格式如下。

```
ALTER TABLESPACE tablespace
DROP DATAFILE datafile;
```

该语句的功能是从表空间 tablespace 中删除名为 datafile 的数据文件，需指定 dataflie 的详细路径。如将表空间 yourtbs_01 中的数据文件 yourtbs_01. dbf 删除，应使用如下语句。

```
ALTER TABLESPACE yourtbs_01 DROP DATAFILE 'D:\app\yourtbs_01.dbf';
```

在下列情况下，不能删除数据文件。

- 数据文件是表空间中唯一或第一个数据文件。
- 数据文件中存在数据。
- 数据文件或数据文件所在表空间处于只读状态。

2. 移动和重命名数据文件

可以对数据文件重命名，也可以将一个数据文件从磁盘的一个位置移动到另一个位置，且移动的同时还可以给数据文件重命名。移动和重命名数据文件需要在 ALTER DATABASE 语句中使用 MOVE DATAFILE 子句，语法格式如下。

```
ALTER DATABASE MOVE DATAFILE oldfile TO newfile;
```

如将存储在'D:\app'的数据文件 yourtbs_01. dbf 移动到'D:\app\mydata'下，且重命名为 yourtbs_0101. dbf，则应使用如下语句。

```
ALTER DATABASE MOVE DATAFILE 'D:\app\yourtbs_01.dbf'
TO 'D:\app\mydata\yourtbs_0101.dbf';
```

使用 ALTER DATABASE 移动数据文件，无须将表空间及数据文件置于脱机状态，移动的同时数据库可以执行任何 DDL、DML 以及查询操作。

3. 使数据文件联机或脱机

执行表空间联机或脱机操作时，表空间使用的数据文件自动联机或脱机。在表空间处于联机状态时，不能将表空间使用的数据文件脱机。

只有在表空间处于脱机状态时，可以将处于脱机状态的数据文件联机或将联机的数据库文件脱机，使用的语句如下。

```
ALTER DATABASE DATAFILE datafile {ONLINE|OFFLINE};
```

其中，ONLINE 选项是将名为 datafile 的数据文件联机。OFFLINE 选项是将名为 datafile 的数据文件脱机。这里的 datafile 是包含详细路径信息的数据文件名称。

8.2.2 控制文件管理

控制文件是 Oracle 数据库中最重要的物理文件，每个 Oracle 数据库都必须有一个控制文件,一个控制文件只属于一个数据库。在 Oracle 数据库实例启动时,会先根据初始化参数定位控制文件,然后根据控制文件在数据库实例和数据库之间建立关联。如果控制文件损坏,就会造成整个 Oracle 数据库无法启动。

控制文件是一个很小的二进制文件,其中记录了数据库的状态信息,如重做日志文件与数据文件的名称和位置、归档重做日志的历史等,它的大小一般不超过 64KB,但是归档日志的历史记录会让该文件直接变大。创建数据库时,会自动创建控制文件,在数据库发生改变时会自动修改控制文件,以记录当前数据库的状态。

1. 通过数据字典视图查看控制文件信息

一个数据库必须有一个控制文件。可以通过数据字典视图查看和控制文件相关的信息,包含控制文件的数据字典视图和性能视图,见表 8.1。

表 8.1 和控制文件相关的数据字典视图

数据字典视图名称	描　述
V_$DATABASE	显式控制文件中模式的数据库信息
V_$CONTROLFILE	显式控制文件的名称和状态等信息
V_$CONTROLFILE_RECORD_SECTION	显式控制文件中各个记录文档段的信息
V_$PARAMETER	系统初始化参数,可以查询 CONTROL_FILE 的值

如查询当前数据库的控制文件名称和路径等详细信息,可以使用数据字典视图 v_$controlfile,查询语句如下。

```
SELECT * FROM v_$controlfile;
```

查询结果如图 8.5 所示。

	NAME	IS_RECOVERY_DEST_FILE	BLOCK_SIZE	FILE_SIZE_BLKS	CON_ID	STATUS
1	D:\APP\FRANK\ORADATA\ORCL\CONTROL01.CTL	NO	16384	1096	0	(null)
2	D:\APP\FRANK\RECOVERY_AREA\ORCL\CONTROL02.CTL	NO	16384	1096	0	(null)

图 8.5 控制文件信息

从上述结果可以看出,数据库中共有两个控制文件,且存储在不同的文件夹下。还可以通过 v_$controlfile_record_section 查询控制文件内容信息,如

```
SELECT type, record_size, record_total, record_used
FROM v_$controlfile_record_section;
```

控制文件内容信息的查询结果如图 8.6 所示。

	TYPE	RECORD_SIZE	RECORDS_TOTAL	RECORDS_USED
3	REDO THREAD	256	8	1
4	REDO LOG	72	16	3
5	DATAFILE	520	1024	17
6	FILENAME	524	4146	21
7	TABLESPACE	68	1024	17

图 8.6 控制文件内容信息的查询结果

控制文件中存储了数据库文件、重做日志、数据文件、表空间等的内容信息，这些专业信息对数据库的维护和管理起着非常重要的作用。

2. 控制文件备份

鉴于控制文件的重要性，为提高数据库的可靠性与安全性，数据库管理员要经常备份控制文件，尤其是修改了数据库结构之后，需要立即对控制文件进行备份。备份控制文件不能在可插入数据库内部执行，备份时需要使用 ALTER DATABASE BACKUP CONTROLFILE 语句，语法格式为

```
ALTER DATABASE BACKUP CONTROLFILE TO { backupfile | TRACE };
```

该语句将数据库控制文件备份为名为 backupfile 的二进制文件，或使用关键字 TRACE 将控制文件备份为可跟踪的文本文件，该文件实质上是一个 SQL 脚本文件，存储位置由参数 USER_DUMP_DEST 决定，可以通过命令 SHOW PARAMETER USER_DUMP_DEST 查看。

如将数据库的控制文件备份为名为 control_04_23 的二进制文件，存储在'D:\app'下，备份语句为

```
ALTER DATABASE BACKUP CONTROLFILE TO 'D:\app\control_04_23';
```

执行结果如图 8.7 所示。

```
Database backup CONTROLFILE已变更。
```

图 8.7 备份控制文件

3. 控制文件的恢复

控制文件备份完成后，即使发生了特殊情况，如控制文件损坏或丢失，也可以进行恢复。

如果控制文件损坏，因为已经备份了控制文件，只需要将备份后的控制文件复制到控制文件目录下，覆盖损坏的控制文件即可。操作流程为：关闭数据库实例→使用备份的控制文件覆盖原文件→重新启动数据库。

如果控制文件丢失，将备份的控制文件复制到控制文件目录下后，还需要修改初始化参数 CONTROL_FILES。操作流程为：关闭数据库实例→使用备份的控制文件覆盖原文件→修改初始化参数 CONTROL_FILES→重新启动数据库。

4. 控制文件的删除

如果控制文件损坏，或者希望减少控制文件的数目，需要删除无用的控制文件，删除流程如下：关闭数据库→将需要删除的控制文件从初始化参数 CONTROL_FILES 中删除→重新启动数据库→最后再从磁盘上删除控制文件。

8.2.3 重做日志管理

重做日志文件是保证数据库安全和数据库备份与恢复的文件，是数据库安全和恢复的最基本保障。在 Oracle 中，事务对数据库所做的修改将以重做记录的形式保存在重做日志缓存中。当事务提交时，由日志写进程(LGWR)将缓存中与该事务相关的重做记录全部写入重做日志文件，此时该事务被认为成功提交。重做日志对数据库恢复来说至关重要。

Oracle 是以循环方式使用重做日志文件的，所以每个数据库至少需要两个重做日志文件。当第一个重做日志文件被写满后，后台进程 LGWR 开始写入第二个重做日志文件；当第二个重做日志文件被写满后，又开始写入第一个重做日志文件，以此类推。

1. 通过数据字典视图查看重做日志信息

由于重做日志文件的重要性，数据库管理员可能需要经常通过数据字典视图查询相关的重做日志信息，和重做日志文件相关的数据字典视图见表 8.2。

表 8.2　和重做日志文件相关的数据字典视图

数据字典视图名称	描　述
V_$LOG	重做日志组的信息
V_$LOGFILE	重做日志文件的信息
V_$LOG_HISTORY	重做日志的历史信息

如查询重做日志组的组号、序列号、大小、是否归档以及状态信息，要使用 V_$LOG 视图，应使用如下语句。

```
SELECT group#, sequence#, bytes, archived, status
FROM v_$log;
```

查询结果如图 8.8 所示。

	GROUP#	SEQUENCE#	BYTES	ARCHIVED	STATUS
1	1	5596	52428800	NO	CURRENT
2	2	5594	52428800	NO	INACTIVE
3	3	5595	52428800	NO	INACTIVE
4	7	0	10485760	YES	UNUSED

图 8.8　通过数据字典视图查询重做日志组信息

同样，通过数据字典视图 V_$LOGFILE 查询重做日志文件信息，应使用如下语句。

```
SELECT * FROM v_$logfile;
```

查询结果如图 8.9 所示。

其中，group#表示重做日志文件所在组号；status 表示当前状态，空值(NULL)表示正常，INVALID 表示文件不可访问；type 表示类型，ONLINE 表示联机；MEMBER 表示

	GROUP#	STATUS	TYPE	MEMBER	IS_RECOVERY_DEST_FILE
1	3	(null)	ONLINE	D:\APP\FRANK\ORADATA\ORCL\REDO03.LOG	NO
2	2	(null)	ONLINE	D:\APP\FRANK\ORADATA\ORCL\REDO02.LOG	NO
3	1	(null)	ONLINE	D:\APP\FRANK\ORADATA\ORCL\REDO01.LOG	NO
4	7	(null)	ONLINE	D:\APP\MYDATA\LOG7_1.LOG	NO
5	7	INVALID	ONLINE	D:\APP\MYDATA\LOG7_2.LOG	NO

图 8.9　通过数据字典视图查询重做日志文件信息

重做日志组成员，即重做日志文件名称；IS_RECOVERY_DEST_FILE 表示是否为恢复用的目标文件。

2. 创建重做日志组及成员

创建数据库时，可以规划与创建重做日志组及其成员。同样，在数据库创建后，根据需要添加新的重做日志，就要创建新的重做日志组及其成员。创建重做日志组及其成员，需要有 ALTER DATABASE 的系统权限，一般由数据库管理员完成。创建重做日志组的语法格式如下。

```
ALTER DATABASE [database]
ADD LOGFILE GROUP n
filename SIZE size;
```

其中，database 为需要修改的数据库名称，缺省表示当前数据库；n 表示创建重做日志组的组号，组号在重做日志组中是唯一的；filename 是日志文件组的存储位置及日志文件名；size 是日志文件组的大小，默认是 50MB。

如在'D:\app\mydata'下创建一个组号为 7 的重做日志组，重做日志文件名为 log3_1.log，大小为 10MB，实现语句如下。

```
ALTER DATABASE ADD LOGFILE GROUP 3
'D:\app\mydata\log7_1.log' SIZE 10M;
```

在 ALTER DATABASE 语句中可以使用 ADD LOGFILE MEMBER 子句创建重做日志成员，语法格式如下。

```
ALTER DATABASE [database]
ADD LOGFILE MEMBER filename TO GROUP n;
```

如向组号为 7 的重做日志组中添加成员 log7_2.log，语句如下。

```
ALTER DATABASE ADD LOGFILE MEMBER
'D:\app\mydata\log7_1.log' TO GROUP 7;
```

3. 删除重做日志组及其成员

在有些情况下，需要将某个重做日志组或其成员删除。删除重做日志组成员，需要在 ALTER DATABASE 语句中使用 DROP LOGFILE MEMBER 子句，语法格式如下。

```
ALTER DATABASE [database]
DROP LOGFILE MEMBER filename;
```

如将日志文件'D:\app\mydata\log7_1.log'删除，应使用如下语句。

```
ALTER DATABASE DROP LOGFILE MEMBER 'D:\app\mydata\log7_1.log';
```

当不再需要某个重做日志组时，可以将整个重做日志组删除。删除重做日志组会连同成员文件一起删除。删除重做日志组的语法格式为

```
ALTER DATABASE [database]
DROP LOGFILE GROUP n;
```

该语句用于删除数据库 database 中组号为 n 的重做日志组。删除重做日志成员文件和删除重做日志组的操作都只是在数据字典和控制文件中删除它们的记录信息，并不会从物理上删除操作系统磁盘上的文件，这需要手动完成。

4. 清空重做日志文件

在数据库运行时，如果由于重做日志文件的损坏而导致归档操作无法进行，数据库服务器的运行将会停止，在这种情况下，可以将重做日志文件的内容全部清空。清空重做日志文件的操作可以在不关闭数据库的情况下清空日志文件的内容。语法格式如下。

```
ALTER DATABASE [database]
CLEAR LOGFILE GROUP n;
```

该语句用于清空数据库 database 中组号为 n 的重做日志组的所有重做日志文件。如果重做日志组还没有进行归档，有可能造成数据丢失。

8.2.4 归档日志管理

归档日志是非活动的重做日志备份。通过使用归档日志，可以保留所有重做历史记录，当数据库处于 ARCHIVELOG 模式并进行日志切换时，后台进程 ARCn 会将重做日志的内容保存到归档日志中，当数据库出现故障时，使用数据库文件备份、归档日志和重做日志完全可以恢复数据库。

Oracle 数据库数据的所有修改信息都记录在重做日志文件中，但由于重做日志文件是以循环方式工作的，就会出现重做日志文件被重新写入的重做日志文件覆盖的情况。为了完整地记录数据库的全部更新操作，引入了归档日志的概念解决这一问题。

在重做日志文件被覆盖前，Oracle 能够将已经写满的重做日志文件通过复制保存到指定的位置，保存下来的所有重做日志文件称为"归档重做日志"，这个过程称为"归档过程"。只有数据库处于归档模式时，才会对重做日志文件执行归档操作。归档操作可以由服务器后台进程 ARCn 自动完成，也可以由数据库管理员 DBA 手动完成。

归档日志文件中包含了被覆盖的日志文件和重做日志文件的序列号。当数据库处于归档模式下，日志写进程 LGWR 不能对归档的重做日志文件组进行重用和改写操作。如果设置了自动归档模式，则后台进程 ARCn 将自动执行归档操作。

1. 设置归档模式

Oracle数据库有两种日志操作模式，分别为归档模式和非归档模式。在非归档模式下，当一个重做日志组被写满时，日志写进程 LGWR 将自动切换到下一重做日志组，这个重做日志组中以前的重做日志文件将被覆盖。而在归档模式下，每个重做日志组在被覆盖之前都做了归档操作，生成一个归档日志文件。

数据库管理员在创建数据库时，可以设置初始归档模式。在创建数据库的 CREATE DATABASE 语句中使用关键字 ARCHIVELOG 就可以将数据库设置为归档模式，使用关键字 NOARCHIVELOG 可将数据库设置为非归档模式。

默认情况下，数据库初始处于非归档模式，数据库管理员可以在两种模式下进行切换。可以通过命令 ARCHIVE LOG LIST 查看当前数据库处于哪种模式，查询结果如图 8.10 所示。

数据库日志模式	不归档模式
自动归档	已禁用
归档目标	USE_DB_RECOVERY_FILE_DEST
最早的联机日志序列	5600
当前日志序列	5603

图 8.10 查看当前数据库所处的归档模式

也可以通过数据字典视图 V_ $ database 查询数据库的日志模式，此时使用的语句如下。

```
SELECT log_mode FROM v_$database;
```

可以使用 ALTER DATABASE 语句修改日志操作模式，该操作需要数据库处于装载(MOUNT)未开启(OPEN)状态，操作流程为：关闭数据库服务器(SHUTDOWN IMMEDIATE)→装载数据库(STARTUP MOUNT)→执行切换日志操作模式(ALTER DATABASE ARCHIVELOG/NOARCHIVELOG)→启动数据库(ALTER DATABASE OPEN)。

如果数据库处于归档模式下，利用 ARCn 进程进行自动归档，也可以采用手动归档方式，在数据库处于装载时，通过 ALTER DATABASE 语句实现，执行语句如下。

```
ALTER DATABASE ARCHIVELOG MANUAL;
```

执行此语句后，就可以对日志进行手动归档了，操作语句如下。

```
ALTER DATABASE ARCHIVELOG ALL;
```

在归档模式下，如果启用了自动归档功能，重做日志的归档就由后台进程 ARCn 自动完成，默认情况下数据库服务器启动两个 ARCn 进程。当重做日志组的切换比较频繁时，可以启动多个 ARCn 进程同时工作，一个数据库服务器最多可以启动 30 个 ARCn 进程,可以通过修改初始化参数 LOG_ARCHIVE_MAX_PROCESSES 的值指定启动 ARCn 进程的数据,操作语句如下。

```
ALTER SYSTEM SET LOG_ARCHIVE_MAX_PROCESSES=n;
```

其中,n 为最多可启动的 ARCn 进程数目。

2. 设置归档位置

归档日志文件存储在数据库服务器的特定位置,具体存储位置和文件名由初始化参数 LOG_ARCHIVE_DEST 指定。由于归档日志文件的重要性,在数据库服务器中可以对每个重做日志组同时产生多个归档日志文件,这些归档日志文件的内容完全相同,为了防止磁盘损坏并且缩短归档时间,可以把这些归档日志文件存储在不同的磁盘上。可以使用初始化参数 LOG_ARCHIVE_DEST_n 指定多个归档位置,n 的取值可以为 1～31。使用数据库服务器本地目录作为归档日志文件的存储位置,需使用 LOCATION 关键字指定本地目录,语法格式如下。

```
ALTER SYSTEM SET LOG_ARCHIVE_DEST_n="LOCATION=本地目录";
```

如设置本地归档位置,可以使用如下语句。

```
ALTER SYSTEM SET LOG_ARCHIVE_DEST_1="LOCATION=D:\app\mydata\arc1";
ALTER SYSTEM SET LOG_ARCHIVE_DEST_2="LOCATION=D:\app\mydata\arc2";
```

归档位置也可以指定为网络上的另一台数据库服务器,此时需要使用 SERVICE 关键字指定网络服务名,语法格式如下。

```
ALTER SYSTEM SET LOG_ARCHIVE_DEST_n="SERVICE=网络服务名";
```

设置归档位置后,可以使用初始化参数 LOG_ARCHIVE_FORMAT 设置归档日志名称,语法格式如下。

```
ALTER SYSTEM SET LOG_ARCHIVE_FORMAT='归档日志名称' SCOPE=SPFILE;
```

一般归档日志名称采用如下格式: ARC%S_%R_%T. ARC,其中%S 用于指定归档文件中包含的日志序列号,%R 表示重置日志编号,%T 表示归档文件名称中包含的归档线程号。

上述语句中,SCOPE 有 3 个可选项: SPFILE 表示改变服务器参数文件 SPFILE 的设置;MEMORY 表示只改变当前数据库实例运行参数;BOTH 表示同时改变数据库实例运行参数和服务器参数文件 SPFILE 的设置。

3. 使用数据字典视图查看归档日志信息

数据库管理员可以通过数据字典视图查询相关的归档日志信息和与归档日志相关的数据字典视图,见表 8.3。

表8.3 与归档日志相关的数据字典视图

数据字典视图名称	描　述
V_$DATABASE	数据库归档模式
V_$ARCHIVE_LOG	控制文件中的归档日志信息
V_$ARCHIVE_DEST	当前数据库实例的归档位置信息
V_$ARCHIVE_PROCESSES	当前数据库实例的不同归档进程信息
V_$BACKUP_REDOLOG	备份归档日志信息
V_$LOG	重做日志组的信息,需要归档的日志组信息
V_$LOG_HISTORY	重做日志的历史信息

如使用数据字典视图n_$archive_processes查询归档日志进程信息,可以使用如下语句。

```
SELECT * FROM v_$archive_processes;
```

执行结果如图8.11所示。

	PROCESS	STATUS	LOG_SEQUENCE	STATE	ROLES	CON_ID
1	0	STOPPED	0	IDLE	(null)	0
2	1	STOPPED	0	IDLE	(null)	0
3	2	STOPPED	0	IDLE	(null)	0
4	3	STOPPED	0	IDLE	(null)	0

图8.11 使用数据字典视图查询归档日志进程信息

还可以使用数据字典视图n_$archive_dest查询归档位置信息,具体使用如下语句。

```
SELECT dest_id, dest_name, status, schedule, destination
FROM v_$archive_dest;
```

执行结果如图8.12所示。

	DEST_ID	DEST_NAME	STATUS	SCHEDULE	DESTINATION
1	1	LOG_ARCHIVE_DEST_1	VALID	ACTIVE	D:\app\mydata\arc1
2	2	LOG_ARCHIVE_DEST_2	VALID	ACTIVE	D:\app\mydata\arc2

图8.12 使用数据字典视图查询归档位置信息

8.3 数据库的备份与恢复

Oracle数据库在运行过程中不可避免地会出现一些问题,发生一些故障,严重的可能损坏数据库,使得数据库中的部分或全部数据丢失。备份与恢复是保证数据库高可用性的重要保障。熟练掌握数据库的备份与恢复操作,也是每一个数据库管理员必备的技能。

8.3.1 数据库的备份

备份和恢复是两个互相联系的概念,备份就是将数据库中的数据保存起来,而恢复就是当意外发生或者有其他某种需要时,将已备份的数据还原到数据库中。

Oracle 12c 提供了多种备份方法,每种方法都有自己的特点,需要根据具体的应用状况选择合适的备份方法。Oracle 设计备份策略的指导思想是:以最小的代价恢复数据。由于备份与恢复是密切联系的,备份策略应与恢复结合起来考虑。备份从不同的角度有不同的分类。

1. 物理备份和逻辑备份

从物理和逻辑的角度看,数据库备份分为物理备份和逻辑备份。

物理备份是对数据库磁盘文件的备份,也就是将操作系统中的数据库文件从一个位置复制到另一个位置。可以使用 Oracle 的恢复管理器 RMAN 或操作系统命令进行数据库的物理备份。

逻辑备份是指使用 SQL 命令或 Oracle 工具将数据导出并存储为操作系统文件。一般将逻辑备份作为物理备份的补充。

2. 全集备份和增量备份

从数据库的备份类型来说,数据库备份可以分为全集备份和增量备份两种类型。

全集备份是指在对数据文件进行备份时,将数据文件的所有数据块全部备份。

增量备份是指仅备份上一次备份后新增加的数据。

3. 全部数据库备份和部分数据库备份

从数据库的备份策略来说,数据库备份可以分为全部数据库备份和部分数据库备份两种。

全部数据库备份是将一个完整的数据库(包括所有数据文件和至少一个控制文件)全部备份。

部分数据库备份是将数据库的一部分进行备份,包括一部分的表空间、数据文件、归档日志和控制文件。

4. 脱机备份和联机备份

根据实施物理备份时的数据库状态,数据库备份可以分为脱机备份和联机备份。

脱机备份也称为一致性备份或冷备份,是指在数据库关闭的情况下将所有数据库文件复制到另一个磁盘上。

联机备份也称为不一致备份或热备份,是在数据库运行的情况下对数据库进行备份。联机备份必须在数据库为归档模式,并对重做日志归档的情况下进行。

8.3.2 数据库的恢复

数据库的恢复与数据库的备份对应,备份后的数据库文件不能直接复制到数据库中,而是需要通过 SQL 命令或 RMAN 工具等方式进行,根据不同的策略,恢复主要有以下两种分类方式。

1. 完全恢复和不完全恢复

根据数据库是否恢复到当前指定的时间点,数据库恢复分为完全恢复和不完全恢复两种。

完全恢复是指利用重做日志和数据库备份将数据库恢复到出现故障前的状态。

不完全恢复是指将数据库恢复到出现故障前某一时间点的状态,恢复的是非当前版本的数据库。也就是说,恢复过程中不会应用备份产生后生成的所有重做日志。造成不完全恢复的情况主要有以下 4 个原因。

(1) 存储介质损坏,导致几个或全部联机重做日志文件损坏。

(2) 用户操作造成的数据丢失,如用户误删了某张表。

(3) 个别归档日志文件丢失导致数据库无法完整恢复。

(4) 当前的控制文件丢失,导致必须使用备份的控制文件打开数据库。

2. 物理恢复和逻辑恢复

根据是否使用物理备份的文件恢复数据库,可以将数据库恢复分为物理恢复和逻辑恢复两类。

物理恢复是指利用物理备份恢复数据库,就是利用物理备份的文件恢复损坏的文件,是在操作系统级别上进行的。

逻辑恢复是指利用逻辑备份的二进制文件,使用 Oracle 提供的导入工具(如 IMPDP、IMPORT)将部分或全部信息导入数据库,以恢复损坏或丢失的数据。

8.3.3 使用 RMAN 进行数据库备份

Oracle 数据库的备份和恢复工具是恢复管理器(Recovery Manager,RMAN),这是一个可以在数据库客户端执行的应用程序,它与其他用户进程一样登录数据库并建立会话。由于 RMAN 备份是由服务器进程完成的,所以 RMAN 备份常被称为服务器管理(Server-Managed)的备份,而不使用 RMAN 进行备份和恢复的操作称为用户管理(User-Managed)的备份。

RMAN 可以生成 3 种类型的备份。

(1) backupset。backupset(备份集)是专用格式,它包含多个文件,不包含从未用过的块。

(2) comressed backupset。comressed backupset(压缩备份集)与备份集的内容相同,但 RMAN 在写出到备份集时要使用压缩算法。

(3) image copy。image copy(映像备份)是与输入文件相同的备份文件。映像备份可与源内容立即交换,但在从备份集提取文件时,需要执行 RMAN 还原操作。

1. 使用 RMAN 创建一致的数据库备份

一致备份是关闭数据库时执行的备份,故也称脱机备份或冷备份。根据 Oracle 的体系结构,要使数据文件保持一致,必须对数据文件中的每个块执行检查点操作,但脱机后操作系统已经关闭了该文件,所以在一般的运行中,数据文件并不一致:有些数据块已经复制到数据库高速缓存区,执行了更新,但还没有写回磁盘。因此,磁盘上的数据文件本身与数据库的实时状态不一致,有些内容已经过时。为使数据文件保持一致状态,必须将所有更改更新到磁盘,并关闭数据库。

数据库只有处于 MOUNT 状态下才能执行服务器管理的一致备份,主要原因在于数据文件必须关闭,否则它们不会一致。RMAN 需要读取控制文件,以便查找数据文件,并且还要把备份的详细信息写入控制文件。

使用 RMAN 执行一致备份,需要先启动 RMAN 恢复管理器,一般以命令行方式启动,以 SYS 身份登录数据库,命令行格式为

```
RMAN TARGET SYS/password@[server_ip:port/]server_name
```

其中,password 为 SYS 用户的密码,server_ip 为服务器 IP 地址,port 为监听端口号,server_name 为网络服务名。

使用 RMAN 工具进行备份操作的流程为:立即关闭数据库(SHUTDOWN IMMEDIATE)→装载数据库(STARTUP MOUNT)→执行备份操作(BACKUP)→启动数据库(ALTER DATABASE OPEN)。

执行备份操作的语法格式如下。

```
BACKUP [AS backup_type] DATABASE [FORMAT backfile];
```

其中,backup_type 是备份的类型,可以为 backupset、compressed backupset 或者是 image copy,缺省为 backup set;backfile 是包含详细路径的备份文件名称,缺省的话将备份到快速恢复区。如使用语句 BACKUP DATABASE;会将整个数据库备份到快速恢复区。

2. 使用 RMAN 进行联机备份

很多情况下,没有必要为了备份而关闭数据库,如果 Oracle 数据库在归档日志模式下运行,就可以无限期地处于打开状态,并能由联机备份提供极好的保护。但在非归档日志模式中,无法执行联机备份。

使用 RMAN 时,只需要一条语句就可以执行绝对可靠的联机备份。

```
BACKUP DATABASE PLUS ARCHIVELOG;
```

此语句依赖于配置的默认备份地址、生成的备份文件的名称、为执行备份而启动的服务器通道数以及备份类型(备份集、压缩备份集、映像备份)。

也可以在联机备份时将数据库备份和归档日志文件备份分开进行。同时，为加快还原操作的速度，可以将整个数据库分成多个备份集，每个备份集可以包含多个文件。如备份时每个备份集有4个文件，这样进行备份的BACKUP语句如下。

```
BACKUP AS COMPRESSED BACKUPSET FILESPERSET 4 DATABASE;
```

下面的语句将备份所有的归档日志文件，并在备份后将其从磁盘中删除。

```
BACKUP AS COMPRESSED BACKUPSET ARCHIVELOG ALL DELETE ALL INPUT;
```

也可以使用默认方式备份一个表空间和所有归档日志文件，如备份USERS表空间。

```
BACKUP TABLESPACE USERS;
BACKUP ARCHIVELOG ALL;
```

在创建备份集或压缩备份集时，RMAN不备份从未使用过的块，这样会节省大量的空间。

3. 增量备份

可以使用服务器管理的备份执行增量备份，但不能使用用户管理的备份执行此操作。增量备份类型必须为备份集或压缩备份集。从逻辑上讲，无法执行映像备份的增量备份，因为增量备份永远不可能等同于源文件，否则就谈不上是增量备份了。

增量备份依赖于一个包含所有块的起点，这称为增量0级备份，然后增量1级备份将提取自上一个1级备份以来更改的所有块，如果没有介于其间的1级备份，则提取自上一个0级备份以来更改的所有块。

执行0级备份的RMAN语句如下。

```
BACKUP AS BACKUPSET INCREMENTAL LEVEL 0 DATABASE;
```

此语句依赖于已经配置的默认设置：启动通道、放在每个备份集的文件数量以及配置集的写入位置。备份集包含所有使用过的块。执行0级备份后，就可以执行1级备份了。执行1级备份的语句如下。

```
BACKUP AS BACKUPSET INCREMENTAL LEVEL 1 DATABASE;
```

如果在尝试1级备份前没有执行0级备份，那么RMAN将会探测到这种情况，并实际上去执行0级备份。

4. 使用RMAN恢复数据库

数据库恢复是指将数据库恢复到一个一致性的状态。使用RMAN恢复数据库，整个操作可以分为两个步骤：数据库修复(RESTORE)和恢复(RECOVER)。

RESTORE是指将要恢复的文件从备份集中读取出来。

RECOVER是指应用所有重做日志，将数据库恢复到崩溃前的状态，或者应用部分重做日志，将数据库恢复到指定的时间点。

执行完全恢复，需要先将数据库处于MOUNT状态，然后使用RESTORE语句将需要恢复的文件从备份集中读取出来，使用格式如下。

```
RESTORE DATABASE;
```

然后使用 RECOVERY 语句，将数据库恢复到指定状态，使用语句如下。

```
RECOVERY DATABASE [UNTIL CANCEL];
```

执行完上述语句后，启动数据库即可。

使用 RMAN 还可以执行表空间的恢复，执行恢复前，如果表空间处于联机状态，就需要先将其脱机，然后使用 RESTROE 语句从备份集中读取该表空间的备份文件，再使用 RECOVERY 语句恢复表空间，最后将该表空间联机。执行语句如下。

```
ALTER TABLESPACE tablespace OFFLINE;
RESTORE TABLESPACE tablespace;
RECOVERY TABLESAPCE tablespace;
ALTER TABLESPACE tablespace ONLINE;
```

8.3.4 使用导入导出实现逻辑备份与恢复

导出是数据库的逻辑备份，导入是数据库的逻辑恢复。在 Oracle 12c 中可以是 Export 和 Import 应用程序进行导入与导出，可执行命令分别为 EXP 和 IMP。EXP 和 IMP 是客户端应用程序(工具)，它们既可以在 Oracle 客户端使用，也可以在 Oracle 服务器端使用。

1. 导出

数据库的逻辑备份步骤包括读一个数据库记录集合将记录集写入一个文件中。这些记录的读取和数据所在的物理位置无关。在 Oracle 中，Export 应用程序就是用来完成数据库逻辑备份的。反过来，Import 应用程序完成数据库的逻辑恢复。

这里介绍几个常用的导出命令及其参数。

Export 应用程序在命令行下使用 EXP 运行，可以使用 EXP 命令，导出某用户模式下指定的一个或多个表，命令语法如下。

```
EXP userid FILE=file.dmp TABLES=(table1, table2, …)
```

其中，userid 包括执行导出使用的用户名、口令以及数据库服务名等信息，一般格式为 user/password@[server_id:port/]server_name；FILE 关键字指明导出的文件名，扩展名必须为.dmp；TABLES 关键字指定需要导出的表，可以是一个，也可以是多个。EXP 更一般的用法格式如下。

```
EXP KEYWORD=value 或 KEYWORD=(value1, value2, …, valuen)
```

EXP 更详细的关键字信息可以在命令行窗口使用 EXP HELP=Y 命令查看。

如 HR 用户将其用户模式下的表 emp2 和 dept80 导出，导出后文件存储在'D:\app\mydata'下，文件名为 emp2_dept80.dmp，导出命令格式如下。

```
EXP hr/hr@localhost:1521/pdborcl
FILE=D:\app\mydata\emp2_dept80.dmp TABLES=(emp2, dept80)
```

在上述的命令格式中，缺省 TABLES 关键字，可以导出用户模式下的所有对象，包括所有的表、序列、同义词、视图、存储过程等。

可以使用具有 DBA 角色的用户，使用 FULL 关键字导出整个数据库，使用选项方式为 FULL=y；还可以使用 OWNER 关键字，指定导出某用户拥有的所有对象，即指定用户模式下的所有对象，以 system 用户为例。

```
EXP system/manager@localhost:1521/orcl        --导出整个容器数据库
FILE=D:\app\mydata\full.dmp FULL=y
EXP system/manager@localhost:1521/pdborcl
FILE=D:\app\mydata\full.dmp OWNER=hr          --hr 为插接式数据库中的用户
```

2. 导入

使用 Export 应用程序导出的数据，应使用 Import 应用程序导入，使用导入数据的命令为 IMP。需要注意的是，执行导入的用户要和执行导出的用户一致。IMP 命令的语法与 EXP 格式相同，具体关键字及其意义可以在命令行窗口使用命令 IMP HELP=y 查看。

使用 IMP 导入数据时，可以导入全部数据，也可以导入部分数据。

如前面 hr 用户已经将表 emp2 和 dept80 导出到文件 emp2_dept80.dmp 中了，若现在把表 emp2 删除，则可以使用 IMP 命令仅导入表 emp2。IMP 命令的语法格式如下。

```
IMP hr/hr@localhost:1521/pdborcl
FILE=D:\app\mydata\emp2_dept80.dmp TABLES=(emp2)
```

缺省 TABLES 关键字，会将备份文件中的所有数据导入。

8.3.5 使用数据泵进行数据库的备份与恢复

数据泵(Data Pump)是 Oracle 数据库提供的一个应用程序，它可以用从数据库中高速导出或加载数据库的方法，提供一种用于在 Oracle 数据库之间传输数据对象的机制。数据泵提供数据导出导入的功能，对应两个应用程序，分别为 Data Pump Export(EXPDP)和 Data Pump Import(IMPDP)，它们的功能与 8.3.4 节中介绍的应用程序 Export(EXP)和 Import(IMP)类似。不同的是，数据泵技术采用的高速并行设计使得数据库服务器运行时执行导入和导出任务时，可以使用多线程并行操作，从而可以快速装载和卸载大量数据。

EXPDP 和 IMPDP 是服务器端应用程序，只能运行在 Oracle 服务器上，不能在客户端运行，可以实现的主要功能包括：

(1) 实现数据库的逻辑备份和逻辑恢复。

(2) 在数据库用户之间移动对象。

(3) 在数据库之间移动对象。

(4) 表空间的迁移。

1. 使用 EXPDP 导出

EXPDP 可以交互运行，根据提示输入相关信息，也可以通过命令行运行。该程序的一般语法格式如下。

```
EXPDP userid DIRECTORY=dmpdir DUMPFILE=dumpfile.dmp
```

其中，userid 的意义同 EXP 命令，包括执行导出使用的用户名、口令以及数据库服务名等信息；DIRECTORY 关键字指定导出文件存储路径，此处的路径名应由 DBA 用户使用 CREATE DIRECTORY 语句创建，并将相关的读写权限授予相应的用户；DUMPFILE 关键字指明导出的文件名，扩展名必须为. dmp。

同样，EXPDP 更一般的用法格式为

```
EXPDP KEYWORD=value 或 KEYWORD=(value1, value2, …, valuen)
```

EXPDP 更详细的关键字信息可以在命令行窗口使用 EXPDP HELP＝y 命令查看。

如使用 EXPDP 工具导出 hr 用户下的表 emp2，导出数据保存在路径'D:\app\mydata'下的 dpemp. dmp 文件中。

此时需要具有 DBA 身份的用户连接数据库，并在其会话中使用 CREATE DIRECTORY 语句创建目录，假设目录名为 data_pump_dir，则语句如下。

```
CREATE DIRECTORY data_pump_dir AS 'D:\app\mydata';
```

将该路径的读写权限授予用户 hr，语句如下。

```
GRANT READ, WRITE ON DIRECTORY data_pump_dir TO hr;
```

在命令行窗口使用 EXPDP 导出数据，使用的命令如下。

```
EXPDP hr/hr@localhost:1521/pdborcl
DUMPFILE=dpemp.dmp DIRECTORY=data_pump_dir TABLES=emp2
```

2. 使用 IMPDP 导入

EXPDP 导出的文件需要使用 IMPDP 导入到数据库。IMPDP 命令的语法与 EXPDP 格式相同，使用的关键字略有不同。IMPDP 使用的具体关键字及其意义可以在命令行窗口使用命令 IMPDP HELP＝Y 查看。

假设前面的 EXPDP 成功执行，且已把表 exp2 删除，那么就可以使用 IMPDP 命令将 dpemp. dmp 文件中的表 emp2 导入到数据库中。具体应使用的命令如下。

```
IMPDP hr/hr@localhost:1521/pdborcl
DUMPFILE=dpemp.dmp DIRECTORY=data_pump_dir TABLES=emp2
```

8.4 小 结

Oracle数据库管理是一项非常复杂以及非常重要的工作,目的是为用户和应用程序提供一个安全可靠以及高性能的数据库环境。本章详细介绍了Oracle数据库的表空间管理、文件管理以及数据库备份与恢复的常用方法。其中,表空间管理详细阐述了包括表空间的创建、维护与删除等相关的操作;文件管理介绍了包括数据文件、控制文件以及日志文件的管理操作;数据库备份分析了数据库备份与恢复的机制与策略,介绍了物理备份与逻辑备份、联机备份与脱机备份的几种方法。

参考文献

[1] Roopesh Ramklass. OCA 认证考试指南(1Z0-061)：Oracle Database 12c SQL 基础[M]. 郭俊凤，译. 北京：清华大学出版社，2015.

[2] John Watson. OCA 认证考试指南(1Z0-062)：Oracle Database 12c 安装与管理[M]. 卢涛，李颖，译. 北京：清华大学出版社，2015.

[3] Bob Bryla. OCP 认证考试指南(1Z0-063)：Oracle Database 12c 高级管理[M]. 郭俊凤，译. 北京：清华大学出版社，2016.

[4] Bob Bryla，Kevin Loney. Oracle Database 12c 完全参考手册[M]. 7 版. 许向东，何其方，韩海，等译. 北京：清华大学出版社，2015.

[5] Ian Abramson，Michael Abbey，Michelle Malcher，等. 专业级 Oracle Database 12c 安装、配置与维护[M]. 卢涛，李颖，等译. 北京：清华大学出版社，2014.

[6] Bob Bryla. Oracle Database 12c DBA 官方手册[M]. 8 版. 明道洋，译. 北京：清华大学出版社，2016.

[7] Michael McLaughlin. Oracle Database 12c PL/SQL 开发指南[M]. 7 版. 陶佰明，邓超，刘颖，译. 北京：清华大学出版社，2015.

[8] Jason Price. 精通 Oracle Database 12c SQL & PL/SQL 编程[M]. 3 版. 卢涛，译. 北京：清华大学出版社，2014.

[9] Robert G. Freeman，Matthew Hart. Oracle Database 12c Oracle RMAN 备份与恢复[M]. 4 版. 李晓峰，译. 北京：清华大学出版社，2017.

[10] 姚瑶，苏玉. Oracle Database 12c 应用与开发教程[M]. 北京：清华大学出版社，2016.

[11] 郑阿奇，周敏，张洁. Oracle 实用教程(Oracle 12c 版)[M]. 4 版. 北京：电子工业出版社，2015.